高职高专模具设计与制造专业系列教材

SolidWorks 2024 项目教程

蔡福海　姜海军　主　编

电子工业出版社·
Publishing House of Electronics Industry
北京·BEIJING

内 容 简 介

本书以 SolidWorks 2024 软件为平台，重点介绍了 SolidWorks 参数化草图、实体建模、钣金设计、装配设计、工程图等功能模块在产品设计中的应用。附录部分对 CSWA 考证进行了简单介绍，以供学员考证参考。全书图例丰富、步骤详细，每个项目后配有相关习题以供练习、巩固和提高，非常适合作为职业院校学生的教材使用，也可以作为工程技术人员的自学参考书。

图书在版编目（CIP）数据

SolidWorks 2024 项目教程 / 蔡福海，姜海军主编.
北京 : 电子工业出版社，2024. 11. -- ISBN 978-7-121-
48736-1

Ⅰ. TH122

中国国家版本馆 CIP 数据核字第 2024TR7234 号

责任编辑：王艳萍

印　　刷：三河市鑫金马印装有限公司
装　　订：三河市鑫金马印装有限公司
出版发行：电子工业出版社
　　　　　北京市海淀区万寿路 173 信箱　邮编　100036
开　　本：787×1092　1/16　印张：19.5　字数：499.2 千字
版　　次：2024 年 11 月第 1 版
印　　次：2025 年 3 月第 2 次印刷
定　　价：59.00 元

凡所购买电子工业出版社图书有缺损问题，请向购买书店调换。若书店售缺，请与本社发行部联系，联系及邮购电话：(010) 88254888，88258888。
质量投诉请发邮件至 zlts@phei.com.cn，盗版侵权举报请发邮件至 dbqq@phei.com.cn。
本书咨询联系方式：(010) 88254609 或 hzh@phei.com.cn。

前　言

教材是教学过程的重要载体，加强教材建设对推进人才培养模式改革、提高人才培养质量具有重要作用。本书是在前两版的基础上，以 SolidWorks 2024 软件为平台，结合软件的新功能和新形态教材的开发理念对原教材做了适当修订。

本书在编写过程中注重突出以下特点：

➤ 本书将 CSWA（SolidWorks 认证助理工程师）考证大纲内容及要求有机融入，有利于推进书证融通、课证融通。

➤ 项目案例基本上采用典型机械零件，有利于读者将软件功能学习与工程实践有机联系起来，体现了教材的实用性、典型性、应用性。

➤ 本书图文并茂，步骤详细，通过二维码将操作视频、模型文件等资源无缝链接，非常适合学生自主学习。

➤ 本书基于工作任务的项目形式编写，按照学习目标→工作任务→相关知识点链接→操作步骤（包含分析）→小结→练习（习题）几个环节设计，体现了相对完整的教学过程，非常适合作为教材使用。

全书共 6 个项目，内容涉及 SolidWorks 参数化草图、实体建模、钣金、装配、工程图等。案例来源于机械设计图册、考证题和近几年各类大赛试题等。希望本书能对大家学习 SolidWorks 和参加考证有所帮助。本书由常州机电职业技术学院蔡福海、姜海军担任主编，其中，蔡福海编写了项目一、项目四和项目五，姜海军编写了项目二、项目六和项目三的部分内容。陶波、余振华、吴非、常城运、芮吉宇、龙麒宇、王川、袁其、杨源浩、许梦超、陈洋参与了部分内容的编写工作。本书在编写过程中得到了系部领导的大力支持，吴小邦、卢华教授对教材编写提出了许多宝贵意见，在此一并表示感谢。

由于水平有限，书中难免会有疏漏和不足之处，恳请读者批评指正。

编　者

2024 年 6 月

目 录

项目一　　SolidWorks 软件入门

学习目标

1. 熟悉 SolidWorks 2024 用户界面
2. 掌握 SolidWorks 中鼠标的操作方法
3. 掌握文件操作方法
4. 掌握对象的显示控制
5. 掌握测量工具的使用
6. 掌握常用用户化定制方法

SolidWorks 入门

一、SolidWorks 软件简介

　　SolidWorks 软件是美国 SolidWorks 公司开发的世界上第一个基于 Windows 操作系统的三维 CAD 系统。SolidWorks 公司成立于 1993 年，总部位于马萨诸塞州的康克尔郡。从 1995 年推出第一套 SolidWorks 三维机械设计软件至今已在全球 140 多个国家和地区销售该产品。1997 年，Solidworks 被法国达索公司全资并购，作为达索中端主流市场的主打品牌。SolidWorks 遵循易用、稳定和创新原则，不断进行技术创新，赢得了出色的技术和市场表现：从 1995 年至今，已经累计获得 17 项国际大奖，其中仅从 1999 年起，美国权威的 CAD 专业杂志《CADENCE》连续 4 年授予 SolidWorks 最佳编辑奖。由于使用了 Windows OLE 技术、直观式设计技术、先进的 parasolid 内核以及良好的与第三方软件的集成技术，SolidWorks 成为全球装机量最大、最好用的软件，广泛应用于航空航天、机械、模具、汽车、电子通信、医疗器械、日用品/消费品等领域。在美国，包括麻省理工学院（MIT）、斯坦福大学等在内的著名大学已经把 SolidWorks 列为制造专业的必修课，国内的一些大学（教育机构）如哈尔滨工业大学、清华大学、北京航空

航天大学等也在应用 SolidWorks 进行教学。

　　SolidWorks 软件功能强大、操作简单方便、易学易用，能够提供不同的设计方案、减少设计过程中的错误以及提高产品质量。SolidWorks 独有的拖曳功能使用户能在比较短的时间内完成大型装配设计。SolidWorks 资源管理器是类似于 Windows 资源管理器的 CAD 文件管理器，用它可以方便地管理 CAD 文件。使用 SolidWorks，用户能在比较短的时间内完成更多的工作，更快地将产品投放市场。SolidWorks 是目前市场上三维 CAD 解决方案中设计过程比较简便的软件之一，现已成为中端 CAD 系统中的领导者和最具竞争力的 CAD 产品。

　　SolidWorks 主要功能模块包括以下几个方面。

1．零件建模

　　SolidWorks 提供了基于特征的实体建模功能。通过拉伸、旋转、薄壁特征、特征阵列以及打孔等操作来实现产品的设计。通过对特征和草图的动态修改，用拖曳的方式实现实时的设计修改。

2．曲面建模

　　通过带控制线的扫描、放样、填充以及拖动可控制的相切操作产生复杂的曲面。可以直观地对曲面进行修剪、延伸、倒角和缝合等曲面的操作。

3．钣金设计

　　SolidWorks 提供了全相关的钣金设计能力。可以直接使用各种类型的法兰、薄片等特征，正交切除、角处理以及边线切口等钣金操作变得非常容易。

4．装配设计

　　在 SolidWorks 的装配环境中可以方便地设计和修改零部件。对于超过一万个零部件的大型装配体，SolidWorks 的性能得到极大的提高。SolidWorks 可以动态地查看装配体的所有运动，并且可以对运动的零部件进行动态的干涉检查和间隙检测。

5．工程图

　　SolidWorks 提供了生成详细工程图的工具。工程图与产品模型是全相关的，当用户修改模型时，各个视图、装配体都会自动更新。可从三维模型中自动产生工程图，包括视图、尺寸和标注。

6．帮助文件

　　SolidWork 配有一套强大的、基于 HTML 的帮助文件系统，包括超级文本链接、动画示教、在线教程以及设计向导和术语。

7．SolidWorks 数据转换

　　SolidWork 提供了当今市场上几乎所有 CAD 软件的输入/输出格式转换器，有些格式还提供了不同版本的转换。

二、SolidWorks 2024 用户界面

1．启动与退出

SolidWorks 2024 与其他 Windows 应用软件一样，启动有两种方法：在桌面上双击 SolidWorks 2024 图标，或依次单击"开始"按钮 → "SOLIDWORKS 2024" → SolidWorks 2024。

退出软件也有两种方法：单击 SolidWorks 软件窗口右上角的"关闭"按钮×，或者依次单击菜单"文件"→"退出（X）"命令，即可退出软件。

2．用户界面

启动 SolidWorks 2024 后，出现软件初始界面如图 1-1 所示。进入初始界面后，用户可以打开已创建的文档，也可以新建一个文档以进行零件设计、装配或工程图创建。零件设计模块是 SolidWorks 的基础模块，三维建模基本在该模块中完成，有必要熟悉该模块的用户界面。打开任意一已建零件模型，则可见零件模块的用户界面如图 1-2 所示。

图 1-1　SolidWorks 2024 初始界面

（1）菜单栏

菜单栏位于屏幕的最上方，几乎包括了所有 SolidWorks 命令。要显示菜单，可将指针悬停在左上角的 SolidWorks 图标 *3S SOLIDWORKS* 上。单击 按钮可以固定菜单。

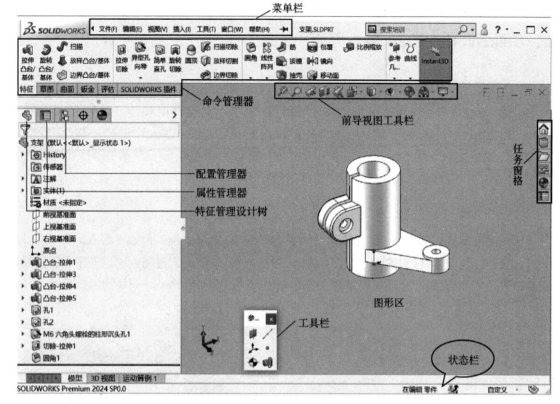

图 1-2　零件模块用户界面

（2）工具栏

工具栏按功能进行组织，包含了大部分 SolidWorks 工具以及插件产品。调用工具栏可通过右击任一命令按钮，将鼠标指针移至快捷菜单中的"工具栏（B）"菜单，在其下级菜单中选择某一工具栏菜单即可。用户可将它们停放在 SolidWorks 窗口的 4 个边界上，或浮动在屏幕上的任意区域。

（3）命令管理器

命令管理器是一个上下文相关工具栏，它随着处于激活状态的文件类型不同而改变。单击"命令管理器"中的不同选项卡则将动态更新以显示相关工具。

命令管理器的启用和关闭方法是：将鼠标指针移至任一命令按钮处，单击右键，在弹出的快捷菜单中选择"启用 CommandManager（A）"命令。命令管理器的定制方法是：右键单击某一选项卡，将鼠标指针移至快捷菜单中的"选项卡（T）"菜单，在其下级菜单中选择需要添加或去除的选项卡即可。

（4）前导视图工具栏

前导视图工具栏是一组透明工具栏，提供了操纵视图所需的所有普通工具，方便用户对视图进行操作。

（5）特征管理设计树

特征管理设计树位于 SolidWorks 左侧的交互窗口中，以树形组织，提供激活零件、装配体或工程图的大纲视图，以便观阅模型或装配体如何建造以及检查工程图中的各个图纸和视图。

（6）属性管理器

属性管理器是一个为 SolidWorks 命令设置属性和其他选项的交互窗口。

（7）配置管理器

配置管理器提供了在文件中生成、选择和查看零件以及装配体的多种配置的方法。配置是单个文档内的零件或装配体的变体。例如，在系列零件设计中可为每个规格创建一个配置。

（8）图形区

显示图形的区域，在该区域中可以操纵零件、装配体和工程图。

（9）任务窗格

任务窗格位于 SolidWorks 的右侧，提供了访问 SolidWorks 资源、调用标准件库、将视图拖到工程图图纸上以及其他有用项目和信息的方法。

（10）状态栏

状态栏提供与正执行的功能有关的信息，是对当前状态的说明。

三、基本操作

1．鼠标操作

SolidWorks 与用户之间的交互大多要靠鼠标操作来完成，因此，用户必须熟练掌握鼠标的操作方法。鼠标有左、中、右三个键，如图 1-3 所示。每个键可单独使用，也可配合 Ctrl、Shift 等键一起使用，实现选择对象、编辑、操作视图等操作。

图 1-3　鼠标键示意图

（1）左键

◇　单击左键（简称单击）：选择实体或取消选择实体。另外，单击左键还可以激活实体的尺寸属性，以便修改。

◇　Ctrl+单击左键：选择多个实体或取消选择实体。

◇　拖动左键：利用窗口选择实体（通常用于草图）。从左到右选择时，框中的所有对象都被选中。从右到左选择时，框中和交叉框边界的对象均被选中。

（2）中键

◇　拖动中键：旋转对象。注意，中键需一直按住。

◇　Ctrl+拖动中键：平移对象。

◇　Shift+拖动中键：缩放对象。

◇　滚动中键：缩放对象。

（3）右键

◇　单击右键（简称右击）：弹出快捷菜单。快捷菜单内容随鼠标指针所指对象的不同而有所变化。

◇　拖动右键：弹出已定义的鼠标笔势视图，方便快速使用命令工具。鼠标笔势的定义方法是：单击菜单"工具"→"自定义"命令，在弹出的"自定义"对话框中单击"鼠标笔势"选项卡，设置好鼠标笔势的数量，用鼠标左键将某一命令拖动至"鼠标笔势指南"中的某一位置释放即可。图 1-4 所示为鼠标笔势示例。

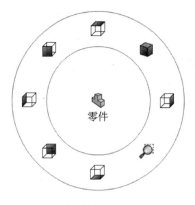
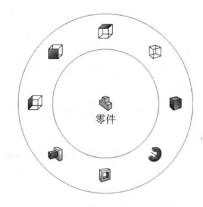

（a）8笔势零件指南　　　　　（b）8笔势自定义零件鼠标笔势

图 1-4　鼠标笔势示例

2．文件操作

（1）新建文件

"新建文件"操作步骤如下：

◇ 单击"新建"按钮📄，或单击菜单"文件"→"新建"命令，弹出"新建 SOLIDWORKS 文件"对话框，如图 1-5 所示。

◇ 单击"零件""装配体""工程图"三者中某一文档类型，或单击"高级"按钮，选择某一模板。

◇ 单击"确定"按钮，完成新建文件操作。

◇ 如果刚启动 SolidWorks 2024，也可以单击图 1-1 所示"欢迎-SOLIDWORKS"对话框中 🔧零件 、 🔩装配体 或 📊工程图 按钮，直接新建相应的文件。

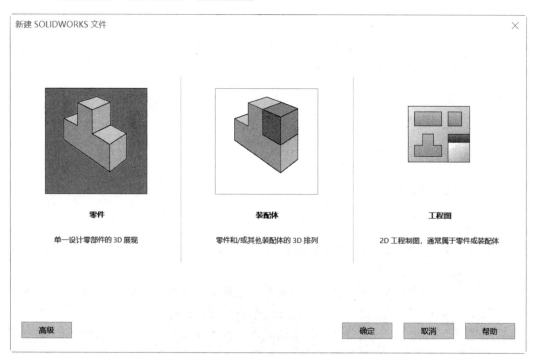

图 1-5　"新建 SOLIDWORKS 文件"对话框

注意：SolidWorks 中零件、装配体、工程图文档的后缀名分别为.sldprt、.sldasm 和.slddrw。

（2）打开文件

"打开文件"操作步骤如下：

◇　单击"打开"按钮📂，或单击菜单"文件"→"打开"命令，弹出"打开"对话框，如图 1-6 所示。

◇　在对话框的"文件类型"中选择某种文件类型，或使用"快速过滤器"按钮查看常用的 SolidWorks 文件类型。

◇　浏览以选择一个或多个文档。

◇　单击"打开"按钮，完成打开文档操作。

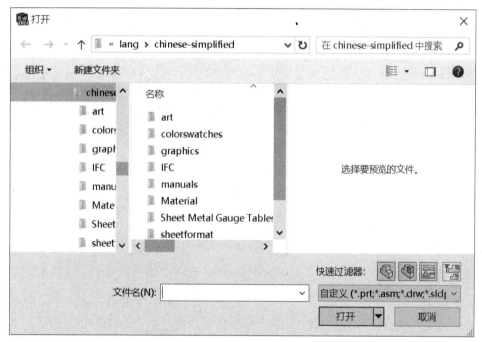

图 1-6　"打开"对话框

注意：SolidWorks 软件支持多任务管理，可同时打开多个文件，通过"窗口"菜单，可以在多个文件间切换。

（3）保存文件

"保存文件"操作步骤如下：

◇　单击"保存"按钮💾，或单击菜单"文件"→"保存"命令，弹出"另存为"对话框，如图 1-7 所示。

◇　选择存储路径（目录）。

◇　设置文件名。

◇　单击"确定"按钮，完成保存文件操作。

第一次保存文件后，在后续操作过程中需经常保存文件，以防计算机发生故障导致所做的工作丢失，只需单击"保存"按钮💾即可。若想保存在其他位置或以不同文件名保存文件，则需单击菜单"文件"→"另存为"命令，在弹出的"另存为"对话框中重新设置路径和文件名。

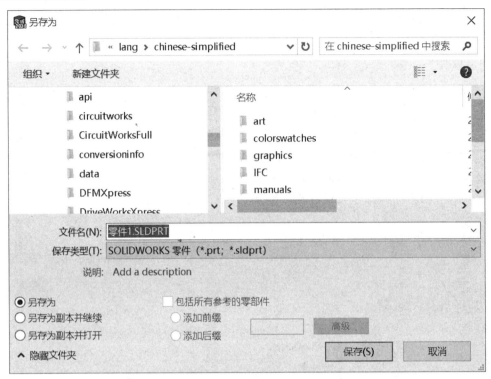

图 1-7　"另存为"对话框

（4）关闭文件

单击图形区域右上角的"关闭"按钮 ⊠，或单击菜单"文件"→"关闭"命令，即可关闭当前文档。若要同时关闭所有文档，可以单击菜单"窗口"→"关闭所有"命令。

3．显示控制

（1）显示样式

为了呈现不同的显示效果，或者减少模型信息量以便控制，SolidWorks 提供了多种显示样式。

◆ ▦带边线上色：显示带边线可见的模型的上色视图。

◆ ▦上色：显示模型的上色视图。

◆ ▯消除隐藏线：在显示模型时，将当前视图中无法看见的边线移除。

◆ ▦隐藏线可见：在显示模型时，将当前视图中无法看见的边线以虚线显示。

◆ ▦线架图：显示模型的所有边线。

五种显示效果分别如图 1-8 所示。

（a）线架图　　（b）隐藏线可见　　（c）消除隐藏线　　（d）带边线上色　　（e）上色

图 1-8　模型显示样式

　　用户可以通过前导视图工具栏中"显示样式"下拉工具操作，或单击菜单"视图"→"显示"命令→选择某一显示方式实现不同显示模式的切换。

　　（2）显示调整

　　建模过程中为了便于观察和操作，经常需要对模型从不同角度或缩放比例进行显示调整。用户可以通过鼠标右键快捷菜单、前导视图工具栏或单击菜单"视图"→"修改"→选择某一命令来实现。常见的显示调整方式有以下几种。

- ◇ ⊠ 整屏显示全图：缩放模型在图形区整屏显示全图。
- ◇ ⊠ 局部放大：放大鼠标指针拖动选取的范围。
- ◇ ⊠ 放大或缩小：动态缩放，按下鼠标左键往上或往下拖动来放大或缩小视图。
- ◇ ⊠ 平移：按下鼠标左键拖动来移动视图。
- ◇ ⊠ 旋转：旋转模型视图。
- ◇ ⊠ 剖面视图：使用一个或多个剖切平面显示零件或装配体的剖面视图。

　　（3）定向视图

　　用户可以以设定好的标准视图定向零件、装配体或草图，也可以通过一个、两个或 4 个视口查看模型或工程图。定向视图在按图纸建模时尤其有用，可以适时地将视图定向到如图 1-9 所示的某一基本视图方向，以查看建模与图纸是否一致。

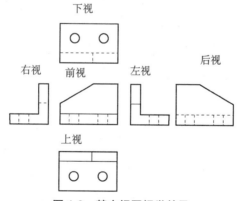

图 1-9　基本视图视觉效果

　　"定向视图"操作可以通过鼠标右键快捷菜单、前导视图工具栏或单击菜单"视图"→"修改"→"视图定向"命令来实现。

4．测量工具

　　SolidWorks 提供了非常实用的测量工具，可以测量草图、模型、装配体或工程图中线段或边线的距离、半径，曲面或实体表面的面积、周长，以及点、线、面（包括基准面）之间的距离、角度等。测量工具的操作步骤如下：

- ◇ 单击"工具"工具栏中的"测量"按钮⊠，或单击菜单"工具"→"评估"→"测量"命令，弹出"测量"对话框，如图 1-10 所示。
- ◇ 设置选项，如定义测量单位、将测量投影到其他实体等。
- ◇ 选择测量对象，"测量"对话框中会显示测量结果。图 1-11 所示为测量一个点到一个面之间距离的示例。

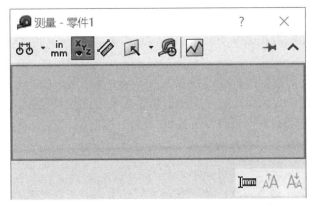

图 1-10 "测量"对话框

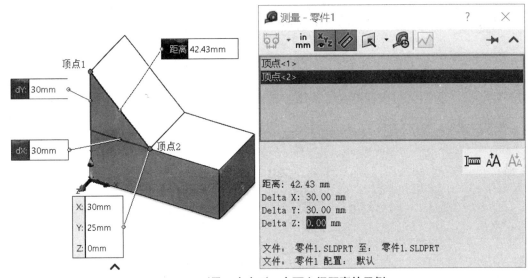

图 1-11 测量一个点到一个面之间距离的示例

测量工具在使用过程中有以下几种常用操作方法:

◇ 欲从当前选择中消除项目,可在图形区域中再次单击该项目,或在"测量"对话框中右击该项目,在弹出的快捷菜单中选择"删除"命令。

◇ 若想消除所有选择,可单击图形区域中的空白处右击,或在"测量"对话框中右击该项目,在弹出的快捷菜单中选择"消除选择"命令。

◇ 若要暂时关闭测量功能,先在图形区域空白处右击,然后在弹出的快捷菜单中选取"选择"命令。

◇ 若要再次打开测量功能,则在"测量"对话框中单击即可。

四、用户化定制

用户在使用 SolidWorks 软件从事设计工作时,希望软件能够针对自己的经常性工作提供适合自己的软件工作环境、系统设置等,满足自己的使用习惯,提高使用效率,这些可以通过用户化定制来实现。

1．工具栏定制

（1）工具栏调用

将鼠标指针移到任一命令按钮处，单击鼠标右键，弹出如图 1-12 所示的快捷菜单，选择想要调用的工具栏即可。这是一种比较快捷的调用方法。

图 1-12　快捷菜单

此外，也可以单击菜单"工具"→"自定义"命令，弹出"自定义"对话框，如图 1-13 所示，在"工具栏"标签下选择需要调用的工具栏。在该对话框中还可以改变图标大小、自定义快捷键等。

（2）命令按钮的加载

默认工具栏中命令按钮可能不全，如果需要用到这些命令，可将它们从系统中加载到当前工作文件中，具体操作步骤如下：

- ◇　单击菜单"工具"→"自定义"命令，弹出"自定义"对话框。
- ◇　切换到"命令"选项卡，对话框变为如图 1-14 所示，在左侧的"工具栏"窗口中选择需要加载的命令所属的工具栏，在右侧的"按钮"窗口中就会出现对应的工具栏包含的所有命令按钮。
- ◇　按住要加载的命令按钮，拖动到用户界面中对应工具栏的适当位置后松开即可。

图 1-13 "自定义"对话框

图 1-14 "自定义"对话框（命令）

如要将图形界面中的命令按钮移除，则将其直接拖回到自定义对话框中即可。

2. 选项设定

选项设定用来根据用户的需要自定义 SolidWorks 的功能，它是对 SolidWorks 2024 工作环境的基本设定，其操作步骤如下：

✧ 单击菜单"工具"→"选项"命令，弹出"系统选项（S）-普通"对话框，如图 1-15 所示。

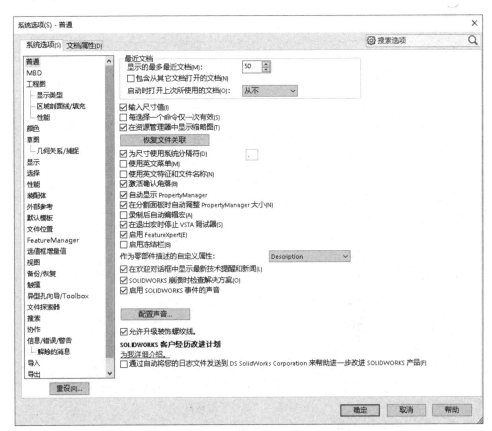

图 1-15　"系统选项（S）-普通"对话框

✧ 选择"系统选项"选项卡下的待设置项目，则该项目对应的选项出现在对话框的右半部分，根据需要设置选项。

✧ 切换到"文档属性"选项卡，根据需要设置选项。

✧ 单击"确定"按钮，完成选项设定。

需要注意的是，系统选项保存在注册表中，它不是文档的一部分，对系统选项的更改会影响当前和将来的所有文件。而文件属性仅应用于当前的文件，且"文件属性"选项卡仅在文件打开时可用。

3. 建立模板文件

文件模板中包括文件的基本工作环境设置，如度量单位、绘图标准等，用户可根据需要定制适合自己的文件模板，新建文件时直接调用即可。这样可减少用户在环境设定方面的工作量，从而加快工作速度。建立零件文件模板的具体操作步骤如下：

◇ 先单击"新建"按钮，在弹出的"新建 SOLIDWORKS 文件"对话框中单击"零件"
图标，然后单击"确定"按钮，进入零件设计环境。

◇ 单击"选项"按钮，或单击菜单"工具"→"选项"命令，弹出"系统选项"对话
框，切换到"文件属性"选项卡。

◇ 根据需要对"尺寸""单位"等进行设置。例如，将单位自定义为"毫米、克、秒"。

◇ 单击菜单"文件"→"属性"命令，弹出"属性"对话框。切换到"自定义"选项卡，
定义常用属性如图 1-16 所示。单击"确定"按钮，完成文件模板设置。

	属性名称	类型	数值 / 文字表达	评估的值		
1	Description	文字				
2	Weight	文字	"SW-质量@零件1.SLDPRT"	0.000		
3	Material	文字	"SW-材质@零件1.SLDPRT"	材质 <未指定>		
4	质量	文字	"SW-质量@零件1.SLDPRT"	0.000		
5	材料	文字	"SW-材质@零件1.SLDPRT"	材质 <未指定>		
6	单重	文字	"SW-质量@零件1.SLDPRT"	0.000		
7	零件号	文字				
8	设计	文字	姜海军	姜海军		
9	审核	文字				
10	标准审查	文字				
11	工艺审查	文字				
12	批准	文字				
13	日期	文字	2024,4,10	2024,4,10		
14	校核	文字	蔡福海	蔡福海		
15	主管设计	文字				
16	校对	文字				
17	审定	文字				
18	阶段标记S	文字				
19	阶段标记A	文字				

材料明细表数量：-无- 编辑清单(E) 删除(D) 确定 取消 帮助(H)

图 1-16 "属性"对话框

◇ 单击"标准"工具栏中的"保存"按钮，弹出"另存为"对话框。在"保存类型"
下拉列表中选择"Part Templates(*.prtdot)"，此时文件的保存目录会自动切换到
SolidWorks 2024 安装目录：X:\ProgramData\SOLIDWORKS\SOLIDWORKS 2024\
templates\，（"X"为安装盘符）。文件名取为"my_part"，单击"确定"按钮，完成文
件模板的创建。

小结

本项目对 SoldWorks 软件及其功能做了简单介绍，旨在使读者对该软件有一个基本了解。
在此基础上，对 SoldWorks2024 的用户界面以及常用操作方法进行了详细叙述。用户需对这些
基本操作熟练掌握，以便为后续学习打好基础。

项目二 参数化草图绘制

草图是生成 3D 模型的基础，通过草绘命令和草绘操作能够精确生成二维图形，绝大部分 SolidWorks 的设计工作都是从绘制草图开始的。所以，熟练掌握草图绘制是使用 SolidWorks、从事 CAD 工作的良好开端。

学习目标：

- 在 SolidWorks 草图模块中掌握平面草图的绘制方法
- 掌握草图绘制实体命令使用方法：直线、圆弧、圆、多边形、中心线、文字、椭圆、矩形等
- 掌握草图工具命令使用方法：圆角、倒角、镜像、圆周阵列、等距实体、剪裁、延伸
- 掌握草图尺寸标注基本方法：线性尺寸、角度尺寸、圆弧尺寸
- 掌握草图几何约束的基本方法：添加几何关系、显示/删除几何关系

模块一 拨叉轮廓图绘制

1. 掌握草图绘制实体命令使用方法：直线、中心线、圆弧、圆
2. 掌握草图工具命令使用方法：镜像、剪裁、延伸、倒圆角、倒斜角
3. 掌握尺寸标注基本方法：线性尺寸、角度尺寸、圆弧尺寸
4. 掌握草图几何约束：水平、竖直、相切、同心、重合、对称、交叉点等
5. 了解显示/删除几何关系使用方法
6. 了解草图状态

正确分析图 2-1 所示拨叉轮廓二维图形的特点，建立正确的绘图思路，利用草图工具和草图约束，完成参数化草图的创建，并使草图完全定义。

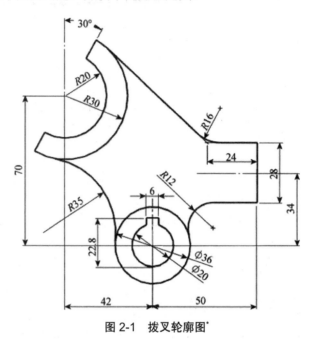

图 2-1　拨叉轮廓图*

一、草图概念

草图是指二维几何图形，用于创建三维模型时的轮廓或引导线，它是在一个平面上绘制的。用户可以使用基准面或实体上的平面来创建草图。除了 2D 草图，还可以创建包括 X 轴、Y 轴和 Z 轴的 3D 草图。本教材主要介绍 2D 草图的用法。

二、草图原点

草图原点是指模型空间的原点在草图平面上的投影点，它为草图提供了定位点，在草图中以 ⊥ 显示。一般情况下，用户都是从草图原点开始绘制草图的。绘图前应考虑草图原点与草图

---

*注：为了保持正文与软件界面中正斜体一致，全书字母统一用正体，特做说明。

的相对位置，因为位置不同会影响到草图绘制的难易程度。一般来说，使 X、Y 方向基准的交点与草图原点重合，对称或基本对称的图形使草图原点位于对称中心线上。草图原点位置示例如图 2-2 所示。

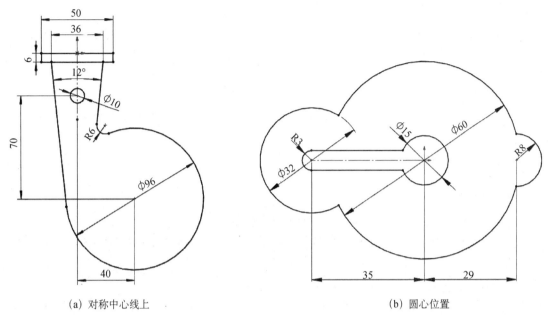

　　(a) 对称中心线上　　　　　　　　　　　　　　(b) 圆心位置

图 2-2　草图原点位置示例

三、草图绘制流程

　　通常，创建模型的第一步是绘制草图，用户可以按照以下步骤绘制草图：

　　Step1　单击命令管理器中的 草图 选项卡，单击"草图绘制"按钮 。

　　Step2　选择一基准面或平面，进入草图环境。

　　Step3　绘制图形。使用"草图绘制实体"和"草图工具"命令绘制图形，并添加几何和尺寸约束。

　　Step4　退出草图。单击"退出草图"按钮 ，或者单击绘图区右上角的"退出草图"按钮 ，完成草图并退出草图环境。如果单击"取消"按钮 ，则直接退出草图。

　　注意：编辑草图必须进入草图环境。方法是：在图形区域中或在"特征管理"（Feature Manager）设计树中选择草图时，出现如图 2-3 所示关联工具栏。单击"编辑草图"工具按钮 ，进入草图环境进行修改。

图 2-3　关联工具栏

四、草图绘制实体

1．直线

　　利用"直线"工具可以绘制水平、垂直或倾斜（角度）直线，单击草图工具栏上的"直线"工具按钮，在绘图区适当位置单击鼠标左键，给定第一点（起点）后，拖动鼠标给定第二点（终点），即可画出直线。图 2-4 所示为直线的三种状态。

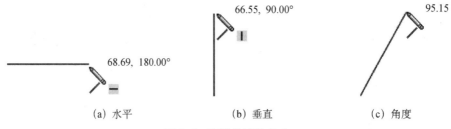

(a) 水平　　　　　　　　(b) 垂直　　　　　　　　(c) 角度

图 2-4　直线的三种状态

2．中心线

"中心线"主要作为辅助线使用，如镜像线，它不属于草图。它的用法与"直线"类似，在此不再赘述。

3．圆

圆的绘制有两种方式：

（1）中心圆⊙（圆心、半径方式），绘制基于中心的圆。

先在绘图区域指定圆的圆心，然后按住鼠标的左键不放并拖动鼠标移动，在合适位置放开鼠标左键，即完成该圆的绘制。示例如图 2-5（a）所示。

（2）周边圆⊙（三点方式），绘制基于周边的圆。

在绘图区适当位置单击鼠标左键，给定第一点后，移动鼠标，分别给定第二、第三点即可绘制出圆。示例如图 2-5（b）所示。

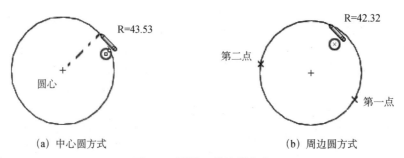

(a) 中心圆方式　　　　　　　　　　(b) 周边圆方式

图 2-5　圆的两种绘制方式

4．圆弧

圆弧的绘制有三种方式：

（1）圆心/起/终点画弧🝋：由圆心、起点和终点绘制圆弧。

用鼠标左键单击圆心/起/终点绘制圆弧工具，移动鼠标在绘图区域指定圆弧的圆心，然后移动鼠标，这时屏幕将显示一个蓝色虚线的圆周，先在合适位置单击鼠标左键给定起点，再移动鼠标给定圆弧终点，整段弧就确定了。示例如图 2-6（a）所示。

（2）3 点圆弧：通过指定三个点🝋（起点、终点和中点）绘制圆弧。

先指定圆弧的开始点和终止点位置，移动鼠标，在合适位置给定圆弧上一点，即可绘制出一段圆弧。示例如图 2-6（b）所示。

（3）切线弧🝋：绘制与草图实体相切的圆弧。

先选取直线或圆弧的端点位置作为圆弧的起点，移动鼠标，在合适位置单击给定圆弧终点，即可产生一个与该直线或圆弧相切的圆弧。示例如图 2-6（c）所示。

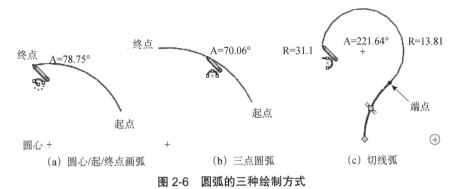

(a) 圆心/起/终点画弧　　　　(b) 三点圆弧　　　　(c) 切线弧

图 2-6　圆弧的三种绘制方式

五、草图工具

1. 镜像实体

将草图对象相对于镜像轴做对称复制，如图 2-7 所示。若更改被镜像的实体，则其镜像图像也会随之更改。

单击"镜像实体"工具按钮，选取草图对象，激活属性管理器（Property Manager）中的"镜像轴"选择框，选取镜像线，确定即可做出镜像实体。

注意：镜像线要事先做好。

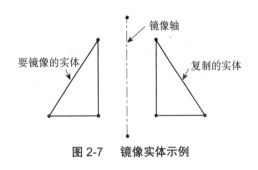

图 2-7　镜像实体示例

2. 剪裁实体

将选定的实体修齐或延伸（仅对强劲剪裁、边角类型有效）到边界。剪裁分为 5 种类型，分别说明如下：

（1）强劲剪裁。使用强劲剪裁可通过将指针拖过每个草图实体来剪裁多个相邻草图实体或沿其自然路径延伸草图实体，如图 2-8 所示。但延伸时需先按下 Shift 键，再拖动鼠标。

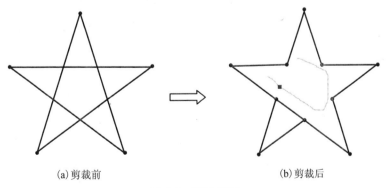

(a)剪裁前　　　　　　　(b)剪裁后

图 2-8　强劲剪裁

（2）边角。延伸或剪裁两个草图实体，直到它们在虚拟边角处相交。

如图 2-9（a）所示，选择直线 1，在直线 2 上鼠标指针所在侧单击，即可得到图 2-9（b）所示结果。注意：用"边角"剪裁方式选择对象时均应选择在保留侧。

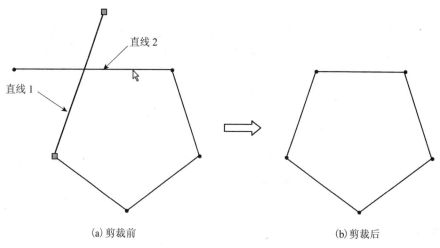

(a)剪裁前　　　　　　　　　　　(b)剪裁后

图 2-9　　边角剪裁

（3）在内剪除╪。剪裁位于两个边界实体内打开的草图实体，该草图实体可以与边界相交也可以不相交。

（4）在外剪除╪：剪裁位于两个边界实体内打开的草图实体，该草图实体可以与边界相交也可以不相交。注意鼠标选择在裁剪侧，示例如图 2-10 所示。

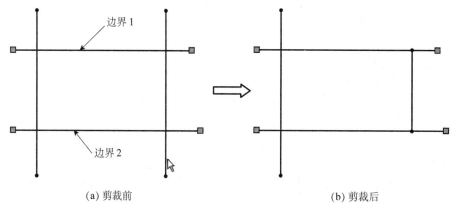

(a)剪裁前　　　　　　　　　　　(b) 剪裁后

图 2-10　　在外剪除

对于"在内剪除"和"在外剪除"，圆的情况比较特殊，选圆做边界可以剪裁在圆内或圆外直线，而选直线做边界则不可以修剪圆。

（5）剪裁到最近端╋：将与相邻草图实体相交处草图对象逐个剪裁。示例如图 2-11 所示。

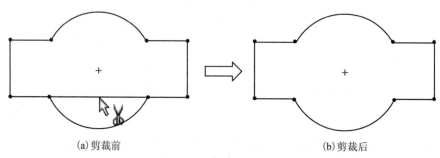

(a)剪裁前　　　　　　　　　　　(b)剪裁后

图 2-11　　剪裁到最近端

3．延伸实体 T

"延伸实体"可将草图实体自然延伸到与另一个草图实体相交为止。

将鼠标指向需延伸的草图对象，系统会自动搜寻延伸方向有无其他草图与之相交，若有单击该草图对象，则会自动延伸到边界，如图 2-12 所示。

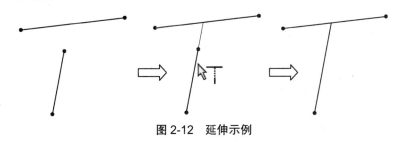

图 2-12　延伸示例

4．绘制圆角 ⌐

"绘制圆角"工具在两个草图实体的交叉处剪裁掉角部，从而生成一个切线弧。它可用于直线之间、圆弧之间或直线与圆弧之间的倒圆。

在"绘制圆角"属性管理器中设置好半径后，分别选择两个草图实体，则会自动在两个草图实体之间倒出圆角，如图 2-13 所示。

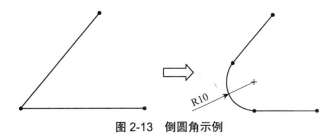

图 2-13　倒圆角示例

如果有几处相同圆角则可以用框选的方法一次完成，如图 2-14 所示。

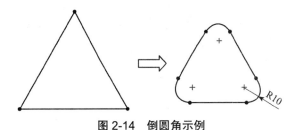

图 2-14　倒圆角示例

5．绘制倒角 ⌐

"绘制倒角"工具可将倒角应用到相邻的草图实体中。它有"角度距离"和"距离-距离"两种方式，在"绘制倒角"属性管理器中可以选择，如图 2-15 所示。倒角的两种方式示例如图 2-16 所示。

图 2-15　"绘制倒角"属性管理器

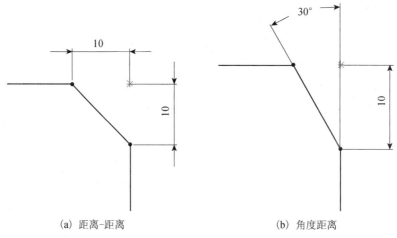

（a）距离-距离   （b）角度距离

图 2-16   倒角的两种方式示例

六、草图约束（尺寸和几何关系）

草图以不同状态显示，要完全定义草图，必须使用"智能尺寸"工具和"添加几何关系"工具添加几何约束并应用尺寸，这样草图的大小和位置才能唯一确定。

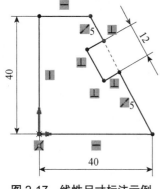

图 2-17   线性尺寸标注示例

1. 尺寸

尺寸反映了草图实体的大小，使用"智能尺寸"工具 根据选择对象的不同，可分别标注线性尺寸、角度尺寸、圆或圆弧尺寸。

（1）线性尺寸

根据选择对象的不同，可以标注出水平、垂直和斜线尺寸，对象可以是单个直线、两平行直线或点和直线，如图 2-17 所示。

（2）角度尺寸

分别选择两条草图直线，移动鼠标选择不同位置可生成不同角度，如图 2-18 所示。

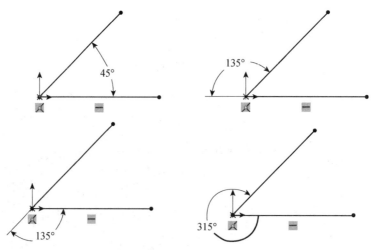

图 2-18   角度尺寸标注示例

（3）圆或圆弧尺寸

选择圆周或圆弧，可以标注圆的直径或圆弧半径，如图2-19所示。

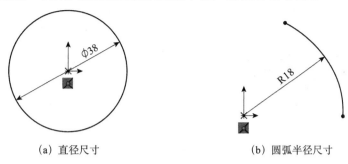

（a）直径尺寸 （b）圆弧半径尺寸

图2-19 圆和圆弧尺寸标注示例

2．几何关系

"几何关系"是指草图实体之间或草图实体与基准面、轴、边线、端点之间的相对位置关系。例如两条直线互相平行、两圆同心等都是几何关系。几何关系的作用是给草图准确定位。

（1）几何关系类型

在 SolidWorks 中，提供了多种几何关系，常见的有水平、垂直、共线、相切、重合、对称、同心、交叉点、固定等，当用户选择不同的草图对象时，系统会智能地在属性管理器（Property Manager）中列出所有可能的几何约束关系以供选择。常见的几何关系用法见表2-1。

表2-1 常见的几何关系用法

几何关系	要选择的实体	所产生的几何关系
水平━或竖直┃	一条或多条直线，或两个或多个点	直线会变成水平或竖直的（由当前草图的空间定义），而点会水平或竖直对齐
共线⁄	两条或多条直线	项目位于同一条无限长的直线上
垂直⊥	两条直线	两条直线相互垂直
相切⊘	一圆弧、椭圆或样条曲线，以及一条直线或圆弧	两个项目保持相切
同心◎	两个或多个圆弧，或一个点和一个圆弧	圆弧共用同一圆心
交叉点✕	两条直线和一个点	点保持于直线的交叉点处
重合人	一个点和一条直线、圆弧或椭圆	点位于直线、圆弧或椭圆上
对称▣	一条中心线和两个点、直线、圆弧或椭圆	项目保持与中心线相等距离，并位于一条与中心线垂直的直线上
固定☑	任何实体	实体的大小和位置被固定。然而，固定直线的端点可以自由地沿其下无限长的直线移动。并且，圆弧或椭圆段的端点可以随意沿基本全圆或椭圆移动

（2）添加几何关系

✧ 自动添加几何关系。在菜单栏上单击菜单"工具"→"选项"命令，在弹出的对话框中分别选择"系统选项"→"草图"→"几何关系/捕捉"，在弹出的对话框的右边勾选"自动几何关系"，如图2-20所示。

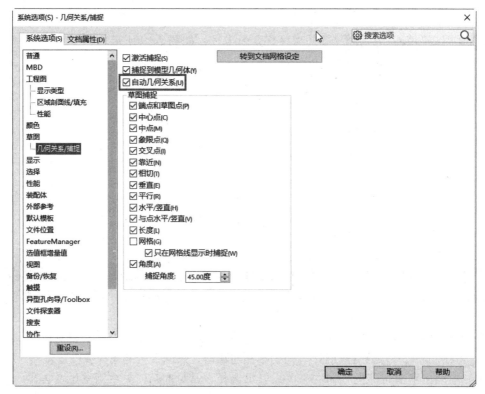

图 2-20　"系统选项"对话框

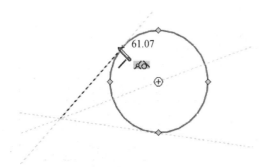

图 2-21　推理线示例

勾选"自动几何关系"后，绘图过程中在满足一定的条件下，会产生黄色虚线显示的推理线，如图 2-21 所示。沿着该线，系统会显示指针和现有草图实体（或模型几何体）之间的几何关系。单击鼠标后，会自动添加对应的几何约束关系。这样可以省去手动添加该种约束的操作。但同时也要注意绘图中不经意自动添加的不需要的几何关系，会造成约束冲突，从而得不到正确的结果。

◇　手动添加几何关系。在很多情况下，需要给草图手动添加几何关系，其操作过程是：单击"添加几何关系"按钮 ，选择草图对象，在"添加几何关系"属性管理器中选择适当的几何约束关系即可。图 2-22 所示为手动添加"平行"几何关系示例。

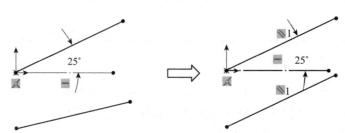

图 2-22　手动添加"平行"几何关系示例

（3）显示/删除几何关系⚒

单击"显示/删除几何关系"按钮⚒，则根据当前草图中选择的过滤器不同，对应的尺寸和几何约束关系会在"显示/删除几何关系"属性管理器中陈列出来，选中的几何约束关系呈粉红色，可以帮助用户检查多余的或冲突的约束关系，从而将其删除。

3．草图状态

草图可能处于以下5种状态中的任何一种。草图的状态显示在 SolidWorks 窗口底端的状态栏上。

（1）完全定义

草图中所有的直线和曲线及其位置，均由尺寸或几何关系或两者说明，在图形区域中以黑色显示。

（2）过定义

有些尺寸或几何关系或两者处于冲突中或多余状态，图形区域中以红色显示。此时一定要移除多余的约束。

（3）欠定义

草图中的一些尺寸和/或几何关系未定义，则可以随意改变。用户可以拖动端点、直线或曲线，直到改变草图实体形状。它在图形区域中以蓝色显示。

（4）没有找到解

没有找到解，即草图未解出，此时显示导致草图不能解出的几何体、几何关系和尺寸。它在图形区域中以鲑鱼色显示。

（5）发现无效的解

草图虽解出但会导致无效的几何体，如零长度线段、零半径圆弧或自相交叉的样条曲线。它在图形区域中以黄色显示。

拨叉轮廓图绘制
操作视频

一、图形分析

拨叉二维图形主要由直线、圆弧和圆组成，很多尺寸从 ϕ36 圆的圆心处标出，因此，可将草图原点定义在 ϕ36 圆心，按照先画已知线段（定形、定位尺寸均已知），再画中间线段（知道一个定位尺寸和完整定形尺寸），最后画连接线段（只知道定形尺寸）的顺序画图，每个图素先定位置，后定大小逐一确定，连接线段往往通过圆角命令完成。

二、草图创建步骤

1．新建文档

启动 SolidWorks 2024，新建文档，进入"零件"模块，单击"保存"按钮🖫，在弹出的对话框中，设置保存路径为"D:\solidworks\项目二"，文件名为"拨叉轮廓图"，单击 保存(S) 按钮。

2．绘制两圆

（1）进入草图环境

单击命令管理器中的 草图 选项卡，再单击"草图绘制"按钮，选择"上视基准面"，进入草图环境。

（2）绘制圆

单击"圆"按钮，以坐标原点为圆心，任意画两圆，如图 2-23 所示。

（3）约束圆

单击"智能尺寸"按钮，选择一圆，在适当位置处单击鼠标左键，则会弹出"修改"对话框，如图 2-24 所示，在对话框中输入 36 并单击"确定"按钮。用同样方法，可标注另一圆，结果如图 2-25 所示。

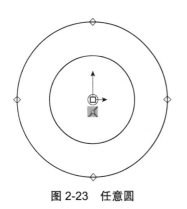

图 2-23 任意圆

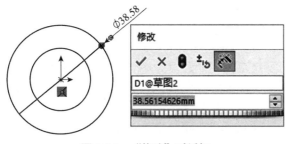

图 2-24 "修改"对话框

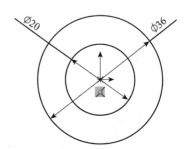

图 2-25 圆的尺寸标注

3．绘制 R30、R20 两圆弧

（1）绘制圆弧

单击"圆心/起/终点画弧"按钮，在φ36 圆的左上方给定圆心，在适当位置分别给定起点和终点任意画圆，再执行"直线"命令将圆弧两端点连接起来，继续执行"圆心/起/ 终点画弧"命令，以前一个圆弧的圆心为圆心，起点和终点选择在直线上，结果如图 2-26 所示。

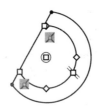

图 2-26 圆弧与直线

（2）修剪多余线段

单击"剪裁实体"按钮 ，用"剪裁到最近端"方式，选择直线中段，结果如图 2-27 所示。

（3）添加几何约束

单击"添加几何关系"按钮 ，分别选择两直线和圆弧圆心，在"添加几何关系"属性管理器中单击"交叉点"按钮 ，结果如图 2-28 所示。

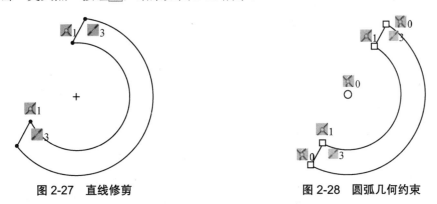

| 图 2-27　直线修剪 | 图 2-28　圆弧几何约束 |

（4）添加尺寸

单击"中心线"按钮 ，做一条过圆弧圆心的竖直线，作为尺寸标注的辅助线，单击"智能尺寸"按钮 ，先标注定位尺寸 42、70、30°，再标注圆弧的大小尺寸 R30、R20，结果如图 2-29 所示。

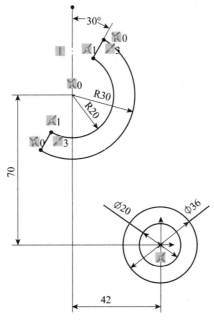

图 2-29　圆弧定位和定形尺寸标注

4．绘制 R35 圆弧

（1）绘制圆弧

单击"3 点圆弧"按钮 ，分别选择 R20 和 φ36 圆上一点作为圆弧起点和终点，在适当位置拾取一点即可画出任意一段圆弧，如图 2-30 所示。

（2）添加几何约束

单击"添加几何关系"按钮，选择刚绘制的圆弧和 R30 圆弧，在"添加几何关系"属性管理器中单击"相切"按钮 $\bigcirc$ ，采用同样方法添加与 $\phi36$ 圆"相切"的约束关系。

（3）添加尺寸

单击"智能尺寸"按钮，选择圆弧，标注半径 R35，结果如图 2-31 所示。

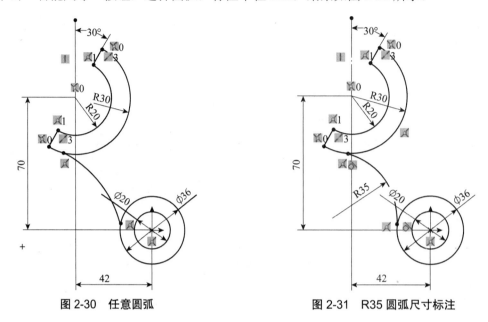

图 2-30 任意圆弧   图 2-31 R35 圆弧尺寸标注

5．绘制其他线段

（1）绘制直线段

单击"直线"按钮 $\diagup$ ，第一点选 R30 上的一点，任意画出 4 条直线，单击"中心线"按钮 $\diagup$ ，画出一条水平点画线，结果如图 2-32 所示。

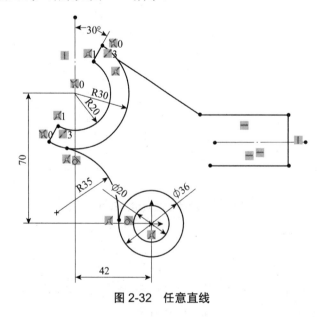

图 2-32 任意直线

（2）画圆弧

单击"切线弧"按钮 🕗，选择直线的终点作为圆弧起点，φ36 圆上的一点作为圆弧终点，画出切线弧如图 2-33 所示。

（3）添加几何约束

单击"添加几何关系"按钮 🔄，给斜线与 R30 圆弧添加"相切"约束关系，其他直线如果不"水平"或"垂直"，还需添加"水平"或"垂直"约束。给切线弧和φ36 圆添加"相切"约束关系。继续执行"添加几何关系"命令，选取两平行线和水平点画线，在属性管理器中单击"对称"约束关系按钮 🔲，结果如图 2-34 所示。

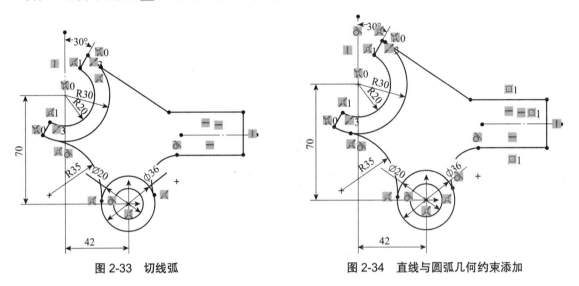

图 2-33　切线弧　　　　　　　　　　图 2-34　直线与圆弧几何约束添加

（4）标注尺寸

单击"智能尺寸"按钮 📐，先标注定位尺寸 34、50，再标注大小尺寸 28、24、R12，结果如图 2-35 所示。

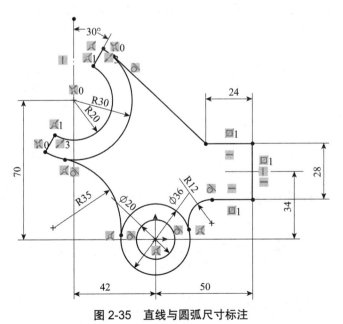

图 2-35　直线与圆弧尺寸标注

（5）倒圆角

单击"绘制圆角"按钮 🗇，在属性管理器中设置圆角半径 16，分别选择斜线和水平线，完成倒圆，结果如图 2-36 所示。

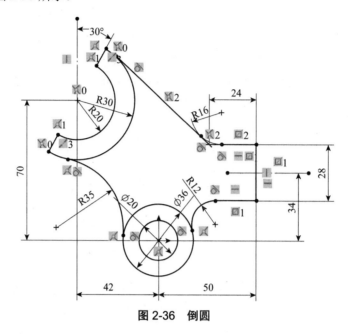

图 2-36　倒圆

6．创建键槽

（1）绘制直线

执行"中心线"命令，先过坐标原点画一条竖直线；再用"直线"命令画出三条线段，如图 2-37 所示。

（2）剪裁圆弧

执行"剪裁"命令，剪裁两竖直线间的圆弧，结果如图 2-38 所示。

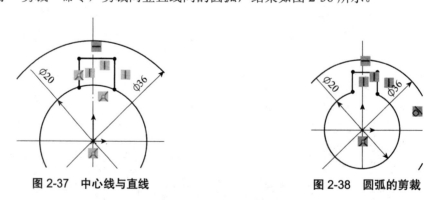

图 2-37　中心线与直线　　　　　　图 2-38　圆弧的剪裁

（3）添加对称约束

执行"添加几何关系"命令，为两竖直线添加相对于中心线的"对称"约束关系，结果如图 2-39 所示。

（4）标注尺寸

单击"智能尺寸"按钮![icon]，选择水平线段，按下 Shift 键（注意不要松手），单击ϕ20圆的下方，标注定位尺寸 22.8，选择水平线段，标注尺寸 6，结果如图 2-40 所示。

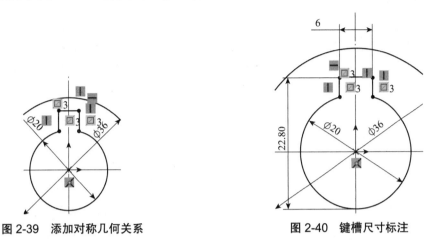

图 2-39　添加对称几何关系　　　　图 2-40　键槽尺寸标注

键槽的创建也可以先画一半，然后用"镜像"命令做出另外一半。

至此，拨叉轮廓图的草图绘制完成，结果如图 2-41 所示。

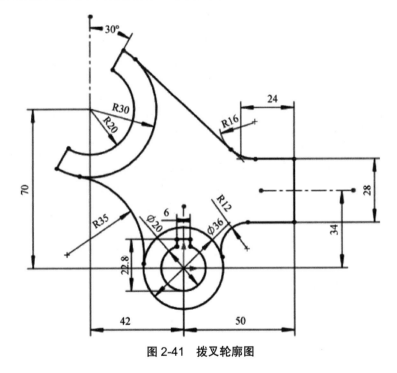

图 2-41　拨叉轮廓图

7．保存文档

单击"保存"按钮![icon]，完成拨叉轮廓图的创建。

小结

直线、圆、圆弧是二维平面图形的基本组成部分，本模块围绕它们介绍了直线、圆、圆弧的用法和草图绘制过程中经常用到的镜像、剪裁、延伸、倒圆角、倒斜角等命令的用法，以及草图约束的两种类型：几何约束和尺寸约束。通过绘制拨叉轮廓图的操作实践，使用户初步掌握草图的绘制方法。

 练习

1. 用 SolidWorks 的草图功能绘制图 2-42 所示草图，并使草图完全约束。

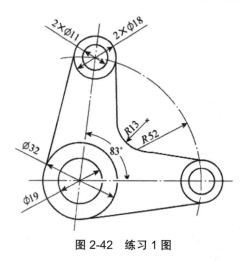

图 2-42　练习 1 图

2. 用 SolidWorks 的草图功能绘制图 2-43 所示草图，并使草图完全约束。

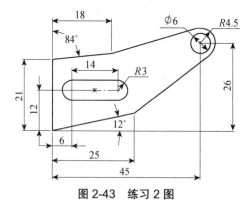

图 2-43　练习 2 图

3. 用 SolidWorks 的草图功能绘制图 2-44 所示草图，并使草图完全约束。

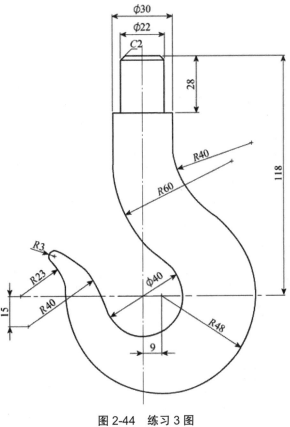

图 2-44　练习 3 图

模块二　扳手草图绘制

1. 掌握草图绘制实体命令的使用方法：椭圆、部分椭圆、多边形、文字
2. 掌握草图工具命令的使用方法：等距实体、圆周阵列、分割实体
3. 进一步熟悉剪裁实体、延伸实体的用法
4. 掌握草图几何约束：中点、垂直、平行、相等

　　正确分析图 2-45 所示扳手二维图形结构和尺寸，建立正确的绘图思路，利用合适的草图绘制实体、草图工具命令和草图约束，完成参数化草图的创建，并使草图完全定义。

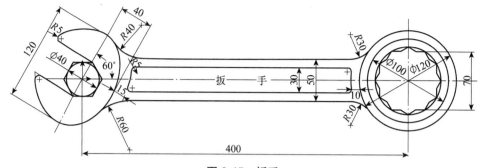

图 2-45　扳手

一、草图绘制实体

1．椭圆◎与部分椭圆◎

SolidWorks 提供了绘制椭圆和部分椭圆的功能。

（1）椭圆

单击"椭圆"按钮，在适当位置单击鼠标左键定义中心位置，拖动鼠标单击设定椭圆的一个轴及其方位，如图 2-46（a）所示。再次拖动鼠标并单击设定椭圆的另一个轴，如图 2-46（b）所示。

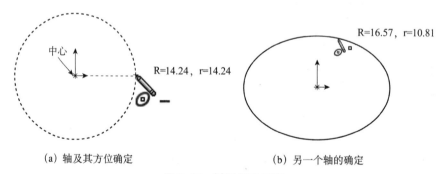

（a）轴及其方位确定　　　　　　　　　（b）另一个轴的确定

图 2-46　椭圆创建示例

要改变椭圆的大小，标注椭圆长轴和短轴尺寸并修改即可，如图 2-47 所示，也可标注半长轴和半短轴尺寸。

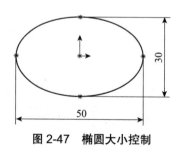

图 2-47　椭圆大小控制

（2）部分椭圆

单击"部分椭圆"按钮 $\boxed{G}$，在适当位置单击鼠标左键定义中心位置，拖动鼠标单击确定部分椭圆的一个轴及其方位，再次拖动鼠标并单击确定部分椭圆的起点，同时也确定了部分椭圆的另一个轴的长度，如图 2-48 所示。

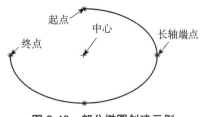

图 2-48　部分椭圆创建示例

2. 多边形 $\boxed{\odot}$

利用"多边形"命令可以生成边的数量在 3 和 40 之间的正多边形。

单击"多边形"按钮 $\boxed{\odot}$，弹出如图 2-49 所示的"多边形"属性管理器，设置好多边形的边数和创建方式后，在绘图区域的适当位置单击，定义多边形的中心，移动鼠标单击以确定多边形的大小和方位。

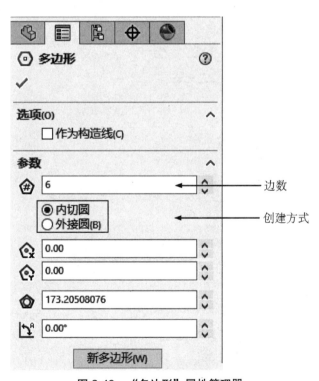

图 2-49　"多边形"属性管理器

下面对"多边形"选项进行说明。

◇　 "边数"：设定多边形中的边数，可设置多边形的边数范围为 3～40。

◇　 "内切圆"：在多边形内显示内切圆以定义多边形的大小，如图 2-50（a）所示。

◇　 "外接圆"：在多边形外显示外接圆以定义多边形的大小，如图 2-50（b）所示。

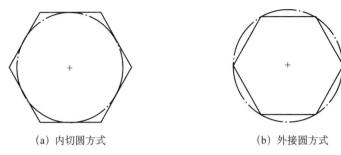

(a) 内切圆方式　　　　　　　　　(b) 外接圆方式

图 2-50　"多边形"创建方式示例

3．文字Ⓐ

SolidWorks 可以在通过实体的内、外表面的草图中书写中文或者英文字符串，字符串可以沿着选定的曲线分布，也可以随时拖动，重新定位。

单击"文字"按钮Ⓐ，弹出如图 2-51 所示的"草图文字"属性管理器，取消勾选"使用文档字体（U）"复选框前的"√"号，单击"字体"按钮 字体(F)... ，弹出"选择字体"对话框，如图 2-52 所示。在图形区域中选择一边线、曲线、草图或草图线段（可选项），在文本框中输入文字，确定即可。

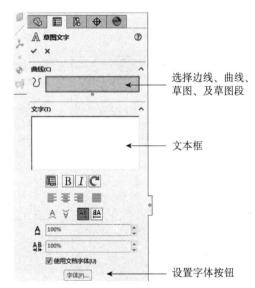

图 2-51　"草图文字"属性管理器

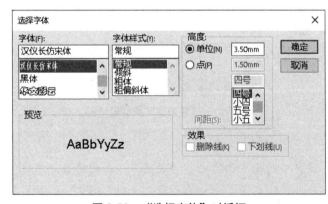

图 2-52　"选择字体"对话框

二、草图约束（常用几何关系）

除模块一介绍的各种几何关系外，还有一些其他常用几何关系，如表 2-2 所示。

表 2-2　常用几何关系用法

几何关系	要选择的实体	所产生的几何关系
平行	两条或多条直线	直线相互平行
中点	一个点和一条直线或圆弧	点位于线段的中点
合并	两个草图点或端点	两个点合并成一个点
全等	两个或多个圆、圆弧	圆或（和）圆弧共用相同的圆心和半径
相等	两条或多条直线，或两个或多个圆、圆弧	直线长度或圆、圆弧半径保持相等
穿透	一个草图点和一个基准轴、边线、直线或样条曲线	草图点与基准轴、边线或曲线在草图基准面上穿透的位置重合。穿透几何关系用于非同一平面草图之间的约束

三、草图工具

1. 等距实体

"等距实体"可以按给定的距离等距偏置一个或多个草图实体、所选模型边线、模型面等。

单击"等距实体"按钮，在弹出的属性管理器中设置好等距距离，选择草图对象，移动鼠标可以看到黄色箭头，在合适的一侧单击，即可生成等距实体，如图 2-53 所示。如果勾选了"双向"选项，则无须选择偏置侧。

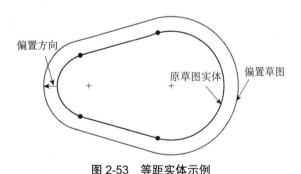

图 2-53　等距实体示例

下面介绍"等距实体"选项。

（1）等距距离：用于设定数值以指定距离来偏置草图实体。若想观阅一动态预览，按住鼠标左键并在图形区域中拖动指针。当用户释放鼠标时，偏置实体完成。

（2）添加尺寸：在草图中添加偏置尺寸标注，一般采用默认设置。

（3）反向：用于更改单向偏置的方向。

（4）选择链：用于选择一个草图实体，可以选中与之连续的所有草图对象。

（5）双向：用于在两个方向生成等距实体。

（6）顶端加盖：为单向或双向偏置添加一圆弧或直线顶盖来延伸原有非相交草图实体。

◇ 圆弧：用于生成圆弧为延伸顶盖，如图 2-54（a）、（b）所示。

◇ 直线：用于生成直线为延伸顶盖，如图 2-54（c）所示。

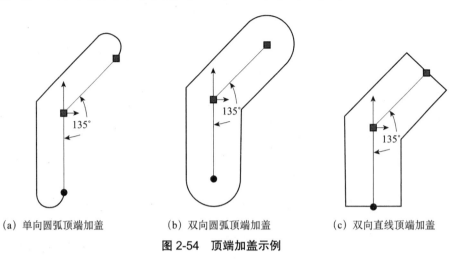

（a）单向圆弧顶端加盖　　　（b）双向圆弧顶端加盖　　　（c）双向直线顶端加盖

图 2-54　顶端加盖示例

（7）构造几何体：将基本几何体、偏移几何体的两者或其中之一转换为构造线。

◇ 基本几何体：将源对象转换为构造几何体，如图 2-55（b）所示。

◇ 偏移几何体：将偏置对象转换为构造几何体，如图 2-55（c）所示。

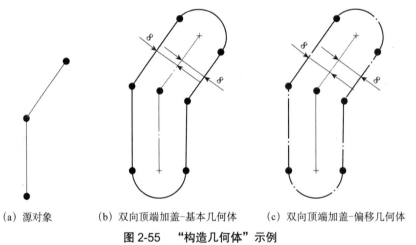

（a）源对象　　　（b）双向顶端加盖-基本几何体　　　（c）双向顶端加盖-偏移几何体

图 2-55　"构造几何体"示例

2．草图阵列

草图阵列可以将草图对象多重复制并按一定的规律排布，它可以分为线性草图阵列和圆周草图阵列两种。

（1）线性草图阵列 🔲

将某一草图复制成多个完全一样的草图并按线性规律排列。单击"线性草图阵列"按钮 🔲，在图形窗口中选择需要阵列的草图，并在如图 2-56 所示的"线性阵列"属性管理器中设置好间距、实例数（阵列个数）和角度等参数，确定后则可创建线性草图阵列，如图 2-57 所示。

图 2-56 "线性阵列"属性管理器

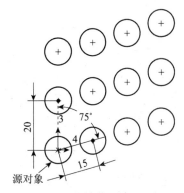

图 2-57 线性草图阵列示例

下面介绍"线性草图阵列"选项。

◇ ⬈反向：用于改变阵列的方向。

◇ ⬧间距：用于设定阵列实例间的距离。

◇ 标注 X（或）Y 间距：用于标注阵列实例之间的间距尺寸，一般应勾选，使之约束。

◇ ⬚实例数：用于设定阵列实例的数量。

◇ ⬓角度：用于设定阵列方向与水平方向的角度，+X 轴为角度度量起始位置，逆时针方向度量。

◇ 固定 X 轴方向（F）：使阵列后的草图实体沿阵列方向固定，一般应勾选。

◇ 在轴之间标注角度（A）：在两个阵列方向之间标注夹角尺寸，一般应勾选，使之约束。

◇ ⬚要阵列的实体：在图形区域中为要阵列的实体选择草图实体。

◇ 可跳过的实例：在图形区域中选择不想包括在阵列中的实例。

（2）圆周草图阵列⬚

将草图绕指定的阵列中心点沿圆周方向排列与复制。单击"圆周草图阵列"按钮⬚，在图形窗口中选择需要阵列的草图，并在如图 2-58 所示的"圆周阵列"属性管理器中设置好阵列数量、间距等参数，确定，则可创建圆周草图阵列，如图 2-59 所示。

图 2-58 "圆周阵列"属性管理器

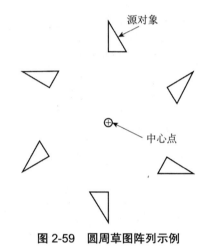

图 2-59 圆周草图阵列示例

下面对"圆周草图阵列"选项进行说明。

◇ ⟳反向：用于改变阵列的方向。右边的选择框可以重新定义圆周阵列的中心。

◇ ⟲间距：用于设定阵列的总角度，即在多大角度范围内生成阵列。当勾选"标注角间距"选项时，其表示相邻两实例之间的圆心角。

等间距：用于设定阵列实例彼此间距相等。

标注半径：用于显示圆周阵列的半径。

标注角间距：用于显示阵列实例之间的尺寸。

◇ ✸实例数：用于设定阵列实例的数量。

◇ ⟋半径：用于设定阵列的半径。

◇ ⟲圆弧角度：用于设定从所选实体的中心到阵列的中心点或顶点所测量的夹角。

◇ ⟐要阵列的实体：在图形区域中为要阵列的实体选择草图实体。

◇ 可跳过的实例：不想包括在阵列中的实例。

3. 分割实体 ⟋

"分割实体"可以在某个位置将草图图形一分为二，如果是封闭草图如圆、椭圆等，则需要两个分割点。

单击"分割实体"按钮 ⟋，将光标移至想切断的位置单击，设置第一个切断点（如果是非封闭的草图实体，如直线或圆弧，则分割操作已完成）。再将光标移至另一个想要切断的位置单击，设置第二个切断点。"分割实体"分割直线和圆的示例分别如图 2-60（a）、（b）所示。

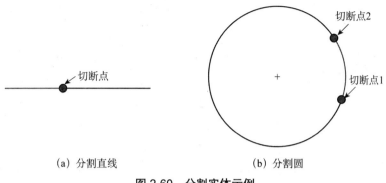

　　　　　　（a）分割直线　　　　　　　　　　　　（b）分割圆

图 2-60　分割实体示例

四、链接数值和方程式

1. 链接数值

链接数值（也称"共享数值"或"链接尺寸"）是用来设置两个或多个尺寸相等以保证它们同步变化的，这在不能添加相等约束关系时特别实用。当尺寸用这种方式链接起来后，该组中任何成员都可以当成驱动尺寸来使用。改变链接数值中的任意一个数值都会改变与其链接的所有其他数值。

（1）创建链接数值

步骤 1：绘制草图并标注尺寸，如图 2-61 所示。

步骤 2：按 Esc 键，退出"智能尺寸"状态，将鼠标指针移至某一尺寸（如 35），单击鼠标右键，在弹出的如图 2-62 所示快捷菜单中选择"链接数值"命令，弹出"共享数值"对话框，如图 2-63 所示。

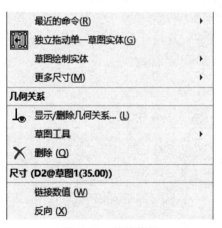

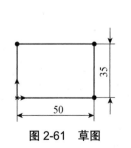

　　　图 2-61　草图　　　　　　　　　　　　　　　图 2-62　快捷菜单

步骤 3：在"共享数值"对话框的"名称"一栏中输入一变量名称，如"a"，单击"确定"按钮，该尺寸数值前出现链接符号∞。

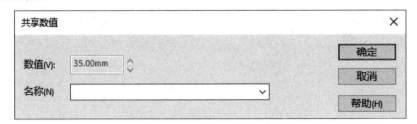

共享数值
数值(V):
35.00mm
名称(N)
确定
取消
帮助(H)

图 2-63 “共享数值”对话框

∞35
∞35

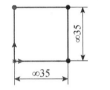

图 2-64 链接数值示例结果

步骤 4：将鼠标指针移至另一尺寸，单击鼠标右键，重复步骤 2，单击“共享数值”对话框中“名称”右边的箭头，在弹出的下拉列表框中选择刚建立的变量“a”。单击“确定”按钮，完成尺寸数值的链接，如图 2-64 所示。

（2）修改链接数值

双击任意链接数值的尺寸，输入要修改的尺寸数值确定即可。

（3）解除链接数值

将鼠标指针移至任意链接数值的尺寸，单击鼠标右键，在弹出的快捷菜单中选择“解除链接数值”命令。

2. 方程式

若需要在参数之间创建无法通过使用几何关系或常规的建模技术来实现的关联，则可以通过方程式功能实现。例如，用户可以使用方程式创建模型中尺寸之间的数学关系（表达式形式）。

方程式是描述因变量和自变量关系的数学表达方法。表达式关系中等号前面的为因变量，因变量尺寸受方程式控制，不能进行修改。

36
55

图 2-65 创建方程式示例

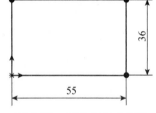

（1）创建方程式

下面结合具体实例说明方程式的用法。如图 2-65 所示矩形，要求任意修改尺寸都能满足长度为宽度的 2 倍，具体操作步骤如下。

步骤 1：选择菜单“工具”→“方程式”命令，弹出“方程式、整体变量、及尺寸”对话框如图 2-66 所示，单击“草图方程式视图”按钮，对话框变成如图 2-67 所示界面。

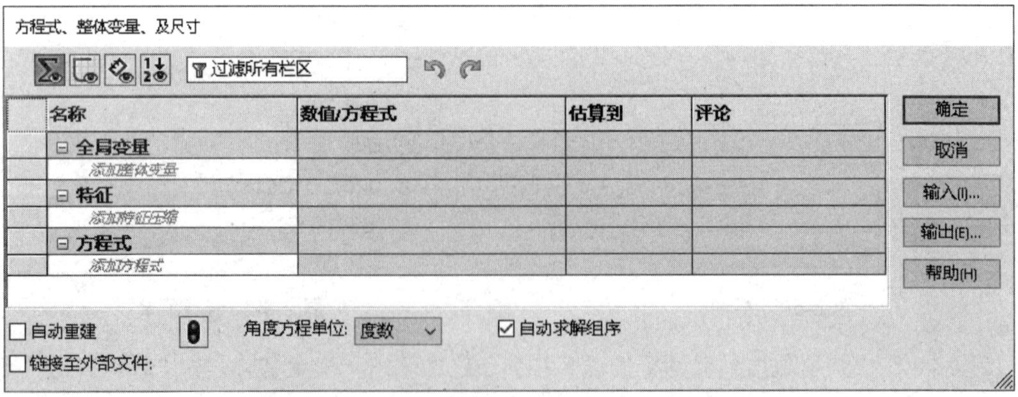

方程式、整体变量、及尺寸
过滤所有栏区
名称
数值/方程式
估算到
评论
全局变量
添加整体变量
特征
添加特征压缩
方程式
添加方程式
确定
取消
输入(I)...
输出(E)...
帮助(H)
自动重建
角度方程单位:
度数
自动求解组序
链接至外部文件:

图 2-66 “方程式、整体变量、及尺寸”对话框

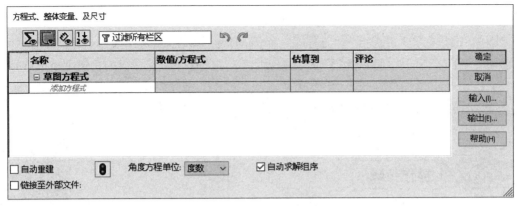

图 2-67 草图方程式视图

步骤 2：在草图方程式下，单击"名称"列中的空白单元格，在图形区域中单击某一尺寸（如 55），在"数值/方程式"空白单元格中输入"2*"，再单击图形区域中另一尺寸 36，方程式输入如图 2-68 所示。

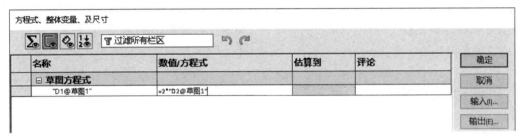

图 2-68 草图方程式输入

在添加方程式时，也可以添加函数、文件属性。运算符号"+"表示"加号"，"−"表示"减号"，"*"表示"乘号"，"/"表示"除号"。

步骤 3：单击"确定"按钮，完成方程式创建，结果如图 2-69 所示。

（2）修改方程式

步骤 1：双击通过方程式建立的尺寸（如∑72），弹出"修改"对话框，如图 2-70 所示。

图 2-69 方程式示例结果

图 2-70 修改方程式示例

步骤 2：在对话框中对方程式进行修改。

（3）删除方程式

步骤 1：选择菜单"工具"→"方程式"命令，打开"方程式、整体变量、及尺寸"对话框。

步骤 2：在对话框中，将鼠标指针移至该行，单击鼠标右键，从弹出的快捷菜单中选择"删除方程式"命令。

步骤 3：单击"确定"按钮，关闭对话框。

**扳手草图绘制
操作视频**

一、图形分析

本扳手由六角扳手头部、梅花扳手头部及中间的手柄部分组成，可以依次创建这三个部分。其中六角扳手头部包含多边形、椭圆等，可将它们的中心定位到草图原点；梅花扳手头部的创建可以先绘制出一个牙型，然后采用"圆周阵列"命令进行复制；手柄部分较简单，应用偏置、倒圆的方法即可完成。

二、草图创建步骤

1．新建文档

启动 SolidWorks 2024，新建文档，进入"零件"模块，单击"保存"按钮 📷，在弹出的对话框中，设置保存路径为"D:\solidworks\项目二"，文件名为"扳手"，单击 保存(S) 按钮。

2．绘制基准线

（1）绘制中心线

选择"特征管理器"（Feature Manager）设计树中的"上视基准面"，单击命令管理器中 草图 选项卡，单击"中心线"按钮 ✎，绘制三条中心线，如图 2-71 所示。

图 2-71　绘制中心线

（2）添加约束

执行"添加几何关系"命令，分别添加水平和斜向中心线与坐标原点"重合"约束关系，单击"智能尺寸"按钮 ☒，标注竖直中心线与坐标原点间定位尺寸 400，斜向中心线与水平方向夹角 60°，结果如图 2-72 所示。

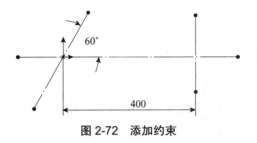

图 2-72 添加约束

3．绘制六角扳手头部

（1）绘制正六边形

单击"多边形"按钮◎，在弹出的属性管理器中设置参数：边数 6，内切圆方式，单击坐标原点，拖动鼠标在适当位置单击，绘制出如图 2-73 所示正六边形。

① 添加约束。执行"添加几何关系"命令，为多边形的底边添加"水平"约束，单击"智能尺寸"按钮 ，标注内切圆直径φ40，结果如图 2-74 所示。

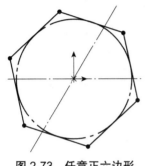

图 2-73 任意正六边形

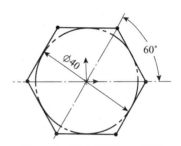

图 2-74 约束后的正六边形

② 创建构造线。在空白处单击鼠标右键，选择"选择"命令，按下 Ctrl 键，选择如图 2-75（a）所示三条直线，勾选属性管理器中"选项"组下"作为构造线"前的复选框，关闭属性管理器，结果如图 2-75（b）所示。

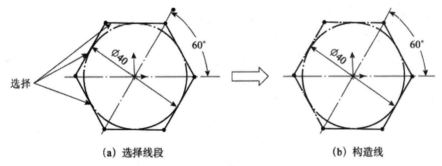

(a) 选择线段　　　　　　　　　　(b) 构造线

图 2-75 构造线创建

（2）绘制椭圆

① 绘制任意椭圆。单击"椭圆"按钮◎，选择坐标原点作为圆心，在 60° 斜向中心线上单击作为椭圆长轴的一个端点，在适当位置单击定义短轴，绘制出如图 2-76 所示图形。

② 剪裁椭圆。单击"剪裁实体"按钮 ，用"剪裁到最近端"方式剪裁椭圆如图 2-77 所示。

③ 添加约束。单击"智能尺寸"按钮，标注椭圆长轴尺寸 120，半短轴尺寸 40，结果如图 2-78 所示。

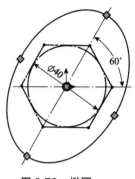

图 2-76　椭圆

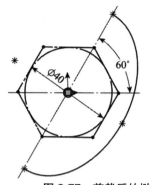

图 2-77　剪裁后的椭圆

（3）绘制圆弧 R

单击"圆心/起/终点画弧"按钮，以坐标原点为圆心，部分椭圆的两个端点为起点和终点画相切圆弧如图 2-79 所示。

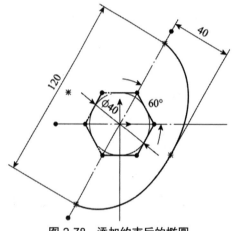

图 2-78　添加约束后的椭圆

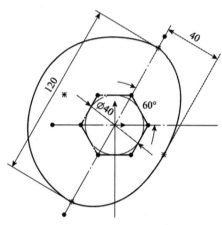

图 2-79　圆弧

（4）绘制直线

① 绘制任意直线。单击"直线"按钮，以正六边形的端点为起点，圆弧 R 上任意一点为终点，分别画出两条直线，如图 2-80 所示。

② 添加约束。单击"添加几何关系"按钮，分别添加两直线与 60°斜线"垂直"约束关系，结果如图 2-81 所示。

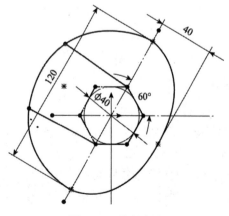

图 2-80　绘制直线

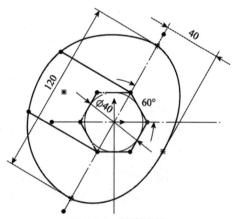

图 2-81　约束直线

（5）剪裁与倒圆角

单击"剪裁实体"按钮，用"剪裁到最近端"方式剪裁椭圆如图 2-82 所示。执行"绘制圆角"命令，设置圆角半径 5，分别将两直线与圆弧倒圆，结果如图 2-83 所示。

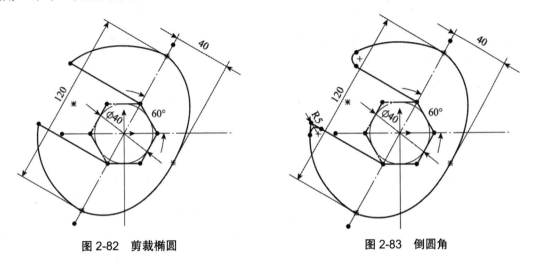

图 2-82　剪裁椭圆　　　　　　　　　　　　图 2-83　倒圆角

4．绘制梅花扳手头部

（1）绘制圆

以水平与竖直中心线的交点为圆心任意画出 3 个圆，给其中两个圆添加 ϕ100 和 ϕ120 尺寸约束，如图 2-84 所示。

（2）绘制梅花齿形

① 绘制一个齿形。执行"直线"命令，绘制两条直线，单击"添加几何关系"按钮，为两直线和竖直中心线添加"对称"约束关系，结果如图 2-85 所示。

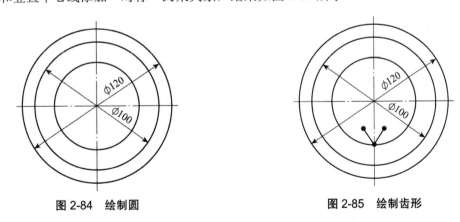

图 2-84　绘制圆　　　　　　　　　　　　图 2-85　绘制齿形

② 圆周阵列。单击"圆周草图阵列"按钮，"要阵列的实体"选择两直线，单击"反向/旋转"项的选择框，选择水平与竖直中心线的交点作为旋转中心，设置"实例数"为 12，勾选"等间距"选项，其他参数为默认值，单击"确定"按钮，结果如图 2-86 所示。

③ 剪裁。执行"剪裁实体"命令，剪裁多余线段，得到如图 2-87 所示结果。

④ 添加几何约束。单击"添加几何关系"按钮，为两直线添加"相等"约束关系，

分别给图 2-87 所示直线添加"水平"约束，任意两顶点与圆添加"重合"约束关系，结果如图 2-88 所示。

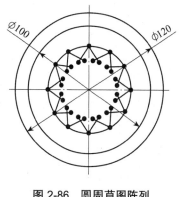

图 2-86　圆周草图阵列

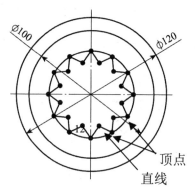

图 2-87　剪裁线段

⑤ 添加尺寸约束。单击"智能尺寸"按钮 ，标注梅花扳手规格尺寸 70，结果如图 2-89 所示。

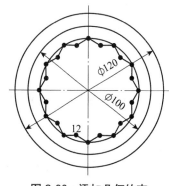

图 2-88　添加几何约束

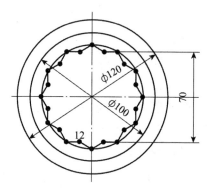

图 2-89　添加尺寸约束

5．绘制手柄部分

（1）绘制手柄外形

① 绘制直线和圆弧。执行"直线"命令，任意画一水平线，注意不要自动添加其他约束（画线时屏幕上不能出现蓝色虚线），移动光标再回到终点处，当终点处出现如图 2-90 所示橙色实心点时，再移动光标，此时可看到与直线相切的一段圆弧，在 ϕ120 的圆周上单击，如图 2-91 所示。用同样的方法可以画出下面的一段直线和圆弧，结果如图 2-92 所示。

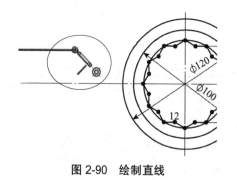

图 2-90　绘制直线

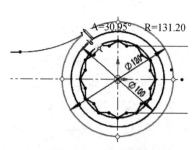

图 2-91　绘制圆弧

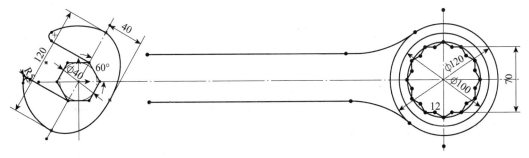

图 2-92　手柄下端直线和圆弧

② 绘制圆弧。单击"切线弧"按钮，以直线的左端点为起点，在部分椭圆上适当位置单击，画出与直线相切的圆弧，用同样方法可以画出另外一条圆弧，如图 2-93 所示。

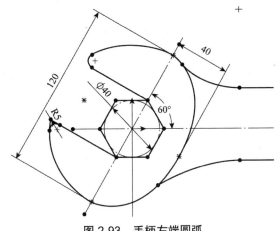

图 2-93　手柄左端圆弧

③ 添加几何约束。单击"添加几何关系"按钮$\bot$，分别添加四段圆弧与部分椭圆以及与 $\phi 120$ 圆的"相切"约束关系、两直线与水平中心线"对称"约束关系，结果如图 2-94 所示。

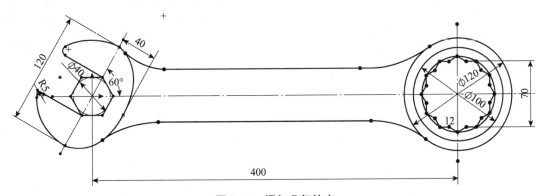

图 2-94　添加几何约束

④ 添加尺寸约束。单击"智能尺寸"按钮$\mathcal{C}$，分别标注手柄宽度尺寸 50，四段圆弧半径 R40、R60、R30、R30，结果如图 2-95 所示。

（2）绘制手柄内形

① 绘制并约束部分椭圆。单击"部分椭圆"按钮$\mathcal{C}$，选择坐标原点作为圆心，在适当位置单击左键，定义部分椭圆的长轴或短轴的端点（象限点）和部分椭圆的方位，移动鼠标分别

在适当位置单击，给定部分椭圆的两个端点，创建部分椭圆如图 2-96 所示。

单击"添加几何关系"按钮 ，分别添加部分椭圆上长轴的两个端点与 60°中心线"重合"约束，结果如图 2-97 所示。

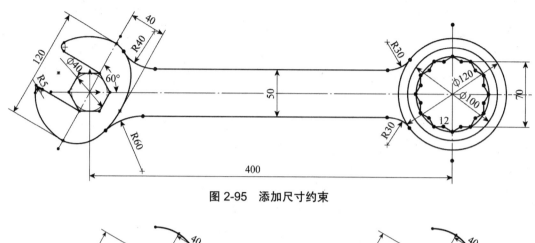

图 2-95　添加尺寸约束

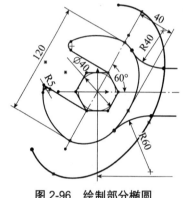

图 2-96　绘制部分椭圆

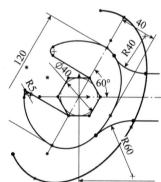

图 2-97　添加几何约束

单击"智能尺寸"按钮 ，分别标注部分椭圆长短轴的端点与先前椭圆对应点间距离尺寸 15 和 39.77（默认值）。退出"智能尺寸"状态，将鼠标指针移至尺寸 15 处，单击鼠标右键，在弹出的快捷菜单中选择"链接数值"命令，弹出"共享数值"对话框。在"名称"文本框中输入"a"（任取），单击"确定"按钮。将鼠标指针移至尺寸 39.77 处，重复前面操作步骤，建立两尺寸的同值同步关系，结果如图 2-98 所示。

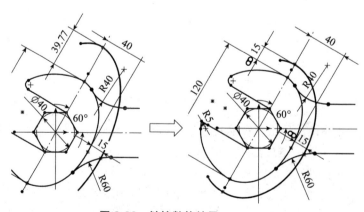

图 2-98　链接数值结果

② 偏置曲线。单击"等距实体"按钮 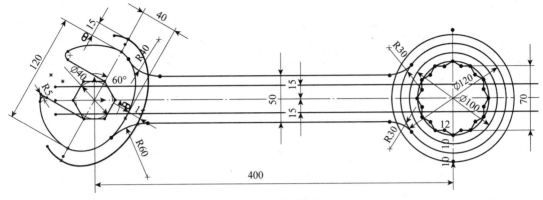，选择 φ120 圆，向外偏置 10。将水平中心线双向偏置 15，得到如图 2-99 所示结果。

图 2-99 偏置曲线

③ 分割圆。单击"分割实体"按钮 ，分别单击偏置圆的上下两个点，则偏置圆被分割成两部分，删除右边部分，如图 2-100 所示。

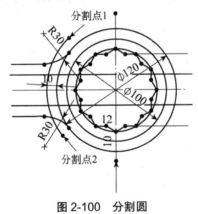

图 2-100 分割圆

④ 倒圆角。单击"绘制圆角"按钮 ，设置半径为 5，分别选取椭圆与直线、圆与直线倒圆，结果如图 2-101 所示。

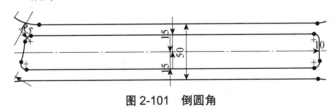

图 2-101 倒圆角

6．文字

单击"文字"按钮 ，去除"使用文档字体"前的对钩，设置字体为"仿宋体"，字高 14，在文本框中输入汉字"扳手"，并在两字之间留适当空格，确定，拖动文字到适当位置，完成文字创建。

7．保存文档

单击"保存"按钮 ，完成扳手草图的创建，结果如图 2-102 所示。

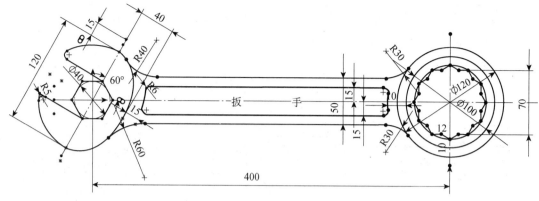

图 2-102　完成的扳手草图

多边形、椭圆、文字等也是平面图形中常见的内容，本模块介绍了它们的用法，以及草图绘制过程中经常用到的偏置、阵列等绘图技巧。通过扳手草图实例的绘制，进一步巩固剪裁、延伸、草图约束等内容，使用户基本能够掌握较复杂草图的绘制方法。

 练习

1. 用 SolidWorks 的草图功能绘制如图 2-103 所示草图，并使草图完全约束。

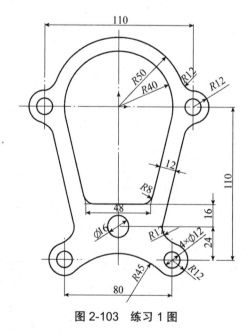

图 2-103　练习 1 图

2. 用 SolidWorks 的草图功能绘制如图 2-104 所示草图，并使草图完全约束。

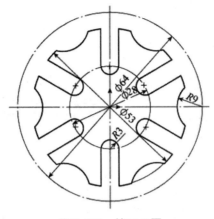

图 2-104 练习 2 图

3. 用 SolidWorks 的草图功能绘制如图 2-105 所示草图，并使草图完全约束。

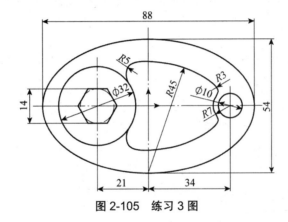

图 2-105 练习 3 图

项目三　实体建模

　　现实中零件是以实体形式呈现的，因此，机械设计软件中三维实体建模技术是零件设计的基础。在 SolidWorks 中通常先画出二维草图，然后通过拉伸、旋转、扫描等方法构建出基体，在此基础上运用各种特征命令通过添加或减除材料最终得到需要的零件形状。

　　学习目标：

● 掌握参考几何体的使用方法
● 掌握各种特征的使用方法：拉伸、旋转、扫描、放样、阵列/镜像、扣合特征、筋、拔模、抽壳、简单直孔、异型孔向导、圆角、倒角等
● 掌握多实体建模技术的应用
● 掌握特征工具的使用方法：组合
● 掌握查看质量属性的方法

模块一　支架三维建模

1. 掌握拉伸凸台/基体特征的使用方法
2. 掌握拉伸切除特征的使用方法
3. 掌握简单直孔特征的使用方法
4. 掌握异型孔向导特征的使用方法
5. 掌握圆角特征的使用方法

　　正确分析支架零件（如图 3-1 所示）的结构特点，建立正确的设计思路，利用草图绘制、

拉伸、简单直孔、异型孔、圆角等功能，完成支架零件的三维建模。

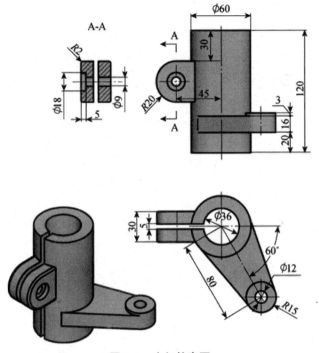

图 3-1　支架轮廓图

相关知识点链接

一、拉伸

　　"拉伸"是将所选取的截面在指定方向上扫掠来生成实体。根据拉伸截面封闭与否及设置的不同可以生成凸台/基体、切除、实体或薄壁、表面几种形式，如图 3-2 所示。

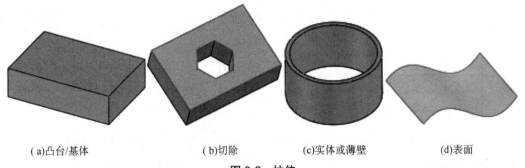

　　(a)凸台/基体　　　　　　(b)切除　　　　　　(c)实体或薄壁　　　　　　(d)表面

图 3-2　拉伸

　　拉伸凸台/基体属于添加材料，拉伸切除则属于减材料，它们的选项、用法基本相同。后面涉及的旋转凸台/基体与旋转切除、扫描与扫描切除、放样凸台/基体与放样切割均与此类似。因此，"相关知识点链接"部分只介绍添加材料的相关内容。另外，本书主要介绍机械零件的设计，基本不涉及曲面设计，因此，曲面部分不做介绍。

1. "拉伸凸台/基体"操作步骤

步骤1　利用草图工具生成拉伸截面草图。

步骤2　单击命令管理器中的 特征 选项卡，再单击"拉伸凸台/基体"按钮，弹出"凸台-拉伸"属性管理器，如图3-3所示。注意：选择不同选项，"凸台-拉伸"属性管理器中的内容有所不同；满足的条件不同，"凸台-拉伸"属性管理器中的选项也会有所不同。

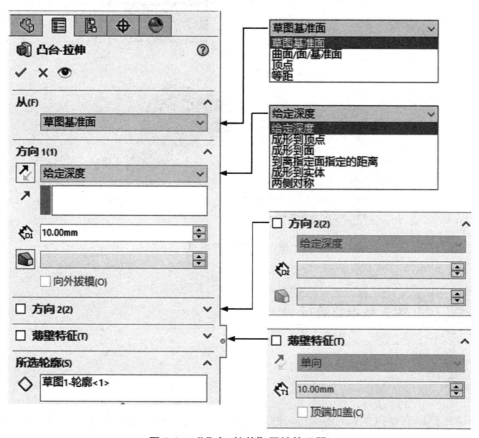

图3-3　"凸台-拉伸"属性管理器

步骤3　设定属性管理器（Property Manager）选项。可以定义拉伸截面、拉伸方向、开始及终止条件、拔模、薄壁（抽壳）等参数。

步骤4　单击"确定"按钮，完成拉伸凸台/基体操作。

2. "拉伸凸台/基体"选项说明

（1）"从（F）"选项组

用于设定拉伸特征的开始条件，包括草图基准面、曲面/面/基准面、顶点和等距4种方式。

◇　草图基准面：从草图所在的基准面开始拉伸，如图3-4（a）所示。

◇　曲面/面/基准面：从曲面/面/基准面这些实体之一开始拉伸，如图3-4（b）所示。

◇　顶点：从选中顶点处开始拉伸，起始拉伸平面与草图平面平行，如图3-4（c）所示。

◇　等距：从与当前草图基准面成一定距离处的基准面开始拉伸，如图3-4（d）所示。

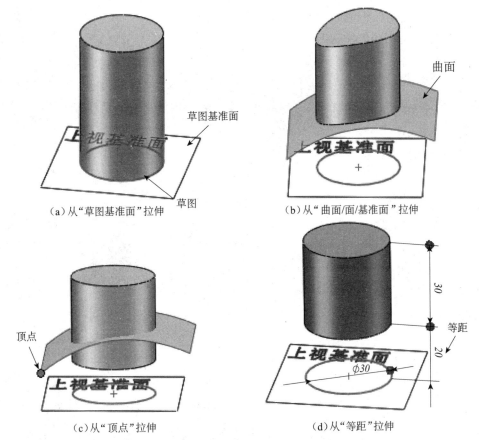

（a）从"草图基准面"拉伸   （b）从"曲面/面/基准面"拉伸

（c）从"顶点"拉伸   （d）从"等距"拉伸

图 3-4 拉伸开始条件示例

（2）"方向 1（1）"选项组

用于设定特征延伸的方式，即设定终止条件类型，如有必要，单击"反向"按钮。

① 终止条件。

◇ 给定深度：用于设定拉伸体的深度，如图 3-5（a）所示。

◇ 完全贯穿（图 3-3 中没有）：从草图的基准面拉伸特征直到贯穿所有现有的几何体，如图 3-5（b）所示。

◇ 完全贯穿-两者（图 3-3 中没有）：方向 1 和方向 2 均激活时，从草图的基准面拉伸特征直到贯穿方向 1 和方向 2 的所有现有几何体，如图 3-5（c）所示。

◇ 成形到下一面（图 3-3 中没有）：沿着拉伸方向，延伸至首次与草图轮廓相交的一个或多个面，该面可以是平面或曲面，也可以是组合面，但面要完全超出草图轮廓沿拉伸方向在该面上的投影，如图 3-5（d）所示。

◇ 成形到顶点：延伸至选择的顶点所在的与草图平面平行的基准面，如图 3-5（e）所示。

◇ 成形到面：延伸至所选平面或曲面，如图 3-5（f）所示。

◇ 到离指定面指定的距离：延伸至与选定的面成指定距离处，如图 3-5（g）所示。

◇ 成形到实体：延伸草图到所选的实体，如图 3-5（h）所示。

◇ 两侧对称：从草图基准面开始，分别往正、反两个方向拉伸相同的距离 D1/2，如图 3-5（i）所示。此选项对于对称类零件尤其适用。

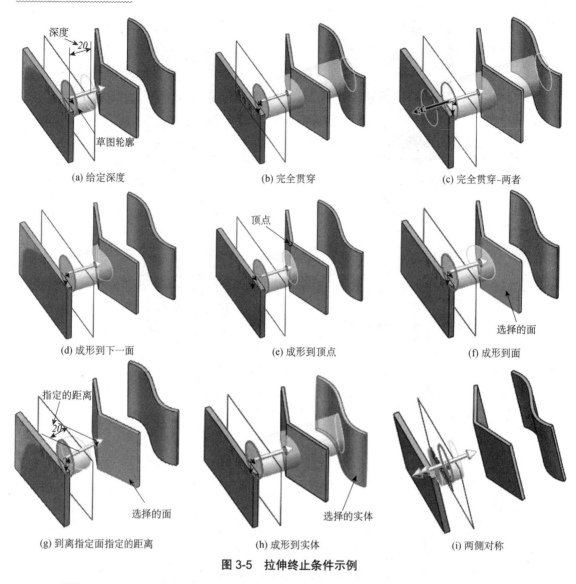

图 3-5　拉伸终止条件示例

②　拉伸方向。用于定义拉伸的方向，默认沿草图截面法向拉伸，也可以沿指定的方向拉伸，如图 3-6 所示。

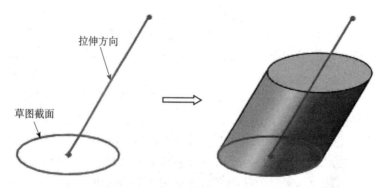

图 3-6　"拉伸方向"示例

③ 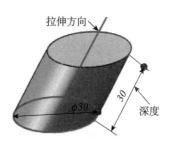深度，用于定义拉伸的距离，即"从"到"方向1"沿拉伸方向的距离，如图3-7所示。

④ 合并结果。将所产生的实体合并到现有实体，即布尔运算。如果不勾选此项，特征将生成一个独立实体。

⑤ 拔模，用于设定拔模角度，如必要，可选择"向外拔模"，如图3-8所示。此选项相当于一个开关，单击按钮可以打开或关闭拔模功能。

图 3-7　"深度"示例

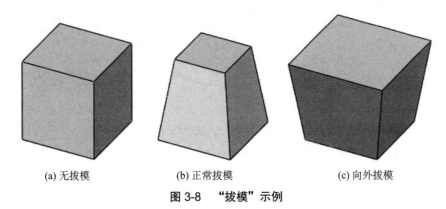

(a) 无拔模　　　　　　(b) 正常拔模　　　　　　(c) 向外拔模

图 3-8　"拔模"示例

（3）"方向2（2）"选项组

勾选"方向2（2）"前的选择框，使草图分别往正、反两侧双向拉伸。具体选项的设置与"方向1（1）"一致，在此不再进行详述。

（4）薄壁特征

该选项可以控制拉伸厚度，可将开放轮廓或封闭轮廓拉伸后变成带有一定厚度的实体。"薄壁特征"的类型有单向、两侧对称和双向三种方式，分别如图3-9（a）、（b）、（c）所示。

◇　单向：用于设定从草图某一个方向（外侧或内侧）拉伸的厚度，单击按钮可以改变薄壁方向。

◇　两侧对称：用于设定分别往草图内外侧拉伸相同的厚度。

◇　双向：用于设定从草图的内外侧分别拉伸不同的厚度，即"方向1"厚度和"方向2"厚度。

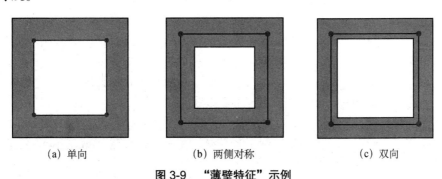

(a) 单向　　　　　　(b) 两侧对称　　　　　　(c) 双向

图 3-9　"薄壁特征"示例

（5）◇所选轮廓

在图形区域中选择用于拉伸的草图轮廓，可以使用部分草图从开放或闭合轮廓创建拉伸特征，如图 3-10 所示。

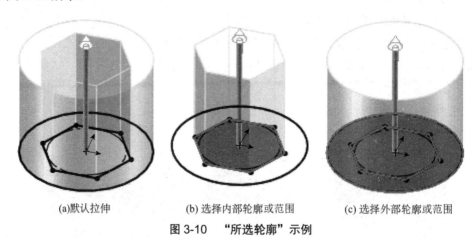

(a)默认拉伸　　　　　　(b) 选择内部轮廓或范围　　　　　　(c) 选择外部轮廓或范围

图 3-10　　"所选轮廓"示例

二、孔特征

孔特征用于在模型上生成各种类型的孔。建模过程中一般先做加材料的特征，后做减材料的特征，这样可以避免因疏忽而将材料添加到先前生成的槽或孔内。因此，一般在设计阶段临近结束时生成孔。如果准备生成不需要其他参数的孔，可以选择"简单直孔"命令；如果准备生成具有复杂轮廓，例如，柱孔、锥孔或螺纹孔，则一般会选择"异型孔向导"命令。另外，"简单直孔"命令只能以平面作为放置面，且生成的特征是平底的，没有钻孔端部；"异型孔向导"命令可以在曲面上生成多种孔特征。

（一）简单直孔

1."简单直孔"操作步骤

步骤 1　　选择要生成孔的平面。

步骤 2　　单击"简单直孔"按钮，或选择菜单"插入"→"特征"→"孔"→"简单直孔"，弹出"孔"属性管理器，如图 3-11 所示。

步骤 3　　在属性管理器（Property Manager）中设定选项。

步骤 4　　单击"确定"按钮，生成简单直孔。

步骤 5　　在模型或"特征管理器"设计树中，右击孔特征，在弹出的快捷菜单中选择"编辑草图"命令。

步骤 6　　添加尺寸以定义孔的位置，还可以在草图中修改孔的直径。

步骤 7　　退出草图环境或单击"重建模型"按钮。

步骤 8　　如要改变孔的直径、深度或类型，在模型或"特征管理器"（Feature Manager）设计树中右击孔特征，然后选择"编辑特征"命令。在属性管理器（Property Manager）中进行必要的更改，然后单击"确定"按钮。

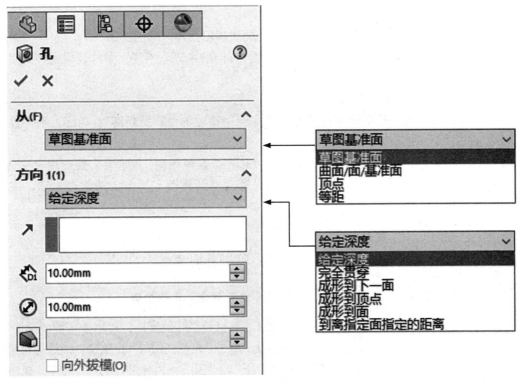

图 3-11 "孔" 属性管理器

2. "简单直孔" 选项说明

（1）"从" 选项组

该选项组用于为简单直孔特征设定开始条件，有以下几种方式。

◇ 草图基准面：从草图所在的同一基准面开始生成简单直孔。

◇ 曲面/面/基准面：从这些实体之一开始生成简单直孔。

◇ 顶点：从所选择的顶点位置处开始生成简单直孔。

◇ 等距：从与当前草图基准面等距的基准面上生成简单直孔。

（2）"方向 1" 选项组

① 终止条件：定义孔的终止位置，有以下几种方式：

◇ 给定深度：从草图的基准面以指定的距离延伸特征。

◇ 完全贯穿：从草图的基准面延伸特征直到贯穿所有现有的几何体。

◇ 成形到下一面：从草图的基准面延伸特征到下一面（隔断整个轮廓）以生成特征。

◇ 成形到顶点：从草图基准面延伸特征到通过指定的顶点且平行于草图基准面的平面。

◇ 成形到面：从草图的基准面延伸特征到所选的曲面以生成特征。

◇ 到离指定面指定的距离：从草图的基准面拉伸特征到某面或曲面之特定距离平移处以
    生成特征。

② ↗拉伸方向：以除垂直于草图轮廓以外的方向拉伸孔，可选择顶点、线性边线、面、参
考几何体等定义方向。

③ ◆面/平面：在图形区域中选择一个面或基准面以定义用户选取 "成形到曲面" 或 "到

离指定面指定的距离"为终止条件时设定孔深度。

④  深度：定义孔的深度，指放置面到孔的底部沿拉伸方向的距离。

⑤ 等距距离：指孔的底部距选择的面沿拉伸方向的距离。当终止条件设置为"到离指定面指定的距离"时，该选项可用。

⑥ 孔直径：设置孔的直径。

⑦ 反向等距：以与所选面/平面相反的方向应用指定的"等距距离"。当终止条件设置为"到离指定面指定的距离"时，该选项可用。

⑧ 转化曲面：相对于所选面/平面应用指定的"等距距离"。如果需要使用真实等距，则取消选择"转化曲面"选项。当终止条件设置为"到离指定面指定的距离"时，该选项可用。

⑨ 拔模：添加拔模到孔，以生成锥状孔。

图 3-12 "孔规格"属性管理器

（二）异型孔向导

1．"异型孔向导"操作步骤

步骤 1 选择异型孔放置面，可以是平面或曲面。

步骤 2 单击"异型孔向导"按钮，或选择菜单"插入"→"特征"→"孔"→"异型孔向导"命令，弹出"孔规格"属性管理器，如图 3-12 所示。

步骤 3 在属性管理器（Property Manager）中设定选项。

步骤 4 单击 位置 选项卡，选择一定点或在任意位置单击。

步骤 5 单击"确定"按钮，生成异型孔。

步骤 6 在模型或"特征管理器"（Feature Manager）设计树中，右击孔特征，在弹出的快捷菜单中选择"编辑特征"命令，可以修改异型孔的类型、大小等。

步骤 7 单击 位置 选项卡，添加尺寸以定义孔的位置。

步骤 8 单击"确定"按钮，完成异型孔的编辑。

2．"异型孔向导"选项说明

"孔规格"属性管理器包括"类型"和"位置"两个选项卡。"类型"选项卡用于设置孔类型参数；"位置"选项卡使用尺寸和其他草图绘制工具定位孔中心，即确定孔的位置。可以在这两个选项卡之间随意切换。

注意：如果需要添加不同的孔类型，可以将其添加为单独的异型孔向导特征。

（1）"孔类型"选项组

"孔类型"选项组会根据不同的孔类型而有所不同，常见的孔类型有"柱形沉头孔""锥形沉头孔（埋头孔）

""孔""直螺纹孔""锥形螺纹孔（管螺纹）"等。以 GB 标准为例，其属性管理器分别如图 3-13（a）、（b）、（c）、（d）、（e）所示。

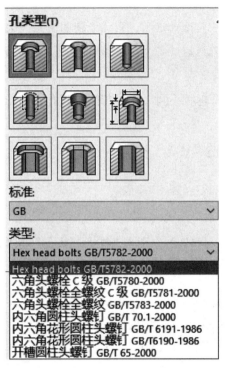

（a）"柱形沉头孔"属性管理器

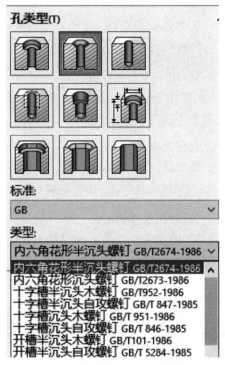

（b）"锥形沉头孔"属性管理器

（c）"孔"属性管理器

（d）"直螺纹孔"属性管理器

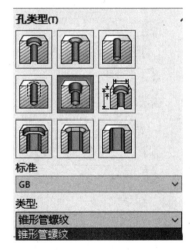

（e）"锥形螺纹孔"属性管理器

图 3-13　"孔类型"属性管理器

◇　标准：指定孔标准。不同国家采用的标准有所区别，我国采用的是 GB 标准。

◇　类型：指定钻孔大小、螺纹钻孔、暗销孔或螺钉间隙。

（2）"孔规格"选项组

不同孔类型有不同的孔规格与其对应，"孔规格"相关的选项主要有以下几项。

◇ 大小：选择钻孔系列大小或螺纹公称尺寸。

◇ 配合：为扣件选择配合形式，包括紧密、正常、松弛三种类型。此选项对"柱孔"和"锥孔"可用。

◇ 显示自定义大小：用户自己定义孔规格大小。勾选此选项，则优先使用自定义大小来生成孔。

（3）"终止条件"选项组

"终止条件"选项组中的参数根据孔类型的变化而有所不同，除了与简单直孔相同的选项外，还有如下选项。

◇ 🔩盲孔深度：设定孔的深度，终止条件为"给定深度"时可用。

◇ 螺纹线：定义螺纹的终止位置。

◇ "🔩螺纹线深度"：设定螺纹深度。

（4）"选项"选项组

"选项"根据孔类型的不同而发生变化。图 3-14（a）、（b）分别为"柱形沉头孔"与"直螺纹孔"类型的"选项"组。

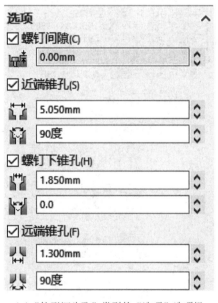

（a）"柱形沉头孔"类型的"选项"选项组　　　（b）"直螺纹孔"类型的"选项"选项组

图 3-14　"选项"属性管理器

（5）"公差/精度"选项组

指定公差和精度的值，并自动被工程图中的孔标注继承。

三、圆角特征

圆角特征是在零件的凸角或凹角生成一个圆弧面，如图 3-15 所示，可以为一个面的所有边线、所选的多组面、所选的边线或边线环生成圆角。

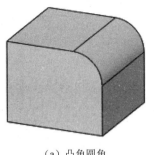 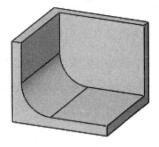

（a）凸角圆角　　　　　　　　　　　　　　　　　（b）凹角圆角

图 3-15　"圆角"示例

1．"圆角"操作步骤

步骤 1　单击"圆角"按钮 ，或者选择菜单"插入"→"特征"→"圆角"命令，弹出"圆角"属性管理器，如图 3-16 所示。

步骤 2　设定属性管理器（Property Manager）选项。

步骤 3　单击"确定"按钮 ，生成圆角特征。

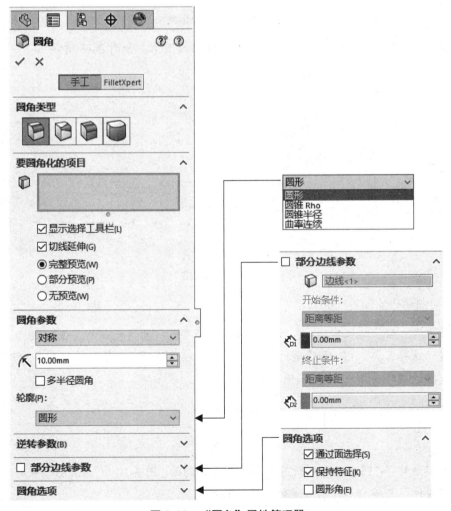

图 3-16　"圆角"属性管理器

2. "圆角"选项说明

（1）"圆角类型"选项组

✧ 🔲固定大小圆角：用于生成整个圆角长度都有固定尺寸的圆角。

✧ 🔳变量大小圆角：使用控制点来定义变半径圆角，生成带变半径值的圆角，如图3-17所示。

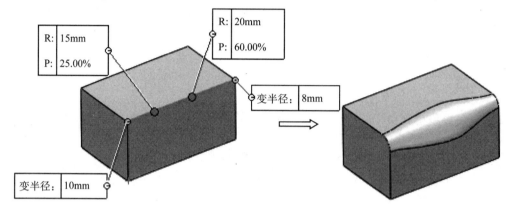

图 3-17　变量大小圆角

✧ 🔲完整圆角：用于生成相切于三个相邻面组的圆角，如图3-18所示。

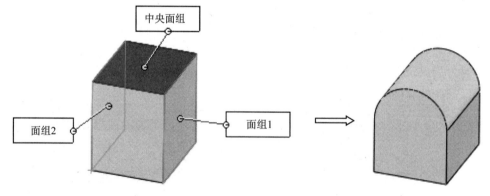

图 3-18　完整圆角

（2）"要圆角化的项目"选项组

✧ 🔲边线、面、特征和环：在图形区域中选择要进行圆角处理的实体。

✧ 显示选择工具栏：显示/隐藏选择加速器工具栏以帮助用户快速选取对象。勾选该选项，选择边线时会弹出如图3-19所示关联工具栏。

图 3-19　关联工具栏

✧ 切线延伸：将圆角延伸到所有与所选面相切的面。图3-20中（a）、（b）分别为启用"切线延伸"与不启用"切线延伸"选项的对比。

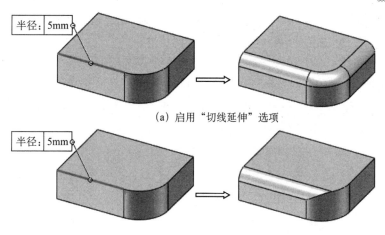

(a) 启用"切线延伸"选项

(b) 不启用"切线延伸"选项

图 3-20 "切线延伸"选项示例

◇ 完整预览：显示所有边线的圆角预览。

◇ 部分预览：只显示一条边线的圆角预览，可按 A 键来依次观看每个圆角预览。

◇ 无预览：可缩短复杂模型的重建时间。

（3）"圆角参数（或变半径参数）-对称"选项组

① ↖半径：用于设定圆角半径。

② 多半径圆角：给多条边线以不同的半径值生成圆角。

③ 轮廓：设置圆角的轮廓类型，即定义圆角的横截面形状。

◇ 圆形：横截面形状为圆弧。

◇ 圆锥 Rho：用于控制二次曲线形状，如图 3-21 所示。可输入介于 0 和 1 之间的值。$\rho<0.5$ 时为椭圆，$\rho=0.5$ 时为抛物线，$\rho>0.5$ 时为双曲线。

◇ 圆锥半径：设置沿曲线的肩部点的曲率半径。

◇ 曲率连续：在相邻曲面之间创建更为光顺的曲率。曲率连续圆角比标准圆角更平滑。

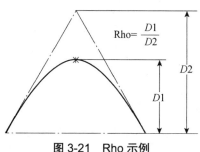

图 3-21 Rho 示例

④ #实例数：用于设定边线上的控制点数，即新增的点数。每个点的具体位置可以通过在图形区选择该点，然后在相应的文本框中修改 P 参数（位置百分比）实现。此选项仅对"变量大小圆角"可用。

（4）"部分边线参数"选项组

该选项组用于定义沿模型边线创建具有指定长度的部分圆角。

① ⬡在"要圆角化的项目"列表框中选择边线：当有多条边线倒圆时，在"要圆角化的项目"列表框中选择一边线以应用开始或终止倒圆的位置。

② 开始/终止条件：用于定义开始条件以确定开始倒圆/倒圆结束的位置。起点指选择边线时鼠标指针靠近的那一侧端点。图 3-22（a）、（b）分别为定义开始条件和终止条件的部分边线参数倒圆示例。

◇ 无：不定义。

◇ 距离等距：与起点/终点的偏移距离。

◇ 等距百分比：从起点/终点偏移的百分比长度。

◇ 参考等距：选择草图点、参考点、平面确定开始/终止位置。

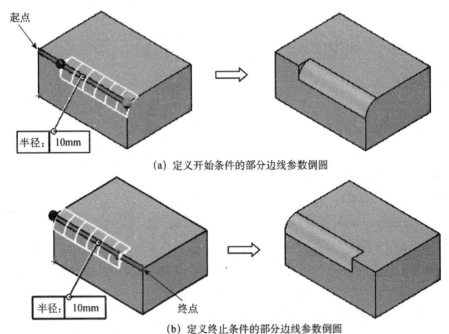

（a）定义开始条件的部分边线参数倒圆

（b）定义终止条件的部分边线参数倒圆

图 3-22 "部分边线参数"倒圆示例

（5）"圆角选项"选项组

◇ 通过面选择：启用通过隐藏边线的面选择边线，如图 3-23 所示，一般情况下启用该选项，以便无须旋转视图即可选择边线。

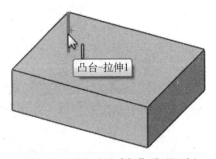

图 3-23 "通过面选择"选项示例

◇ 保持特征：如果应用可完全覆盖特征的圆角半径，则仍然保留该特征。如果清除选择"保持特征"选项，则该特征不保留，图3-24（a）、（b）分别为启用"保持特征"与不启用"保持特征"选项的对比。

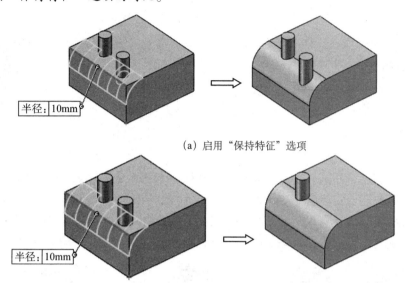

（a）启用"保持特征"选项

（b）不启用"保持特征"选项

图3-24 "保持特征"选项示例

◇ 圆形角：生成带圆形角的固定尺寸圆角。必须选择至少两个相邻边线来圆角化。圆形角圆角在边线之间有一平滑过渡，可消除边线汇合处的尖锐接合点。图3-25（a）、（b）分别为启用"圆形角"与不启用"圆形角"选项的对比。

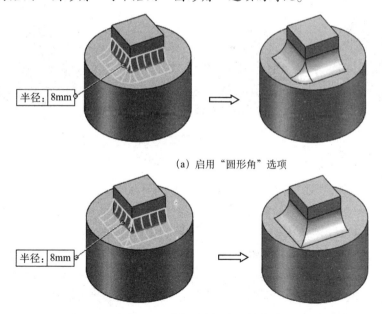

（a）启用"圆形角"选项

（b）不启用"圆形角"选项

图3-25 "圆形角"选项示例

3．圆角技巧

◇ 当有多个圆角汇聚于一个顶点时，先生成较大的圆角，再添加小圆角。

◇ 零件上有分叉圆角时，先进行支路倒圆，再进行主干倒圆。

◇ 如果要加快零件重建的速度，则具有相同半径圆角的多条边线一起选择生成一个圆角特征。

支架三维建模
操作视频

一、模型分析

支架零件由三部分组成，中间主体部分是圆柱体，下部是斜向支撑板，中间侧面是拱形连接板，它们都是具有一定厚度的实体，因此，可用"拉伸凸台/基体"命令创建。其上各种孔可以用"简单直孔"和"异型孔向导"命令完成。细节结构如倒圆可以用"圆角"命令完成。建模过程中按照先主后次、先叠加后切除的次序创建。支架建模过程如图 3-26 所示。

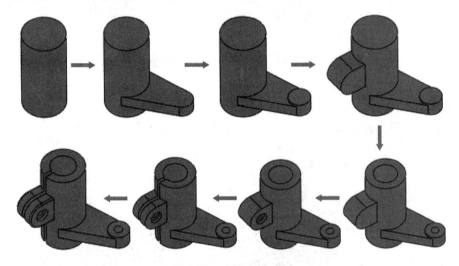

图 3-26　支架建模过程

二、建模步骤

1．新建文档

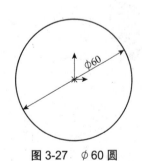

图 3-27　φ60 圆

启动 SolidWorks 2024，新建文档，进入"零件"模块，单击"保存"按钮，在弹出的对话框中，设置保存路径为"D:\solidworks\项目三"，文件名为"支架"，单击 保存(S) 按钮。

2．创建圆柱

（1）绘制 φ60 圆

以"上视基准面"为草图平面，以坐标原点为圆心，绘制 φ60 圆如图 3-27 所示。

（2）拉伸

单击命令管理器中的 特征 选项卡，再单击"拉伸凸台/基体"按钮 📦 ，在"凸台-拉伸"属性管理器中定义"开始条件"为"草图基准面"，"终止条件"为"给定深度"，深度设为 120，其他参数默认，单击"确定"按钮 ✓ ，完成圆柱体的创建，如图 3-28 所示。

3．创建斜向支撑板

（1）绘制支撑板截面草图

选择"特征管理"设计树中"上视基准面"，单击"草图绘制"命令按钮 ▣ 进入草图环境。单击前导视图工具栏"视图定向"中"上视"按钮 ▣ ，将模型旋转于草图基准面方向，创建如图 3-29 所示完全定义草图，退出草图环境。

图 3-28　圆柱体

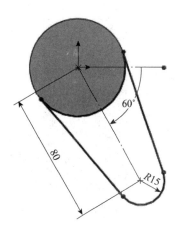

图 3-29　支撑板截面草图

（2）拉伸

执行"拉伸凸台/基体"命令，在"凸台-拉伸"属性管理器中定义"开始条件"为"等距"，输入等距值 20，"终止条件"设为"给定深度"，深度设为 16，其他参数默认，单击"确定"按钮 ✓ ，完成斜向支撑板的创建，如图 3-30 所示。

（3）凸台创建

单击"拉伸凸台/基体"按钮 📦 ，选择斜向支撑板上表面作为草图平面，绘制一个与 R15 圆弧同心、等半径的圆。单击绘图区右上角的"退出草图"按钮 ↳ ，在"凸台-拉伸"属性管理器中定义"开始条件"为"草图基准面"，"终止条件"设为"给定深度"，深度设为 3，其他参数默认，单击"确定"按钮 ✓ ，完成斜向支撑板上凸台的创建，如图 3-31 所示。

图 3-30　斜向支撑板

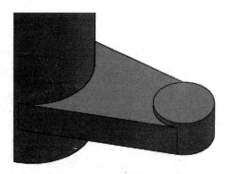

图 3-31　斜向支撑板上凸台

4. 创建拱形连接板

（1）绘制拱形连接板截面草图

以"前视基准面"为草图平面，绘制如图 3-32 所示草图。注意添加拱形中竖直线与草图原点"重合"几何约束关系。诸如此类不知道确切位置的一般可以画到中间位置。

（2）拉伸

执行"拉伸凸台/基体"命令，在"凸台-拉伸"属性管理器中定义"开始条件"为"草图基准面"，"终止条件"设为"两侧对称"，深度设为 30，其他参数默认，单击"确定"按钮☑，完成拱形连接板的创建，如图 3-33 所示。

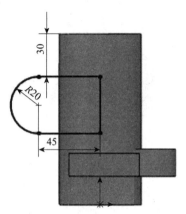

图 3-32　拱形连接板截面草图

图 3-33　拱形连接板

5. 创建孔

（1）创建 ϕ 36 通孔

单击"简单直孔"按钮▣，在圆柱上表面任意位置单击，在"孔"属性管理器中定义"开始条件"为"草图基准面"，"终止条件"设为"完全贯穿"，"孔直径"设为 ϕ 36，其他参数默认。然后将孔的中心拖动到草图原点（或圆心）定位，单击"确定"按钮☑，完成 ϕ 36 通孔的创建。

（2）创建 ϕ 12 通孔

用以上类似的方法可以完成凸台处 ϕ 12 通孔的创建。

（3）创建拱形体上的沉头孔

单击"异型孔向导"按钮▣，在弹出的"孔规格"属性管理器中设置孔参数：在"类型"选项卡中定义"孔类型"为"柱形沉头孔"，"标准"为 GB，勾选"孔规格"选项组下的"显示自定义大小"复选框，分别输入"通孔直径"为 ϕ 9，"柱形沉头孔直径"为 ϕ 18，"柱形沉头孔深度"为 5，将"终止条件"定义为"完全贯穿"。切换到"位置"选项卡，单击拱形柱体的前表面放置孔，再选择圆心定位孔位置，单击"确定"按钮☑，完成沉头孔的创建，如图 3-34 所示。

6. 切口

选择"特征管理"设计树中"上视基准面"，单击"拉伸切除"按钮▣，将视图切换到"上视"方位，绘制如图 3-35 所示截面草图。单击绘图区右上角的"退出草图"按钮⌐✓，在"切除-拉伸"属性管理器中定义"终止条件"为"完全贯穿"，注意拉伸方向，如不合适，单击"反向"按钮↗，再单击"确定"按钮✓，完成切口的创建，如图 3-36 所示。

图 3-34　孔

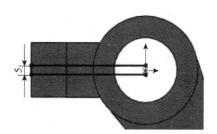
图 3-35　截面草图

7．倒圆角

单击"圆角"按钮◈，在"圆角"属性管理器中设置"圆角类型"为"固定大小圆角"，输入圆角半径 2，其他参数默认，选择拱形柱体边缘，单击"确定"按钮✓，完成圆角的创建，最终结果如图 3-37 所示。

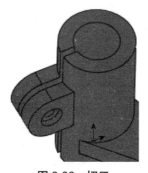
图 3-36　切口

图 3-37　支架

8．保存零件

单击"保存"按钮🖫，保存文件，完成建模。

小结

拉伸特征是 SolidWorks 软件特征建模中使用非常普遍的一个命令，主要用于具有一定特征形状和厚度的柱体的创建。本模块通过支架实例的三维建模，主要使学生理解和掌握拉伸的开始条件、终止条件的设置；掌握简单直孔与异型孔向导的异同点和使用场合；使学生初步学会对零件的结构进行正确的特征分解，建立按照先主后次、先外后内的基本建模思路，完成整个零件的三维建模。

练习

1. 根据图 3-38 所示零件图进行三维建模。

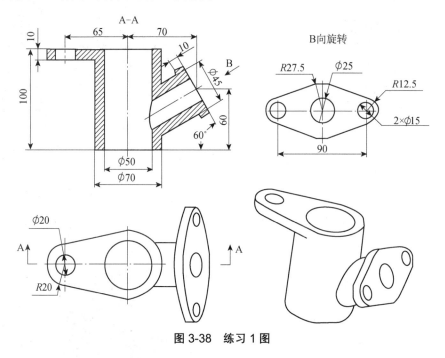

图 3-38　练习 1 图

2. 根据图 3-39 所示零件图进行三维建模。

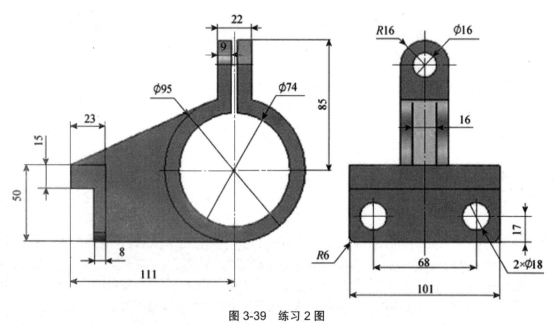

图 3-39　练习 2 图

3. 根据图 3-40 所示零件图进行三维建模。

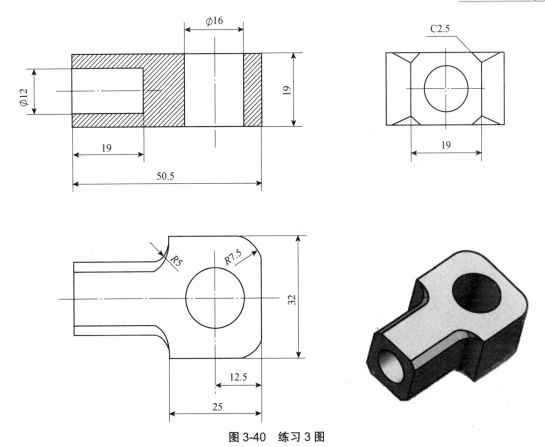

图 3-40　练习 3 图

模块二　底座三维建模

1. 巩固拉伸凸台/基体特征的使用方法
2. 掌握参考几何体的使用方法
3. 掌握筋特征的使用方法
4. 掌握线性阵列特征的使用方法

　　正确分析底座零件（如图 3-41 所示）的结构特点，建立正确的设计思路，利用拉伸、基准面、筋、线性阵列等功能，完成底座零件的三维建模。

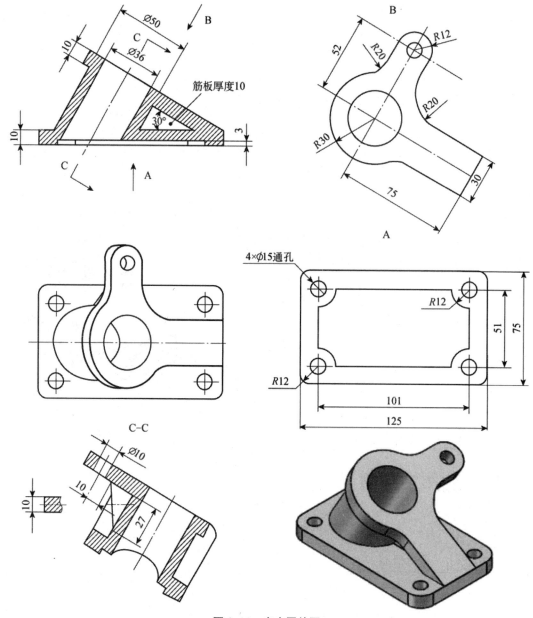

图 3-41　底座零件图

一、参考几何体——基准面

　　参考几何体是一种参考特征，常用来辅助建模，它主要用作构造对象或是作为绘制草图的草图平面，也可以向零件和装配体添加质量中心、定义零件或装配体的坐标系。常用的参考几何体包括基准面、基准轴、坐标系、点。在 SolidWorks 软件中，基准平面最常用的功能之一是作为草绘平面。除了软件提供的默认的三个基准平面：前视基准面、右视基准面、上视基准面，其他辅助基准面均需用"基准面"命令进行创建。本模块主要介绍基准面的用法。

1．"基准面"操作步骤

✧　单击"参考几何体"工具栏中的"基准面"按钮 ▉，或选择菜单"插入"→"参考几何体"→"基准面"命令，弹出"基准面"属性管理器，如图 3-42 所示。

✧　在属性管理器（Property Manager）中，为"第一参考"选择一个实体（如平面），属性管理器变成如图 3-43 所示。选择的实体不同，属性管理器也有所不同。

✧　软件会根据选择的对象生成最可能的基准面。可以在"第一参考"下选择平行、垂直等选项来修改基准面。要清除参考，则在第一参考中右键单击所需条目，然后选择"删除"命令。

✧　根据需要选择第二参考和第三参考来定义基准面。

✧　单击"确定"按钮 ✓，完成基准面的创建。

注意：基准面状态必须是完全定义的，才能生成基准面。

图 3-42　"基准面"属性管理器

图 3-43　选择第一参考后的属性管理器

2．"基准面"选项说明

（1）▉第一（二、三）参考

选择第一（二、三）参考来定义基准面。根据选择的对象不同，系统会显示不同的约束类型。

（2）约束类型

① ▉重合：生成一个穿过选定参考的基准面。例如，为第一、二、三参考分别选择三个顶点，软件会生成一个通过三点的基准面，如图 3-44 所示。

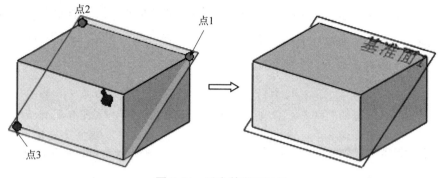

图 3-44　重合基准面示例

② ◎平行：生成一个与选定基准面平行的基准面。例如，为一个参考选择一个面，为另一个参考选择一个点，则生成一个与这个面平行并与这个点重合的基准面，如图 3-45 所示。

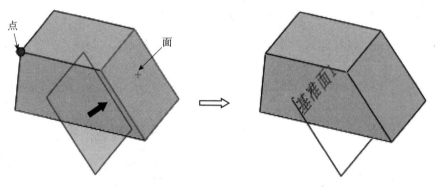

图 3-45　平行基准面示例

③ ⊥垂直：生成一个与选定参考垂直的基准面。例如，为一个参考选择一条边线或曲线，为另一个参考选择顶点或点。软件会生成一个穿过选择点并与曲线垂直的基准面，如图 3-46 所示。勾选"将原点设在曲线上"选项会将基准面的原点放在曲线上。清除此选项，原点位于顶点或选择的点上。

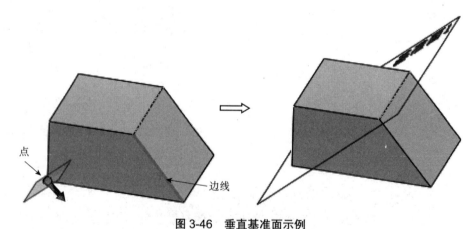

图 3-46　垂直基准面示例

④ ◎相切：生成一个与圆柱面、圆锥面、非圆柱面及空间面相切的基准面。例如，为一个参考选择圆柱面，为另一个参考选择一点，软件会生成一个穿过选择点并与圆柱面相切的基准面，如图 3-47 所示。

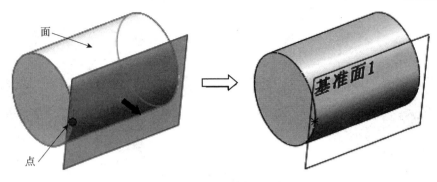

图 3-47　相切基准面示例

⑤ 📐两面夹角：生成一个基准面，它通过一条边线、轴线或草图线，并与一个圆柱面或基准面成一定角度，如图 3-48 所示。用户可以指定要生成的基准面数。

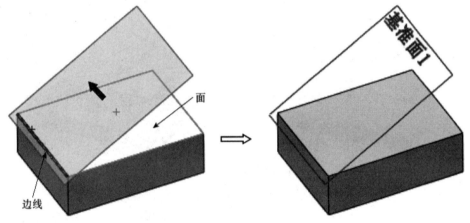

图 3-48　两面夹角基准面示例

⑥ 🔲偏移距离：生成一个与某个基准面或面平行，并偏移指定距离的基准面，如图 3-49 所示。用户可以指定要生成的基准面数。

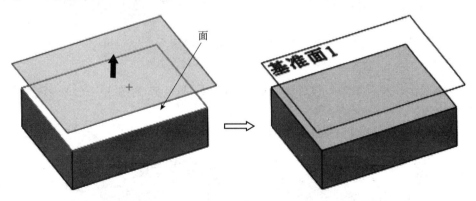

图 3-49　偏移距离基准面示例

⑦ ▤两侧对称：在平面、参考基准面及 3D 草图基准面之间生成一个两侧对称的基准面，如图 3-50 所示。

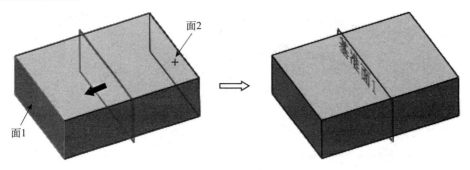

图 3-50　两侧对称基准面示例

（3）其他选项说明

①　要生成的基准面数：用于定义生成基准面的个数，仅"两面夹角"和"偏移距离"可用。图 3-51（a）、（b）分别为"两面夹角"和"偏移距离"约束方式、"要生成的基准面数"为 2 的示例。

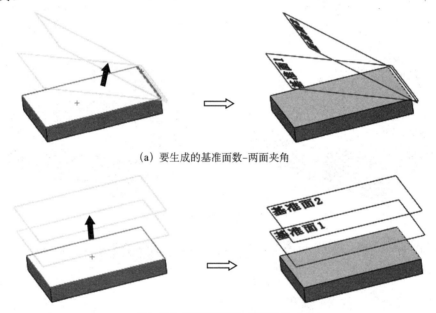

（a）要生成的基准面数–两面夹角

（b）要生成的基准面数–偏移距离

图 3-51　"要生成的基准面数"示例

②　反转等距：在相反方向生成对称位置的基准面。图 3-52 为图 3-51（a）勾选"反转等距"选项的结果示例。

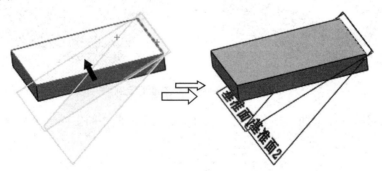

图 3-52　"反转等距"示例

③ 反转法线：用于翻转基准面的正交向量。

二、筋

筋是通过在一个或多个草图轮廓和现有实体之间添加材料以创建薄壁支撑的，它是一种特殊类型的拉伸特征。用于生成筋的轮廓通常是开环的。开环轮廓的端点必须位于实体上或延伸后和实体相交才能生成筋。

1."筋"操作步骤

步骤 1 在基准面上绘制用作筋特征的轮廓。

步骤 2 单击特征工具栏中的"筋"按钮，或选择菜单"插入"→"特征"→"筋"命令，选择草图轮廓，弹出"筋"属性管理器，如图 3-53 所示。

步骤 3 设定属性管理器（Property Manager）选项。

步骤 4 单击"确定"按钮，完成筋的创建。

图 3-53 "筋"属性管理器

2."筋"选项说明

（1）厚度

用于定义厚度方向，即厚度产生在草图的哪一侧，共有三种位置。

◇ 第一边：只添加材料到草图的一边，如图 3-54（a）所示。

◇ 两侧：均等添加材料到草图的两边，如图 3-54（b）所示。

◇ 第二边：只添加材料到草图的另一边，如图 3-54（c）所示。

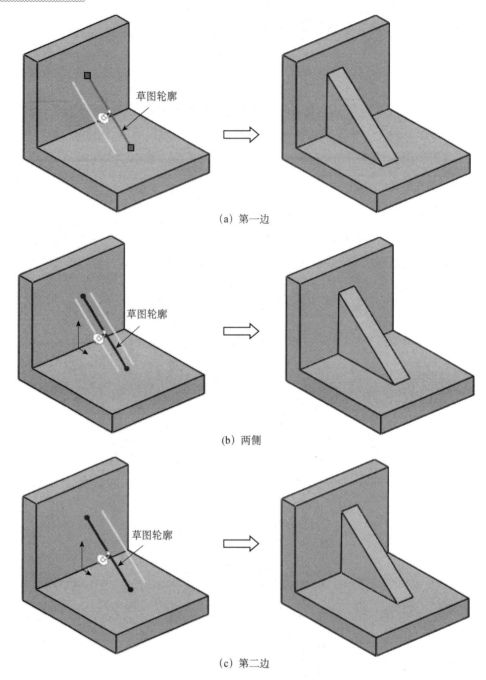

（a）第一边

（b）两侧

（c）第二边

图 3-54　"厚度"示例

（2）🔼筋厚度

用于定义筋板的厚度。如果激活"拔模"项，则有两种度量厚度的方式。

◇　在草图基准面处：在草图平面上度量厚度。

◇　在壁接口处：在筋板与相邻面结合处度量厚度，如图 3-55 所示。

（3）拉伸方向

◇　🔷平行于草图：平行于草图平面方向生成筋拉伸，如图 3-56（a）所示。

✦ 　◆垂直于草图：垂直于草图平面方向生成筋拉伸，如图 3-56（b）所示。

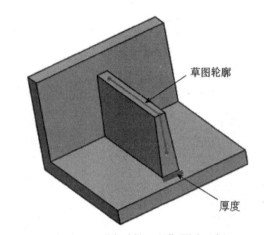

图 3-55 "在壁接口处"厚度示例

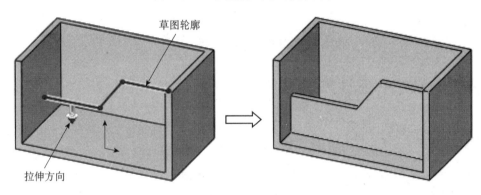

（a）平行于草图

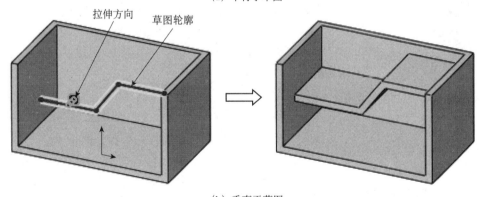

（b）垂直于草图

图 3-56 "拉伸方向"示例

（4）　◆拔模

用于添加拔模到筋，设置拔模角度以指定拔模度数。

（5）类型

当筋沿着垂直于草图方向拉伸时，如果草图轮廓未与实体相交，软件就会自动将草图延伸至实体边界。筋板的延伸类型包括"线性"和"自然"两种。

◇ 线性：自动将现有草图轮廓沿切线（圆弧）方向或共线（直线）方向延伸至实体边界生成筋板，如图 3-57（a）所示。

◇ 自然：自动将现有草图以相同轮廓方程式延续，直至与实体边界相交生成筋板，如图 3-57（b）所示。

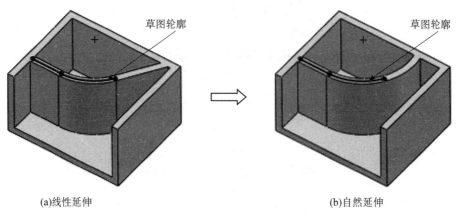

(a)线性延伸　　　　　　　　　　　　　　(b)自然延伸

图 3-57　类型示例

三、阵列特征——线性阵列

图 3-58　"线性阵列"属性管理器

建模过程中按规律分布的特征没有必要逐个创建，通常先创建一个合适位置的特征作为源特征，然后利用阵列功能关联复制所选的源特征，这样可以提高建模的效率。常见的阵列特征有线性阵列、圆周阵列、曲线驱动的阵列、填充阵列、草图驱动的阵列等。

"线性阵列"是沿一条或两条直线路径，生成一个或多个特征的多个实例。

1．"线性阵列"操作步骤

步骤 1　生成一个或多个将要用来复制的特征。

步骤 2　单击"线性阵列"按钮 ，或选择菜单"插入"→"阵列/镜像"→"线性阵列"命令，弹出"线性阵列"属性管理器，如图 3-58 所示。

步骤 3　设定属性管理器（Property Manager）选项。

步骤 4　单击"确定"按钮 ，完成线性阵列的创建。

2．"线性阵列"选项说明

（1）"方向 1（1）"选项组

① 阵列方向：可以选择边线、直线、轴、尺寸、平面、曲面和参考平面等为"方向 1"阵列设定方向。

② 间距与实例数。

◇ 🏠间距：用于设定阵列实例之间的间距，如图3-59所示。

◇ 🔢实例数：用于设定阵列实例数，即复制的个数（包括源特征），如图3-59所示。

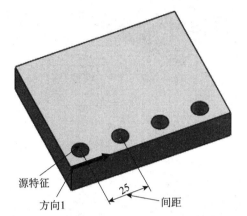

图 3-59 "方向 1"阵列示例

（2）"方向 2（2）"选项组

当阵列需要在另外一个方向产生时，需用到"方向 2"选项组，其选项与"方向 1"类似，不再赘述。图 3-60 所示为"方向 2"阵列示例。

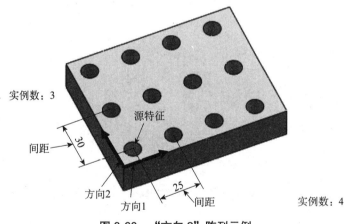

图 3-60 "方向 2"阵列示例

（3）🗄要阵列的特征

用于指定源特征以生成阵列。

（4）🗄要阵列的实体

用于选择整个实体作为源特征以生成阵列，通常用于多实体零件。

（5）🗄可跳过的实例

当要生成不完整的阵列时可使用该选项。激活该选项，会出现阵列实例的标记点，将光标移动到需跳过的阵列实例标记点处单击，标记点由洋红色变成橙色，同时该处阵列实例消失，如图 3-61 所示。若想恢复该处阵列实例，再次单击相应标记点即可。

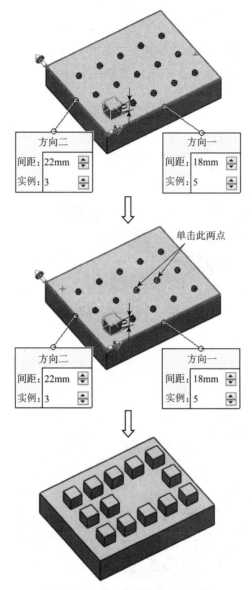

图 3-61 "可跳过的实例"示例

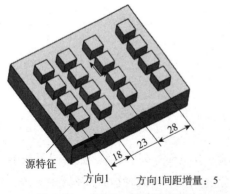

图 3-62 "方向 1 增量"示例

（6）变化的实例

① 方向 1 增量。

◇ 方向 1 间距增量：累积增量"方向 1"中
    阵列实例中心之间的间距，如图 3-62 所示。

◇ 选择方向 1 中要变化的特征尺寸：在框格中
    显示源特征的尺寸。在图形区域内单击要在
    框格中显示的源特征尺寸，在"增量"列添加
    一个值可以累积增大或减小方向 1 阵列实例
    对应尺寸的大小，如图 3-63 所示。

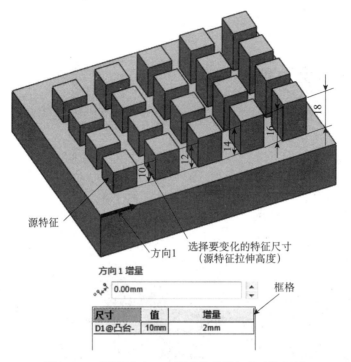

图 3-63 "选择方向 1 中要变化的特征尺寸"示例

② 方向 2 增量。与方向 1 类似，不再赘述。

③ 修改的实例。在框格中以列号和行号形式列出修改过的单个实例。要修改单个实例，可在图形区域中单击阵列实例的标记点，在弹出的快捷菜单中选择"修改实例"命令，再在弹出的对话框中修改，如图 3-64 所示。要移除修改过的实例，可右击框中的实例，然后选择"删除"命令。

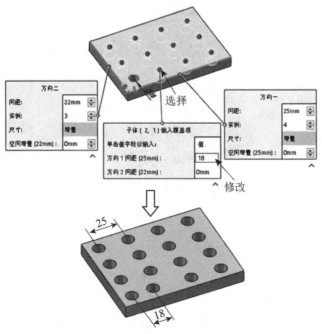

图 3-64 修改单个实例示例

注意： 要修改单个实例必须勾选"变化的实例"选项。

底座三维建模
操作视频

一、模型分析

底座零件由四部分组成，其中底板、斜向支撑板具有等厚度，可用"拉伸凸台/基体"命令创建，斜向圆柱体也可以通过拉伸创建。筋板可以使用"筋"命令创建。斜向特征的创建需建立辅助基准面。底板上的孔规律分布，可以采用线性阵列完成。其操作步骤如图 3-65 所示。

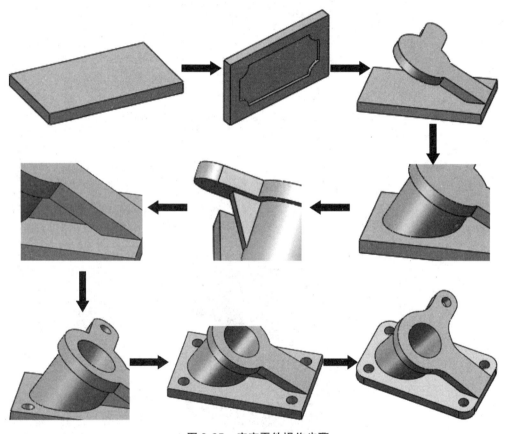

图 3-65　底座零件操作步骤

二、建模步骤

1．新建文档

启动 SolidWorks 2024，新建文档，进入"零件"模块，单击"保存"按钮🖫，在弹出的对话框中，设置保存路径为"D:\solidworks\项目三"，文件名为"底座"，单击 保存(S) 按钮。

2. 创建底板

（1）创建基体

单击"拉伸凸台/基体"按钮，选择"上视基准面"作为草图平面。单击"中心矩形"按钮，以坐标原点为中心，绘制矩形并标注尺寸如图 3-66 所示。单击绘图区右上角的"退出草图"按钮，在弹出的"拉伸-凸台"属性管理器中，设置"深度"为 10，单击"确定"按钮，完成基体的创建，如图 3-67 所示。

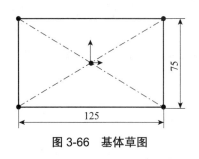

图 3-66　基体草图

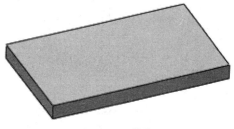

图 3-67　基体

（2）创建底部凹槽

单击"拉伸切除"按钮，选择基体的下表面作为草图平面，将视图切换到"下视"方位，绘制如图 3-68 所示草图，单击绘图区右上角的"退出草图"按钮，在"切除-拉伸"属性管理器中单击"所选轮廓"选项，在图形区选择中间部分，设置"深度"为 3，单击"确定"按钮，完成凹槽的创建，如图 3-69 所示。

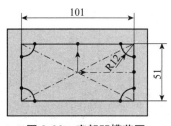

图 3-68　底部凹槽草图

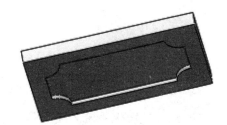

图 3-69　底部凹槽

3. 创建斜向支撑板

（1）创建基准面 1

单击"参考几何体"工具栏中的"基准面"按钮，弹出"基准面"属性管理器，"第一参考"选择基体的上表面，再单击"两面夹角"按钮，在其右侧文本框中输入 30°，"第二参考"选择基体上表面右端边线，根据需要可选择"反转等距"调整方向，单击"确定"按钮，完成基准面 1 的创建，如图 3-70 所示。

（2）绘制草图截面

以前面创建的基准面作为草图平面，绘制草图截面如图 3-71 所示。

（3）创建拉伸

执行"拉伸凸台/基体"命令，选择前面的草图截面，沿草图法向向下拉伸 10，如图 3-72 所示。

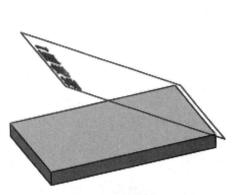

图 3-70　基准面 1

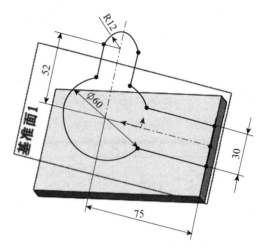

图 3-71　斜向支撑板草图截面

4．创建斜向圆柱体

单击"拉伸凸台/基体"按钮，选择斜向支撑板的下表面作为草图平面，绘制一个大小为 $\phi 50$ 且与 $\phi 60$ 同心的圆。单击绘图区右上角的"退出草图"按钮，在弹出的"拉伸-凸台"属性管理器中设置方向 1 的"终止条件"为"成形到下一面"，单击"确定"按钮，完成斜向圆柱体的创建，如图 3-73 所示。

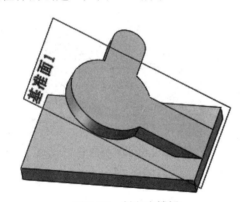

图 3-72　斜向支撑板

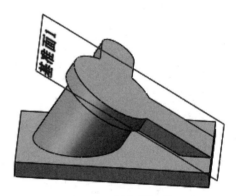

图 3-73　斜向圆柱体

5．创建筋板

（1）创建筋板 1

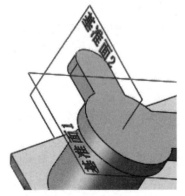

图 3-74　基准面 2

① 创建基准平面 2。单击"参考几何体"工具栏中的"基准面"按钮，弹出"基准面"属性管理器。"第一参考"选择拱形柱体的一侧面，单击"偏移距离"按钮，在其右侧文本框中输入 7，单击"确定"按钮，完成基准面 2 的创建，如图 3-74 所示。

② 绘制草图。以"基准面 2"为草图平面，绘制任一斜直线，如图 3-75 所示。分别添加斜直线的两端点与拱形柱体边线和斜圆柱体轮廓线"重合"几何约束关系，并标注尺寸如图

3-76 所示。单击绘图区右上角的"退出草图"按钮 ，退出草图。

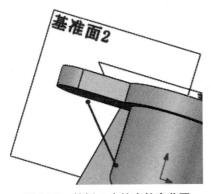

图 3-75　筋板 1 未约束轮廓草图

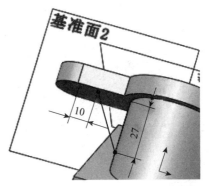

图 3-76　筋板 1 约束后轮廓草图

③ 创建筋板。单击"筋"按钮 ，选择斜直线，"厚度"方向选择"第二边" ，" 筋厚度"输入框中输入 10，"拉伸方向"选择"平行于草图" ，勾选"反转材料方向"选项。注意根据需要确定"厚度"方向是否选择"第一边" 、"拉伸方向"是否勾选"反转材料方向"选项，总之，使筋处于图 3-77 所示状态，单击"确定"按钮 ，完成筋板 1 的创建，如图 3-78 所示。

图 3-77　筋板 1 厚度及拉伸方向

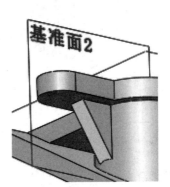

图 3-78　筋板 1

（2）创建筋板 2

单击"筋"按钮 ，选择"前视基准面"作为草图平面，绘制一直线，如图 3-79 所示。单击绘图区右上角的"退出草图"按钮 ，退出草图。在"筋"对话框中"厚度"方向选择"两侧" ，" 筋厚度"输入框中输入 10，"拉伸方向"选择"平行于草图" ，勾选"反转材料方向"选项。单击"确定"按钮 ，完成筋板 2 的创建，如图 3-80 所示。

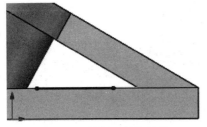

图 3-79　筋板 2 轮廓草图

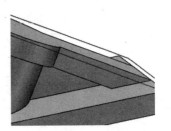

图 3-80　筋板 2

6．创建孔

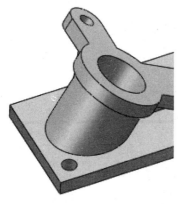

图 3-81　孔

单击前导视图工具栏"隐藏/显示项目"中的"观阅基准面"按钮 ，隐藏所有基准面，执行"简单直孔"命令分别创建三处通孔，如图 3-81 所示。

7．创建线性阵列

单击"线性阵列"按钮 ，在"线性阵列"属性管理器中激活" 要阵列的特征"列表框，选择底板上的 ϕ10 孔，再激活"方向 1"选项组中的"阵列方向"选择框，选择底板边线，设置"实例"为2，"间距"为101。类似方法设置"方向 2"相关选项如图 3-82 所示。单击"确定"按钮 ，完成线性阵列的创建，如图 3-83 所示。

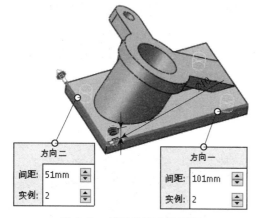

图 3-82　线性阵列参数设置

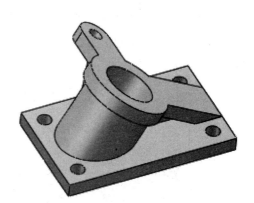

图 3-83　底座孔线性阵列结果

8．创建圆角

执行"圆角"命令给图 3-84 所示各处倒圆角，结果如图 3-85 所示。

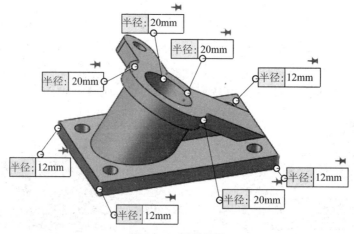

图 3-84　倒圆位置

9．保存零件

单击"保存"按钮，保存文件，完成建模。

图 3-85　底座

小结

零件上的倾斜结构往往需要建立参考平面来辅助建模，主要根据题目的已知条件来确定基准面的创建方式。对于均匀分布的结构（例如孔或凸台）可利用阵列功能快速建模。加强筋可通过拉伸的方法创建，而用筋特征创建则更灵活、方便。通过底板零件的建模学习，让学生逐步熟悉常用的建模方法和技巧。

练习

1. 根据图 3-86 所示零件图进行三维建模。

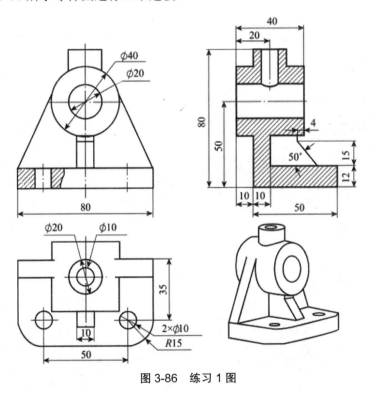

图 3-86　练习 1 图

2. 根据图 3-87 所示零件图进行三维建模。

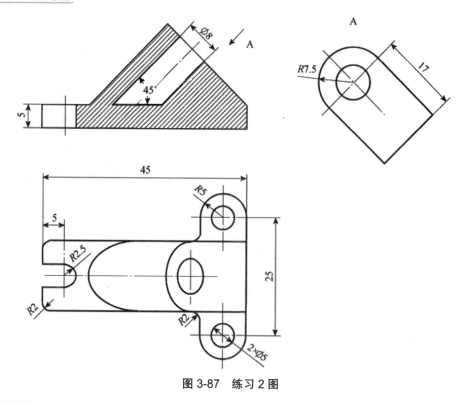

图 3-87　练习 2 图

3. 根据图 3-88 所示零件图进行三维建模。

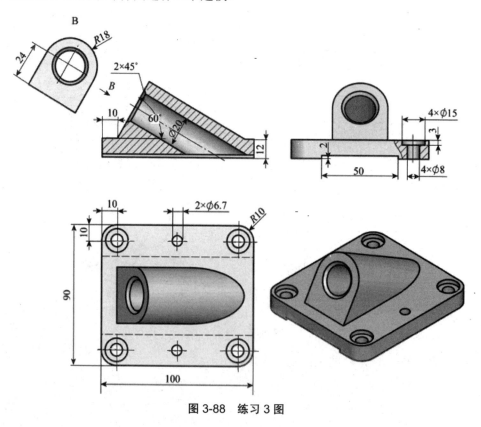

图 3-88　练习 3 图

模块三 夹头三维建模

学习目标

1. 掌握多实体建模的方法
2. 掌握组合特征的使用方法
3. 掌握倒角特征的使用方法
4. 掌握镜像特征的使用方法

工作任务

正确分析夹头零件（如图 3-89 所示）的结构特点，建立正确的设计思路，利用拉伸、组合、镜像、倒角等功能，完成夹头零件的三维建模。

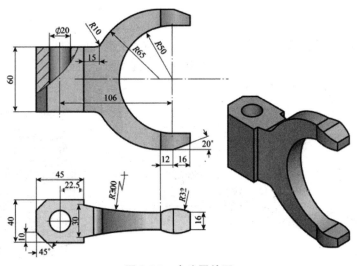

图 3-89 夹头零件图

相关知识点链接

一、多实体零件

1．多实体概述

零件文档允许存在多个实体，当一个零件中包含多个独立的实体时就形成了多实体。通常情况下，多实体建模技术用于设计具有一定距离的分离特征的零件，其建模步骤为首先单独对每个分离的特征进行建模，然后通过组合形成单一的零件实体。

创建多实体最直接的方法是，在创建拉伸、旋转、扫描、放样等特征时，在属性管理器（Property Manager）中取消选择"合并结果"选项，但该选项在第一个特征中不会出现。当单个零件文件中有多实体时，"特征管理器"（Feature Manager）设计树中会出现一个名为"🔘实体"的文件夹。"🔘实体"文件夹旁边的括号中会显示零件文件中的实体数。

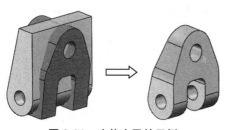

图 3-90　实体交叉的示例

2. 多实体应用

（1）实体交叉（布尔运算）

实体交叉对相互重叠的多个实体只保留交叉体积部分。对于由两个形状特征视图表示的大部分模型，可通过交叉两个拉伸的实体来生成模型。此技术可以快速生成较复杂的零件。图 3-90 所示为实体交叉的示例。

（2）桥接

桥接技术用来连接两个或多个实体。在先生成确定部分的模型，然后生成连接几何体时，此技术很有用。比如双头扳手的设计，可以先设计两端部分，再设计手柄部分，如图 3-91 所示。

（3）局部操作

当需在多实体模型的某些部分进行操作，其他部分不操作时，可使用局部操作技术。该技术常用于对零件的抽壳处理。如图 3-92 所示杯子，杯身部分需抽壳而把手不需要，可将杯身和把手分开操作再组合成一个实体。

图 3-91　桥接示例

图 3-92　局部操作示例

（4）对称造型

对于对称的零件，可以先生成 1/2 甚至 1/4 的零件实体，再通过镜像操作合并实体来生成整个模型。有些场合也可使用多个阵列并组合生成整个模型。该技术可简化轴对称零件的生成，并加速此类型零件的效能。

二、组合

在多实体零件中，可将多个实体组合以生成一个单一实体零件或另一个多实体零件。

1．"组合"操作步骤

步骤 1　单击特征工具栏中的"组合"按钮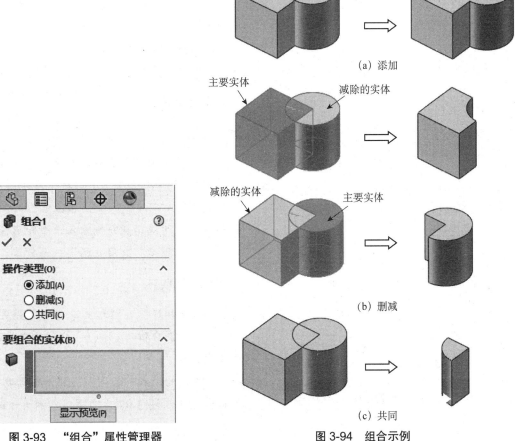，或选择菜单"插入"→"特征"→"组合"命令，弹出"组合"属性管理器，如图 3-93 所示。

步骤 2　在属性管理器（Property Manager）中定义操作类型。

步骤 3　选择参与组合的实体。可以在图形区域中选择，也可以在"特征管理器"（Feature Manager）设计树中的"实体"文件夹中进行选择。如果"操作类型"设置为"删减"，则要注意选择的先后次序，即始终是"主要实体"减去"减除的实体"。

步骤 4　单击 显示预览(P) 按钮，预观效果（可选项）。

步骤 5　单击"确定"按钮，完成组合的创建。

2．"组合"选项说明

（1）"操作类型"选项组

✧　添加：将所有所选实体组合（相加）以生成一个单一实体，如图 3-94（a）所示。

✧　删减：从所选主实体中移除重叠材料，如图 3-94（b）所示。

✧　共同：移除除了重叠以外的所有材料，即所选实体的公共部分，如图 3-94（c）所示。

（a）添加

（b）删减

（c）共同

图 3-93　"组合"属性管理器　　　　图 3-94　组合示例

（2）要组合的实体

用于选定要组合的实体。当操作类型为"添加"或"共同"时可用。

（3）主要实体

用于选定要保留的实体。当操作类型为"删除"时可用。

（4）减除的实体

即要移除其材料的实体。当操作类型为"删除"时可用。

三、倒角

倒角工具可在所选边线、面或顶点上生成一倾斜特征，常用于零件上的工艺结构倒角的创建。

1."倒角"操作步骤

步骤1　单击"倒角"按钮，或选择菜单"插入"→"特征"→"倒角"命令，弹出"倒角"属性管理器，如图 3-95 所示。

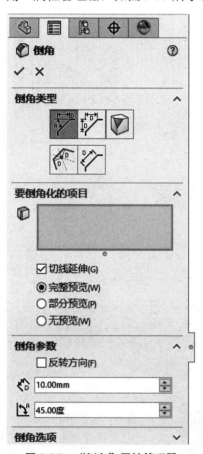

图 3-95　"倒角"属性管理器

步骤2　在属性管理器（Property Manager）中定义倒角类型。

步骤3　在图形区域中"边线、面和环"选择需要倒角的边线或面。

步骤4　设置相应的倒角参数。

步骤5　单击"确定"按钮，完成倒角的创建。

2."倒角"选项说明

（1）倒角类型

◆　角度距离：输入角度和距离以生成倒角。

◆　距离距离：输入两个方向的倒角距离以生成倒角。

◆　顶点：在所选顶点每侧输入三个距离值，或勾选"相等距离"选项并指定一个数值。

（2）要倒角化的项目

◆　边线、面和环：在图形区域选择需要倒角的边线、面。图 3-96（a）、（b）分别为选择边线、面倒角示例。

◆　要倒角化的顶点：在图形区域选择需要倒角的边线顶点。图 3-97 为选择顶点倒角示例。

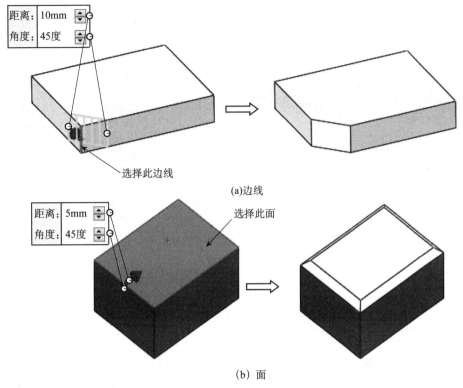

(a)边线

(b)面

图 3-96　"边线、面和环"倒角示例

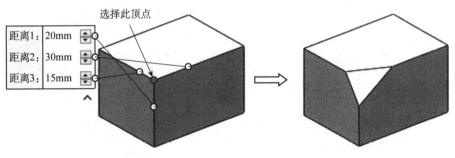

图 3-97　"顶点"倒角示例

（3）倒角参数

✧　距离：选择的边线到倒角后边线之间的距离，箭头方向为距离测量方向，如图 3-98 所示，可通过"反转方向"选项在两个方向之间进行切换。

✧　角度：倒角后的斜面与距离测量方向之间的夹角（锐角），如图 3-98 所示。

（4）其他选项

✧　反转方向：使距离测量方向切换到另一方向。该选项在倒角类型为"角度距离"时可用。

✧　相等距离：使不同方向的倒角距离相等。该选项在倒角类型为"距离距离""顶点"时可用。

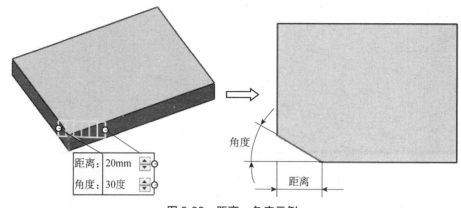

图 3-98　距离、角度示例

四、镜像

"镜像"是指绕面或基准面对称创建一个或多个特征的副本。在零件中，可镜像面、特征和实体。图 3-99（a）、（b）分别为镜像特征和镜像体示例。如果修改原始特征（源特征），则镜像的复制也将更新以反映其变更。

1. "镜像"操作步骤

步骤 1　单击"镜像"按钮▣，或选择菜单"插入"→"阵列/镜像"→"镜像"命令，弹出"镜像"属性管理器，如图 3-100 所示*。

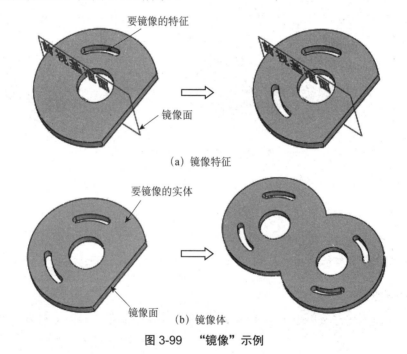

（a）镜像特征

（b）镜像体

图 3-99　"镜像"示例

---

　　*　软件界面中的镜向实为镜像，正文统一为镜像，软件界面不做修改，意思相同，在此说明。

步骤 2 在图形区域选择一镜像面或基准面，还可以选择次要镜向面/平面，以同时绕两个基准面/平面镜像特征。

步骤 3 选择要镜像的项目。

步骤 4 单击"确定"按钮 ☑，完成镜像操作。

2．"镜像"选项说明

① 镜像面/基准面：指定绕其镜像的平面，可选择基准面或平面。

②次要镜像面/平面：指定绕其镜像的另一个基准面或平面。

③要镜像的特征：指定要镜像的特征，可选择一个或多个特征。

④要镜像的实体：指定要镜像的实体或曲面实体，可选择一个或多个实体。

⑤"选项"选项组。

图 3-100 "镜像"属性管理器

◇ 几何体阵列：仅镜像特征的几何体（面和边线），而非求解整个特征。在多实体零件中将一个实体的特征镜像到另一个实体时必须选中此选项，否则无法复制，如图 3-101（a）所示。"几何体阵列"选项会加速特征的生成和重建，但如果某些特征的面与零件的其余部分合并在一起，则不能勾选该选项，否则无法复制，如图 3-101（b）所示。

◇ 合并实体：将源实体和镜像的实体合并为一个实体。

◇ 延伸视觉属性：合并源项目和镜像的项目的视觉属性（例如，颜色、纹理和装饰螺纹数据）。

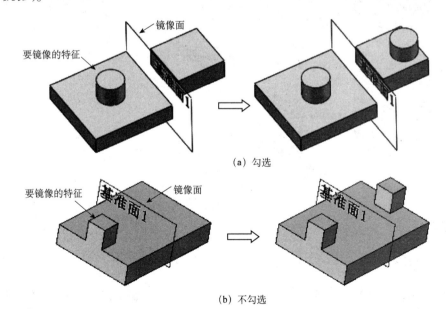

（a）勾选

（b）不勾选

图 3-101 "几何体阵列"示例

一、模型分析

夹头零件由三部分组成：左端为支撑部分，右端为夹头端部，中间为夹头主体部分。左端的长方体可以通过拉伸创建。中间和右端看似简单，但它们都不等厚，因此，均不能一次拉伸完成，可以将两个视图分别拉伸求交集来创建。夹头上下对称，可以创建一半再用"镜像"命令对称复制。细节结构如倒角可以用"倒角"命令完成。其操作步骤如图 3-102 所示。

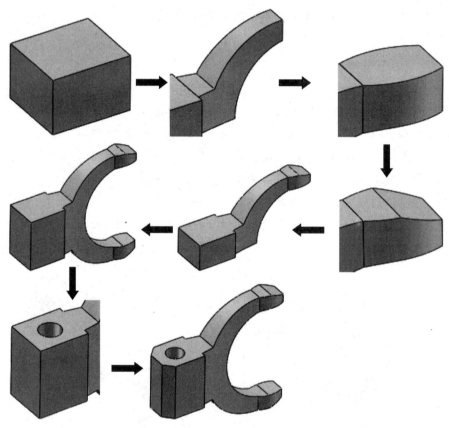

图 3-102　夹头零件操作步骤

二、建模步骤

1. 新建文档

启动 SolidWorks 2024，新建文档，进入"零件"模块，单击"保存"按钮 ，在弹出的对话框中，设置保存路径为"D:\solidworks\项目三"，文件名为"夹头"，单击 保存(S) 按钮。

2. 创建左端支撑部分

单击"拉伸凸台/基体"按钮 ![按钮], 选择"上视基准面"作为草图平面。单击"边角矩形"按钮 ![按钮], 任意绘制一矩形, 添加右侧竖直线与坐标原点"中点"约束, 标注尺寸如图 3-103 所示。单击绘图区右上角的"退出草图"按钮 ![按钮], 在弹出的"拉伸–凸台"属性管理器中, 输入"深度"为 30, 单击"确定"按钮 ![按钮], 完成左端支撑部分的创建, 如图 3-104 所示。

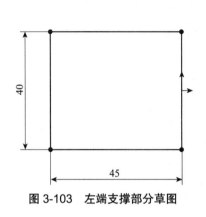

图 3-103   左端支撑部分草图

图 3-104   左端支撑部分

3. 创建中间夹头主体

（1）创建主视图草图截面

选择"特征管理"设计树中的"前视基准面", 单击"草图绘制"按钮 ![按钮] 进入草图环境。单击前导视图工具栏"视图定向"中的"前视"按钮 ![按钮], 将模型旋转于草图基准面方向, 用"直线"和"圆弧"命令绘制草图, 添加 R65、R50 圆心与坐标原点"水平"约束, 再添加 R65 的一端点与其圆心"竖直"约束, 这是一个隐含条件。按图纸要求标注尺寸, 使草图完全定义, 如图 3-105 所示, 单击"退出草图"按钮 ![按钮], 退出草图环境。

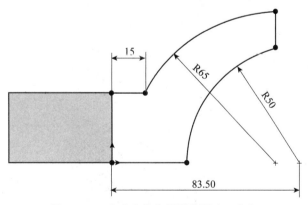

图 3-105   夹头主体主视图草图（一半）

（2）创建俯视图草图截面

以"上视基准面"作为草图平面, 绘制如图 3-106 所示完全定义草图。因为主、俯视图对齐, 所以需要添加右端的竖直线与主视图中右端竖直线的端点"重合"约束。单击"退出草图"按钮 ![按钮], 退出草图环境。

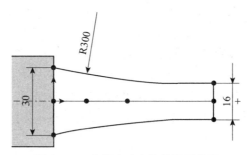

图 3-106　中间夹头主体俯视图草图

（3）拉伸

执行"拉伸凸台/基体"命令，选择主视图草图截面，"终止条件"设置为"两侧对称"，输入"深度"为 30（可变，大于等于 30 即可），取消选择"合并结果"选项，其他默认，单击"确定"按钮☑。再次执行"拉伸凸台/基体"命令，选择俯视图草图截面，输入"深度"为 65（可变，大于等于 65 即可），取消选择"合并结果"选项，其他默认，单击"确定"按钮☑，结果如图 3-107 所示。

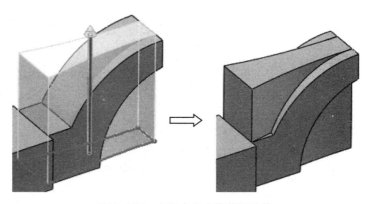

图 3-107　中间夹头主体草图拉伸

（4）求交集

单击特征工具栏中"组合"按钮🗇，弹出"组合"属性管理器。"操作类型"选择"共同"，"🗇组合的实体"分别在图形区选择前面的两个拉伸体，单击"确定"按钮☑，完成求交集操作，结果如图 3-108 所示。

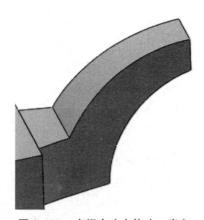

图 3-108　中间夹头主体（一半）

4．创建右端夹头端部

（1）创建主视图草图截面

以"前视基准面"作为草图平面，用"直线"命令绘制草图。添加圆弧与 R50 圆弧边线"同心"约束，并标注尺寸使草图完全定义，如图 3-109 所示。单击"退出草图"按钮↳，退出草图环境。

（2）创建俯视图草图截面

以"上视基准面"作为草图平面，绘制草图，添加右端的竖直线与主视图中右端竖直线的端点"重合"约束，再添加左右两条竖直线"相等"约束。标注尺寸使草图完全定义，如图 3-110 所示。单击"退出草图"按钮↳，退出草图环境。

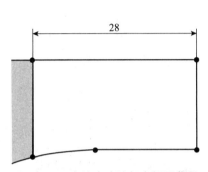

图 3-109　右端夹头端部主视图草图

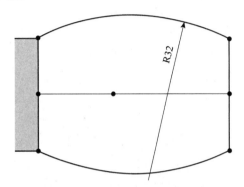

图 3-110　右端夹头端部俯视图草图

（3）拉伸

执行"拉伸凸台/基体"命令，选择主视图草图截面，"终止条件"设置为"两侧对称"，输入"深度"为 30（可变，超出俯视图中圆弧即可），取消选择"合并结果"选项，其他默认，单击"确定"按钮☑。再次执行"拉伸凸台/基体"命令，选择俯视图草图截面，向上拖动箭头拉伸到合适位置，使其超出前面的拉伸体高度，取消选择"合并结果"选项，其他默认，单击"确定"按钮☑，结果如图 3-111 所示。

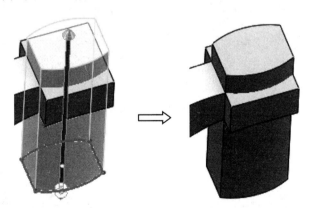

图 3-111　右端夹头端部草图拉伸

（4）求交集

执行"组合"命令，"操作类型"选择"共同"，"⬛组合的实体"分别在图形区选择前面的两个拉伸体，单击"确定"按钮☑，完成求交集操作，结果如图 3-112 所示。

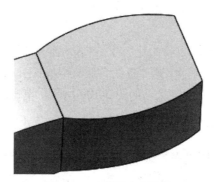

图 3-112　右端夹头端部

（5）创建倒角 1

单击"倒角"按钮⬡，设置"倒角类型"为"角度距离"，在图形区域选择右端夹头端部右上边线作为倒角边，分别在"距离""角度"文本框中输入 16、20°，通过预览结果确定是否需勾选"反转方向"选项，单击"确定"按钮✓，完成倒角 1 创建，结果如图 3-113 所示。

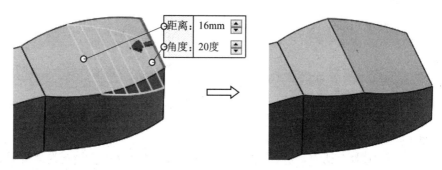

图 3-113　倒角 1

5. 组合

执行"组合"命令，"操作类型"选择"添加"，在图形区框选所有实体，单击"确定"按钮✓，完成组合操作，结果如图 3-114 所示。

6. 镜像体

单击"镜像"按钮◫，单击"特征管理器"（Feature Manager）设计树选项卡⬢，选择"上视基准面"作为镜像平面，激活"🔵要镜像的实体"选择框，框选前面创建的组合实体，勾选"选项"选项组中的"合并实体"选项，单击"确定"按钮✓，完成镜像体创建，如图 3-115 所示。

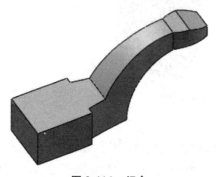

图 3-114　组合

图 3-115　镜像体

7．创建孔

单击"简单直孔"按钮，在左端支撑部分的上表面任意位置单击，在"孔"属性管理器中设置"终止条件"为"成形到下一面"，输入孔直径为φ20，单击"确定"按钮。在模型或"特征管理器"（Feature Manager）设计树中，右击"孔 1"特征，再选择"编辑草图"命令。用"中心线"命令绘制一对角线，然后将孔的中心拖动到对角线的中点位置定位，如图 3-116 所示。孔也可以通过对孔的中心标注水平、竖直两个方向尺寸的方法来定位。单击绘图区右上角的"退出草图"按钮，完成φ20孔的创建。

8．创建倒角 2

单击"倒角"按钮，设置"倒角类型"为"距离距离"，在图形区域选择左端支撑部分左侧两条竖直边线作为倒角边，勾选"相等距离"选项，输入"距离"为10，单击"确定"按钮，完成倒角 2 的创建，结果如图 3-117 所示。

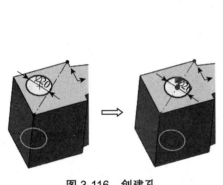

图 3-116　创建孔

图 3-117　倒角 2

9．保存零件

单击"保存"按钮，保存文件，完成建模。

小结

本模块着重介绍了多实体零件的建模技术在三维建模中的应用。对于一个视图不能完全反映零件形状特征的零件，可尝试采用两个视图拉伸后求交集的方法创建，这是一种常用的建模方法。对称的零件或局部对称的特征要充分利用镜像功能，加快建模生成的速度。零件中的一些工艺结构如倒角等一般在三维实体中操作而不用在二维草图中创建。这些建模原则和方法学生要深刻理解和领会。

练习

1. 根据图 3-118 所示零件图进行三维建模。

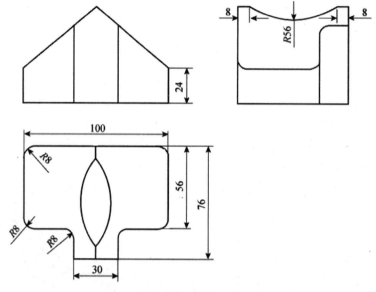

图 3-118　练习 1 图

2. 根据图 3-119 所示零件图进行三维建模。

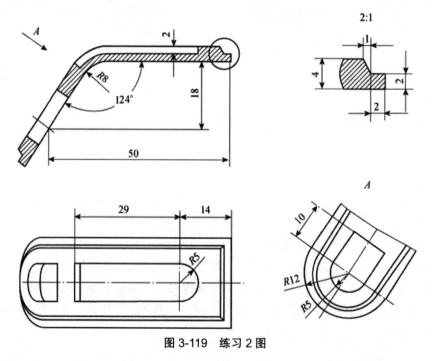

图 3-119　练习 2 图

3. 根据图 3-120 所示零件图进行三维建模。

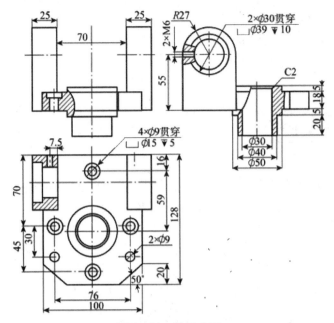

图 3-120 练习 3 图

4. 根据图 3-121 所示零件图进行三维建模。

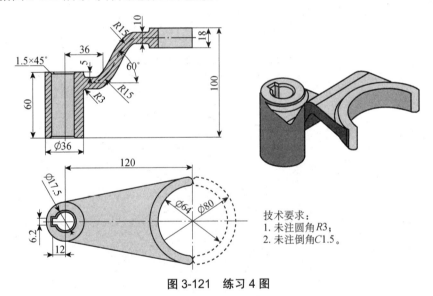

技术要求：
1. 未注圆角 R3；
2. 未注倒角 C1.5。

图 3-121 练习 4 图

模块四 上盖三维建模

 学习目标

1. 掌握旋转凸台/基体特征的使用方法

2. 掌握圆周阵列特征的使用方法

3. 掌握压缩和解除压缩的使用方法

4. 掌握配置零件的设计方法

工作任务

正确分析上盖零件（如图 3-122 所示）的结构特点，建立正确的设计思路，利用旋转、拉伸切除、圆周阵列等功能，完成上盖零件的三维建模。在此基础上对上盖底座上的螺纹孔进行配置零件设计，结构形状及尺寸自定。

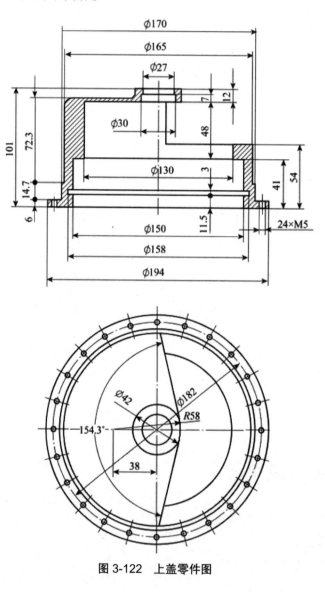

图 3-122　上盖零件图

相关知识点链接

一、旋转凸台/基体

旋转凸台/基体特征可将一个或多个轮廓截面绕旋转轴旋转来生成实体。旋转适用于回转类零件的创建，可选用中心线、直线、边线作为旋转轴，但旋转轴要位于草图绘制平面上。如果草图中仅有一条中心线，则系统会将此中心线默认为旋转轴。轮廓不能与中心线交叉，否则无法生成回转体，因为 CAD 系统不允许产生自相交，也不允许轮廓上有尖点落在中心线上，因为旋转不能出现零厚度（尖点处）。如图 3-123 中，图（a）可以生成回转体，图（b）不能生成回转体。

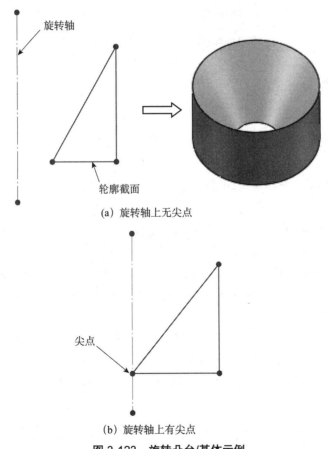

(a) 旋转轴上无尖点

(b) 旋转轴上有尖点

图 3-123　旋转凸台/基体示例

1. "旋转凸台/基体"操作步骤

步骤 1　生成一草图，包含一个或多个轮廓和一中心线。

步骤 2　单击"旋转凸台/基体"按钮，或选择菜单"插入"→"凸台/基体"→"旋转"命令，在绘图区选择轮廓草图，弹出"旋转"属性管理器，如图 3-124 所示。

步骤 3　在属性管理器（Property Manager）中设定选项。

步骤4 单击"确定"按钮✓，完成旋转凸台/基体的创建。

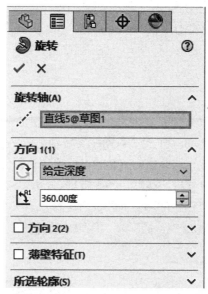

图 3-124 "旋转"属性管理器

2 . "旋转凸台/基体"选项说明

（1）⟋旋转轴

选择一特征旋转所绕的轴，可选中心线、直线或一边线。

（2）"方向 1（1）"选项组

① 旋转类型。相对于草图基准面设定旋转特征的终止条件，如有必要，单击"反向"按钮 ⟳来反转旋转方向。

◇ 给定深度：从草图基准面以单一方向生成指定角度的旋转。在"⬚方向1角度"文本框中设定旋转角度。

◇ 成形到顶点：从草图基准面生成旋转到用户在"⬚顶点"中所指定的顶点。

◇ 成形到面：从草图基准面生成旋转到用户在"⬚面/平面"中所选定的面，如图 3-125 所示。

◇ 到离指定面指定的距离：从草图基准面生成旋转到离"⬚面/平面"中所选面的指定距离处，距离在"⬚等距距离"中设定。必要时，选择"反向等距"以反方向等距。

◇ 两侧对称：从草图基准面同时以顺时针和逆时针方向对称生成旋转，"⬚方向1角度"指总角度。

② ⬚方向1角度。为"给定深度"和"两侧对称"旋转类型指定"⬚方向1"旋转角度。

（3）"方向 2（2）"选项组

从草图基准面的另一方向定义旋转特征，这些选项和方向 1 中的选项相同，不再赘述。

（4）薄壁特征

该选项可将封闭的轮廓旋转后变成带一定厚度的中空实体，或将开放的轮廓旋转后变成带一定厚度的实体，如图 3-126 所示。

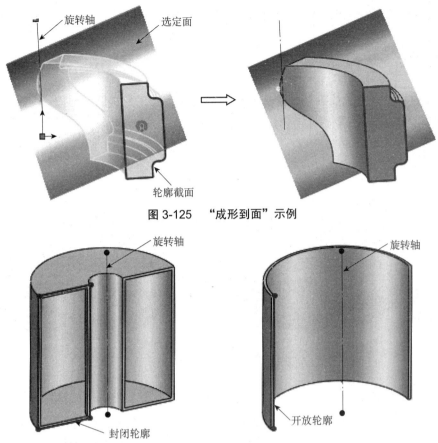

图 3-125　"成形到面"示例

图 3-126　"薄壁"示例

① 类型。

◇ 单向：从草图沿单一方向添加薄壁特征的体积，如图 3-127（a）所示。如果有必要，可单击"反向"按钮 ⬈ ，反转薄壁特征体积添加的方向。

◇ 两侧对称：以草图为中心，在草图两侧使用相等厚度的体积添加薄壁特征，如图 3-127（b）所示。

◇ 双向：在草图两侧添加不同厚度的薄壁特征的体积，如图 3-127（c）所示。

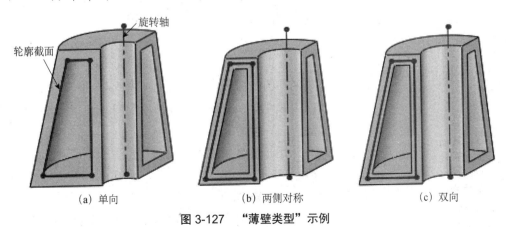

（a）单向　　　　　　　　（b）两侧对称　　　　　　　　（c）双向

图 3-127　"薄壁类型"示例

② 厚度。为单向和两侧对称薄壁特征旋转设定薄壁体积厚度。

二、阵列特征——圆周阵列

"圆周阵列"指绕一轴线旋转，生成一个或多个特征的多个实例，适用于呈环状分布特征的创建，如图 3-128 所示。

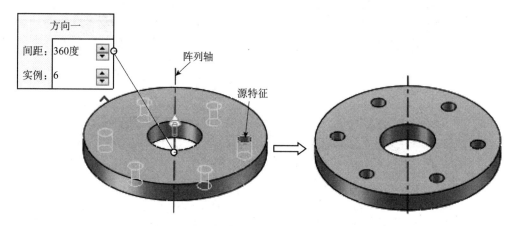

图 3-128　"圆周阵列"示例

图 3-129　"圆周阵列"属性管理器

1."圆周阵列"操作步骤

步骤 1　生成一个或多个将要用来复制的特征。

步骤 2　单击"圆周阵列"按钮，或选择菜单"插入"→"阵列/镜像"→"圆周阵列"命令，弹出"圆周阵列"属性管理器，如图 3-129 所示。

步骤 3　设定属性管理器（Property Manager）中的选项。

步骤 4　单击"确定"按钮，完成圆周阵列创建。

2."圆周阵列—参数"选项组说明

圆周阵列与线性阵列相同选项作用类似，不再赘述，仅介绍圆周阵列独有的参数选项组。

（1）阵列轴

在图形区域中选取一实体，可选中心线、直线、实体边线、圆柱面等。阵列绕此轴生成，如有必要，单击"反向"按钮来改变圆周阵列的方向。

（2）角度

用于指定相邻两个实例之间的圆心角，如图 3-130 所示。

（3）实例数

用于设定阵列实例数，即复制的个数（包括源特征），如图 3-130 中的实例数为 6。

（4）等间距

此选项自动将"⎿⎿角度"设置为360°，表示阵列的范围，用户也可以根据实际情况重新设定。

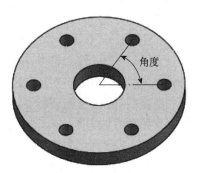

图3-130 "角度"示例

三、压缩与解除压缩

"压缩"可使特征及其子特征从模型中移除（不是删除），即特征及其子特征从模型视图上消失并在"特征管理器"（Feature Manager）设计树中显示为灰色，常用于简化模型和配置零件设计。如需恢复显示可使用"解除压缩"命令。

"压缩特征"操作步骤如下：

步骤1 在"特征管理器"（Feature Manager）设计树中选择特征，或在图形区域中选择特征的一个面。如要选择多个特征，请在选择的时候按住 Ctrl 键。

步骤2 执行以下操作之一。

方法一：单击"压缩"按钮⬇️（在带有多个配置的零件中，只适用于当前配置）。

方法二：选择菜单"编辑"→"压缩"→"此配置"命令（或所有配置、所选配置）。

方法三：右键单击，弹出如图3-131所示关联工具条，单击"压缩"按钮（在带有多个配置的零件中，只适用于当前配置）。

图3-131 关联工具条

方法四：右键单击，在弹出的快捷菜单中选择"特征属性"命令，弹出"特征属性"对话框，如图3-132所示。勾选"压缩"选项，单击"确定"按钮。

"解除压缩"是"压缩"的反操作，操作方法类似。当解除压缩一特征时，特征被返回到模型。如果特征有子特征，在解除压缩父特征时可选择是否解除压缩子特征。

图3-132 "特征属性"对话框

四、配置零件

机械产品设计时一般遵循统一的机械原理，大多数零件在结构方面存在一定的相似性，可以按照形状划分为一系列的零件族。相似零件是基本结构相同，只是在某些细节和尺寸规格上有所差异的零件族。SolidWorks 提供了一种称为配置的方法来描述相似零件，可以在单一的文件中对零件或装配体生成多个设计变化，提供了简便的方法来开发与管理一组有着不同尺寸、零部件或其他参数的模型。系列零件设计表就是配置零件的一种方法，但是系列零件设计表只能配置形状相同而尺寸不同的零件，但不能改变特征的构成。在零件文件中，配置可以生成具有不同尺寸、特征和属性（包括自定义属性）的零件系列。可以手动生成配置，或者使用系列零件设计表同时生成多个配置。下面主要介绍手动生成配置的方法。

1. 手动生成配置

若要手动生成一个配置，需要先指定其属性，然后修改模型以在新配置中生成不同的设计变化。

手动生成配置操作步骤如下：

步骤1　在零件文档中，单击"命令管理器"中的配置管理器（Configuration Manager）选项卡 按钮，切换到"配置管理器"窗口。

步骤2　在配置管理器（Configuration Manager）中，右击零件名称，然后在弹出的快捷菜单中选择"添加配置"命令，弹出"添加配置"属性管理器，如图3-133所示。

步骤3　在"添加配置"属性管理器中输入一个配置名称并指定新配置的属性。

步骤4　单击"确定"按钮 ，返回到 Configuration Manager，除了默认配置，还多了一个新配置且处于激活状态，如图3-134所示。

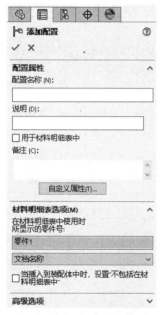

图 3-133　"添加配置"属性管理器

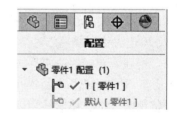

图 3-134　Configuration Manager

步骤5　单击"特征管理器"（Feature Manager）设计树选项卡 按钮，返回到 Feature Manager 设计树。

步骤6　按照需要修改模型以生成设计变体。

2．激活配置

◇　单击"配置管理器"选项卡 按钮，切换到"配置管理器"窗口。

◇　在想要激活的配置名称上单击鼠标右键，在弹出的快捷菜单中选择"显示配置"命令。

激活另一配置后，模型视图立即更新以反映新选择的配置。

3．编辑配置

（1）编辑配置

◇　激活要编辑的配置，切换到"特征管理器"设计树。

◇　根据需要改变特征的压缩状态或者修改尺寸等。

（2）编辑配置属性

◆ 在"配置管理器"窗口中，右击配置名称，在弹出的快捷菜单中选择"属性"命令，
弹出"配置属性"对话框。

◆ 根据需要，设置配置名称、说明、备注等属性，单击 自定义属性(t)... 按钮，添加或者修
改配置的自定义属性。

◆ 单击"确定"按钮 ✓，完成配置属性编辑。

4．手动删除配置

想要删除的配置必须处于非激活状态。

◆ 在"配置管理器"（Configuration Manager）窗口中激活一个想保留的配置。

◆ 在想要删除的配置名称上右击，在弹出的快捷菜单中选择"删除"命令，弹出"确定
删除"对话框。

◆ 单击"是"按钮，所选配置被删除。

上盖三维建模
操作视频

一、模型分析

上盖零件属回转类零件，但不是一个完整的回转体。通常有两种建模思路：一种是采用叠
加的方法，即逐个完成每个组成部分；另一种是先做出完整结构，再采用切割的方法完成。第
二种方法更简单一点，在构建旋转截面时，小孔有时可以忽略，特别是对于沉头孔或埋头孔，
后面再用"异型孔向导"命令完成，其建模过程如图 3-135 所示。

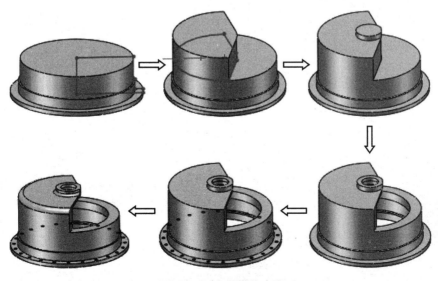

图 3-135　上盖操作步骤

二、建模步骤

1. 新建文档

启动 SolidWorks 2024，新建文档，进入"零件"模块，单击"保存"按钮▦，在弹出的对话框中，设置保存路径为"D:\solidworks\项目三"，文件名为"上盖"，单击 保存(S) 按钮。

2. 创建回转体整体结构

（1）创建回转截面

以"前视基准面"作为草图平面，用"直线"命令绘制草图，添加合适的几何约束关系，按图纸要求标注尺寸使草图完全定义，如图 3-136 所示。再通过坐标原点绘制一竖直中心线，单击"退出草图"按钮↵，退出草图环境。

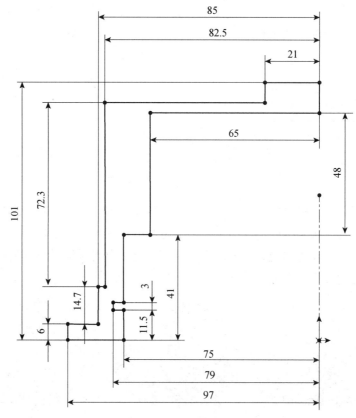

图 3-136　回转截面

图 3-137　上盖底部
（回转体）

（2）旋转

单击"旋转凸台/基体"按钮⬟，在图形区选择旋转截面草图，参数默认，单击"确定"按钮✓，完成上盖底部的创建，如图 3-137 所示。

3. 创建切割体

（1）创建切割草图截面

单击"草图"按钮▣，选择前面创建的回转体的顶部作为草图平面，单击"转换实体引用"按钮，选择 $\phi165$ 圆柱边线，单击"确定"按钮，创建一个 $\phi165$ 的圆。再利用"直线""绘制圆角""修剪"命令，绘制出切割草图截面。最后添加合适的几何约束关系并按图纸要求标注尺寸，使草图完全定义，如图 3-138 所示。单击"退出草图"按钮，退出草图环境。

（2）拉伸切除

单击"拉伸切除"按钮，选择图 3-138 所示草图截面，在"切除-拉伸"属性管理器中输入"深度"为 47，注意拉伸方向为朝下，其他选项默认，单击"确定"按钮，结果如图 3-139 所示。

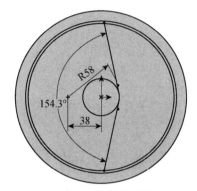

图 3-138 切割草图截面

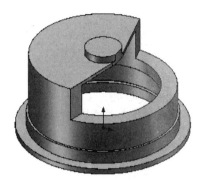

图 3-139 拉伸切除

4．创建顶部沉头孔

单击"异型孔向导"按钮，在弹出的"孔规格"属性管理器中设置孔参数：在"类型"选项卡中定义"孔类型"为"柱形沉头孔"，"标准"为"GB"，勾选"孔规格"选项组下的"显示自定义大小"选项，分别输入"通孔直径"为 $\phi27$，"柱形沉头孔直径"为 $\phi30$，"柱形沉头孔深度"为 7，将"终止条件"定义为"完全贯穿"。切换到"位置"选项卡，选择 $\phi130$ 圆柱孔底面放置孔，单击草图原点定位孔位置，再单击"确定"按钮，完成沉头孔的创建，结果如图 3-140 所示。

5．创建底座螺纹孔

（1）创建 M5 螺纹孔孔

单击"异型孔向导"按钮，在弹出的"孔规格"属性管理器中设置孔参数：在"类型"选项卡中定义"孔类型"为"直螺纹孔"，"标准"为"GB"，"类型"为"螺纹孔"，在"孔规格"选项组下的"大小"选项下拉列表框中选择 M5，将"终止条件"定义为"成形到下一面"，取消勾选"选项"选项组下的"近端锥孔"选项，其他默认。切换到"位置"选项卡，选择 $\phi194$ 圆柱体的上表面作为放置面，在合适位置单击，再单击前导视图工具栏"视图定向"中的"上视"按钮，标注螺纹孔的中心和坐标原点之间的距离尺寸 91，并添加两者"水平"几何约束关系，单击"确定"按钮，完成单个 M5 螺纹孔的创建，如图 3-141 所示。

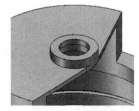

图 3-140 顶部沉头孔

图 3-141 单个 M5 螺纹孔

（2）圆周阵列

单击"圆周阵列"按钮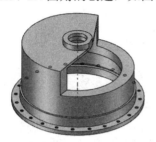，"要阵列的特征"选择 M5 螺纹孔，单击前导视图工具栏"隐藏/显示项目"中的"观阅临时轴"按钮，激活"阵列轴"选项，选择临时轴，输入实例数为24，勾选"等间距"选项，其他默认，单击"确定"按钮，完成圆周阵列的创建，如图 3-142 所示。

6．倒圆

再次单击前导视图工具栏"隐藏/显示项目"中的"观阅临时轴"按钮，执行"圆角"命令，完成 R8、R4 圆角的创建，如图 3-143 所示。

图 3-142　圆周阵列

图 3-143　倒圆

7．配置零件

单击"配置管理器"（Configuration Manager）选项卡按钮，切换到"配置管理器"窗口，右击"上盖配置"零件名称，在弹出的快捷菜单中选择"添加配置"命令，弹出"添加配置"属性管理器。在"配置名称"文本框中输入"配置二"，其他默认，单击"确定"按钮。

单击"特征管理器"（Feature Manager）设计树选项卡按钮，返回到"特征管理器"（Feature Manager）设计树，如图 3-144 所示。

将鼠标指针移至"M5 螺纹孔1"特征上，单击右键，在弹出的快捷菜单中选择"压缩"命令，螺纹孔及圆周阵列特征在模型视图中消失，如图 3-145 所示。

图 3-144　"特征管理器"（Feature Manager）设计树

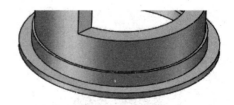

图 3-145　压缩

执行"异型孔向导"命令创建沉头孔，设置通孔直径为$\phi 4.5$，沉头直径为$\phi 9$，沉头深度为1。再用"圆周阵列"命令创建实例数为12的阵列，结果如图3-146所示。

8．保存零件

单击"保存"按钮，保存文件，完成建模及配置零件设计。

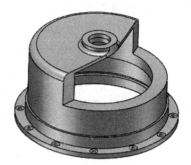

图3-146 配置二

本模块着重介绍了旋转、圆周阵列、配置零件等命令的使用方法。回转类零件（除简单的圆柱体外）一般可用"旋转"命令创建。如果零件不完全对称，则可结合其他手段如拉伸或拉伸切除创建。环状分布的结构使用圆周阵列可以加速特征生成速度，简化建模过程。零件的变形设计可以采用配置零件的方法实现。

练习

1．根据图3-147所示零件图进行三维建模并按表格要求完成两个配置。

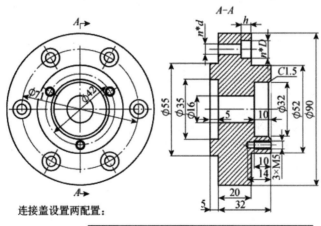

连接盖设置两配置：

	n	D	d	h	备注
配置一	6	11	6	6	上端面有3个螺纹孔
配置二	4	13	8	7	上端面无螺纹孔

图3-147 练习1图

2. 根据图 3-148 所示零件图进行三维建模。

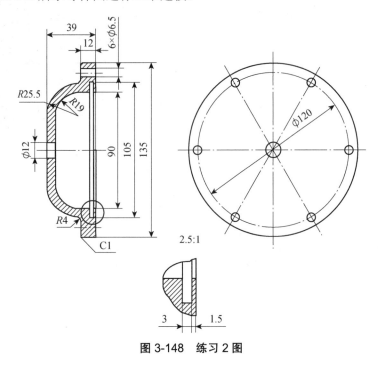

图 3-148　练习 2 图

3. 根据图 3-149 所示零件图进行三维建模。

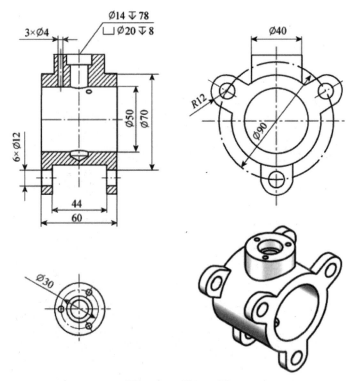

图 3-149　练习 3 图

4. 根据图 3-150 所示零件图进行三维建模。

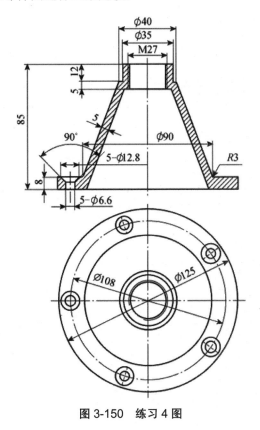

图 3-150　练习 4 图

模块五　开关座三维建模

1. 掌握分割线的使用方法
2. 掌握拔模特征的使用方法
3. 掌握抽壳特征的使用方法
4. 掌握扣合特征的使用方法：唇缘/凹槽、装配凸台

正确分析开关座零件（如图 3-151 所示）的结构特点，建立正确的设计思路，利用拔模、抽壳、唇缘、装配凸台等功能，完成开关座的三维建模。

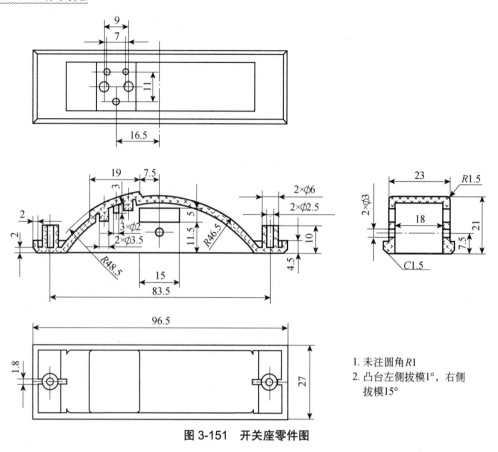

图 3-151　开关座零件图

1. 未注圆角 *R*1
2. 凸台左侧拔模1°，右侧
　拔模15°

一、分割线

"分割线"工具可将实体（草图、实体、曲面、面、基准面或曲面样条曲线）投影到表面、曲面或平面，从而将所选的面分割成多个单独面。分割线有轮廓、投影、交叉点三种类型。

1．轮廓分割线

以选取的基准面的法向为拔模方向进行投影，并以模型的侧影轮廓线（外边线）来分割面，如图 3-152 所示，可以通过设定角度来改变侧影轮廓线的位置。

轮廓分割线操作步骤如下：

步骤 1　单击曲线工具栏中的"分割线"按钮 ，或选择菜单"插入"→"曲线"→"分割线"命令，弹出"分割线"属性管理器，如图 3-153 所示。

步骤 2　在属性管理器（Property Manager）中的分割类型下，单击"轮廓线"。

步骤 3 选取一基准面作为"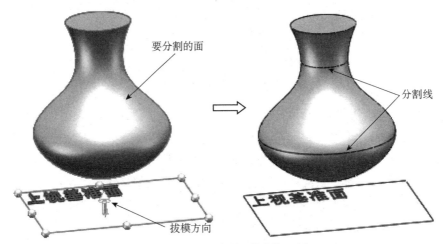拔模方向",投影穿过模型的侧影轮廓线(外边线)。

步骤 4 选择要分割的面,注意不能是平面。

步骤 5 设定角度以生成拔模角(此选项可选)。

步骤 6 单击"确定"按钮✓,完成分割线的创建。

图 3-152 "分割线–轮廓"示例

图 3-153 "分割线–轮廓"属性管理器

2. 投影分割线

将要投影的草图沿草图所在平面的法向投影到要分割的面来分割面,如图 3-154 所示。

注意:要投影的草图必须超出要分割的面的轮廓,否则无法分割。

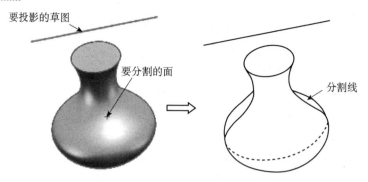

图 3-154　"分割线–投影"示例

投影分割线操作步骤如下:

步骤 1　单击曲线工具栏中的"分割线"按钮![icon]，或选择菜单"插入"→"曲线"→"分割线"命令，弹出"分割线"属性管理器，如图 3-155 所示。

步骤 2　在属性管理器（Property Manager）中的分割类型下选择"投影"。

步骤 3　在图形区选择要投影的草图

步骤 4　在图形区选择要分割的面。

步骤 5　单击"确定"按钮![icon]，完成分割线的创建。

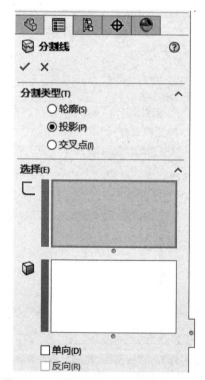

图 3-155　"分割线–投影"属性管理器

3．交叉点分割线

以分割工具与投影的目标面的交线来分割面，如图 3-156 所示。

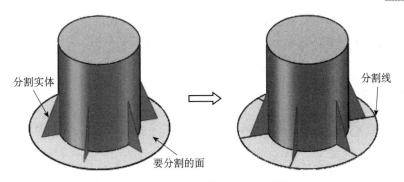

图 3-156　"分割线-交叉点"示例

交叉点分割线操作步骤如下：

步骤 1　单击曲线工具栏中的"分割线"按钮 🔲，或选择菜单"插入"→"曲线"→"分割线"命令，弹出"分割线"属性管理器，如图 3-157 所示。

步骤 2　在属性管理器（Property Manager）中的分割类型下选择"交叉点"。

步骤 3　在图形区选择分割实体/面/基准面。

步骤 4　在图形区选择要分割的面/实体。

步骤 5　单击"确定"按钮 ✓，完成分割线的创建。

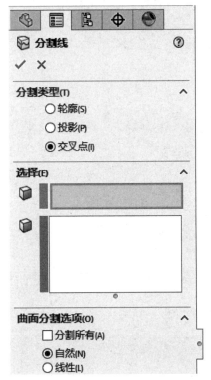

图 3-157　"分割线-交叉点"属性管理器

二、拔模

铸造时为了从砂中取出模型而不破坏砂型，或模具上为了保证在生产产品的过程中产品能顺利脱模，通常将零件内外壁制作成一定斜度。"拔模"是以指定的角度斜削模型中所选的面。"拉伸"命令中有"拔模"选项，但只能做一些简单的拔模。这里主要介绍专用的"拔模"命令。

1．"拔模"操作步骤

步骤1　单击"拔模"按钮，或选择菜单"插入"→"特征"→"拔模"命令，弹出"拔模"属性管理器如图 3-158 所示。

步骤2　选择拔模类型。

步骤3　输入拔模角度。

步骤4　选择中性面或定义拔模方向。

步骤5　选择拔模面或选择分型线。

步骤6　单击"确定"按钮，完成拔模特征的创建。

2．"拔模"选项说明

（1）拔模类型

① 中性面拔模。"中性面"是在生成模具时，选择用来决定拖拉方向的基准面或平面。中性面拔模是指使用一"中性面"来决定拔模方向（中性面法向），并以中性面与拔模面的交线为轴线按指定的拔模角度斜削所选模型的拔模面生成拔模特征。图 3-159 为中性面拔模示例。

（a）中性面拔模

（b）分型线拔模

图 3-158　　"拔模"属性管理器

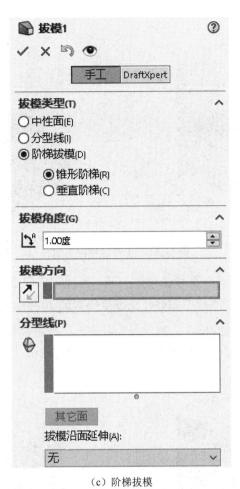

（c）阶梯拔模

图 3-158　"拔模"属性管理器（续）

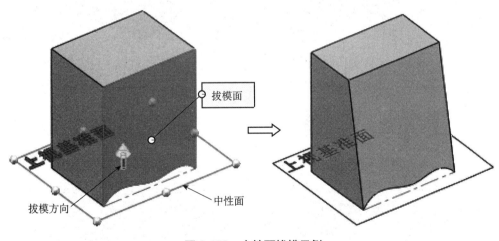

图 3-159　中性面拔模示例

② 分型线拔模。分型线是各分型块的边界线。分型线拔模是指从分型线开始对其周围的面进行拔模，特别适合于空间曲线的拔模。要在分型线上拔模，可以首先插入一条分割线来分割要拔模的面，也可以使用现有的模型边线。图 3-160 为分型线拔模示例。

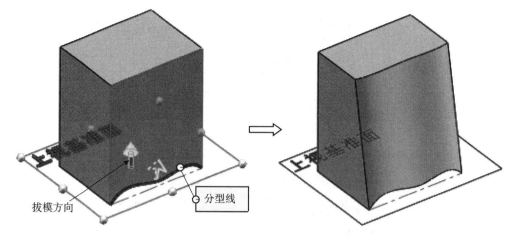

图 3-160　分型线拔模示例

③ 阶梯拔模。阶梯拔模是分型线拔模的变异，但拔模方向必须用基准面或平面来定义。阶梯拔模绕用来作为拔模方向的基准面旋转生成拔模特征。

◇　锥形阶梯：以与锥形曲面相同的方式生成曲面，如图 3-161（a）所示。
◇　垂直阶梯：垂直于原有主要面而生成曲面，如图 3-161（b）所示。

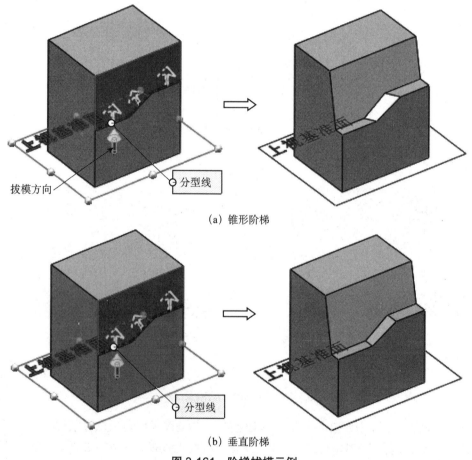

（a）锥形阶梯

（b）垂直阶梯

图 3-161　阶梯拔模示例

（2）拔模角度

设定拔模角度（垂直于中性面进行测量），如图 3-162 所示。

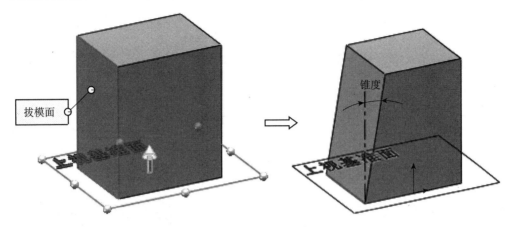

图 3-162　拔模角度

（3）拔模方向

拔模方向是指脱模方向。该选项仅限于分型线拔模和阶梯拔模。中性面拔模的拔模方向由选取的中性面确定。在图形区域中选取边线或面，选择面则拔模方向为面的法向。根据需要可单击"反向"按钮 ，改变拔模方向。

（4）"拔模面"选项组

① 拔模面：选择图形区域中要拔模的一个或多个面，仅限于中性面拔模。

② 拔模沿面延伸：在其他面上延伸拔模，可在下拉列表框中选择合适项目。

◇　无：只在所选的面上进行拔模。

◇　沿切面：将拔模延伸到所有与所选面相切的面。

◇　所有面：将所有从中性面拉伸的面进行拔模，如图 3-163 所示。

◇　内部的面：将所有从中性面拉伸的内部面进行拔模。

◇　外部的面：将所有在中性面旁边的外部面进行拔模。

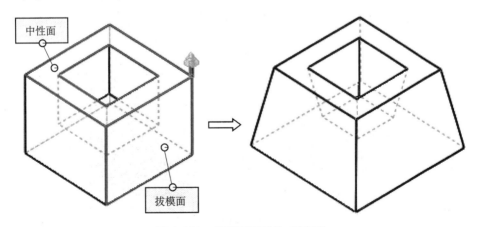

图 3-163　拔模沿面延伸–所有面

（5）"分型线"选项组

① 分型线：在图形区域中选取分型线。

注意： 分型线的定义必须满足以下条件：

◇　使用分型线拔模之前，须插入一条分割线分离要拔模的面，或使用现有的模型边线来分离。

◇　在每个拔模面上，至少有一条分型线线段与基准面重合。

◇　其他所有分型线线段处于基准面的拔模方向上。

◇　所有分型线都不得与基准面垂直。

② 其他面：为分型线的每条线段指定不同的拔模方向。在分型线列表框中单击边线名称，然后单击其他面。图 3-164（a）为正常分型线拔模，图 3-164（b）为分型线 1 使用"其他面"后的拔模结果。

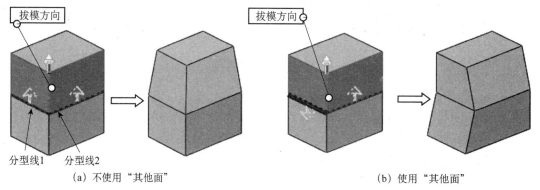

　　　　　　（a）不使用"其他面"　　　　　　　　　　　　　（b）使用"其他面"

图 3-164　"其他面"示例

③ 拔模沿面延伸：在其他面上延伸拔模。

◇　无：只在所选面上拔模。

◇　沿切面：将拔模延伸到所有与所选面相切的面。

三、抽壳

"抽壳"是指从选择的移除面上移除材料，在剩余面创建薄壁特征的操作。如果不选择模型上的任何面，可对整个实体抽壳，生成一闭合的空腔，如图 3-165 所示。

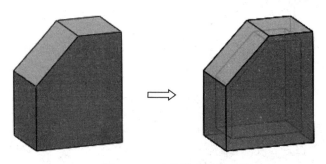

图 3-165　实体抽壳示例

1．"抽壳"操作步骤

步骤 1　单击"特征"工具栏中的"抽壳"按钮🔲，或选择菜单"插入"→"特征"→"抽壳"命令，弹出"抽壳"属性管理器，如图 3-166 所示。

步骤 2　设定薄壁厚度。

步骤 3　在图形区选择移除的面（体抽壳除外）。

步骤 4　多厚度设定（可选）。激活"多厚度面"选项，然后选择图形区中的面，并设置不同厚度。

步骤 5　单击"确定"按钮☑，完成抽壳特征的创建。

2．"抽壳"选项说明

（1）"参数"选项组

◇ 厚度：设定保留面的壁厚。

◇ 移除的面：要移除材料的面即敞开的面，可以在图形区域选择一个或多个面。图 3-167（a）、（b）、（c）为选择不同移除的面的示例。

◇ 壳厚朝外：壁厚朝外生成，相当于增加了零件的外部尺寸，如图 3-168 所示。

图 3-166　"抽壳"属性管理器

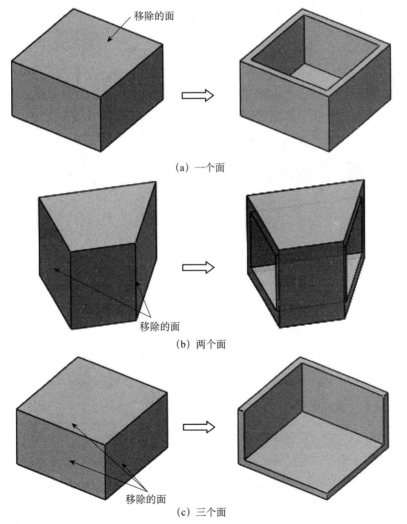

（a）一个面

（b）两个面

（c）三个面

图 3-167　"移除的面"示例

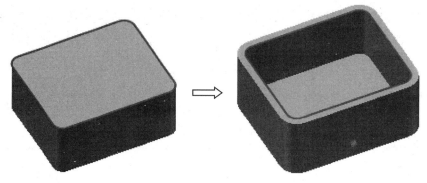

图 3-168 "壳厚朝外"示例

（2）多厚度设定

如果抽壳壁厚不一致，就需用此项，给不同面设定不同厚度，如图 3-169 所示。

◇ 🔲多厚度：为所选的某个多厚度面设定相应壁厚。

◇ 🔲多厚度面：保留面中不同于"参数"选项组中"🔲厚度"设定值的所选的面。

注意：使用此项要先激活"多厚度面"选项，才能设置"多厚度"。

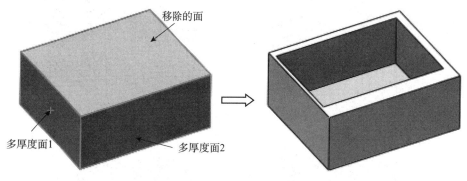

图 3-169 "多厚度面"示例

四、扣合特征——唇缘/凹槽

扣合特征常用于两零件紧密结合部位的结构设计，如唇缘/凹槽、装配凸台、弹簧扣等，也可以用于钣金件上通风口结构设计。

唇缘/凹槽用于对齐、配合和扣合两个塑料零件。唇缘和凹槽是相反的结构，唇缘和凹槽特征支持多实体和装配体，此处仅介绍在零件上的应用。

1."唇缘/凹槽"操作步骤

步骤 1 单击"扣合特征"工具栏中的"唇缘/凹槽"按钮🔲，或选择菜单"插入"→"扣合特征"→"唇缘/凹槽"命令，弹出"唇缘/凹槽"属性管理器，如图 3-170 所示。

步骤 2 确定生成的是凹槽还是唇缘，并在图形区选择要生成凹槽或唇缘的实体。

步骤 3 选取一个基准面、平面或直边线来定义凹槽/唇缘的方向（此选项可选）。

步骤 4　选取在其上生成凹槽/唇缘的面。

步骤 5　为凹槽/唇缘选取内边线或外边线以移除/添加材料。

步骤 6　设置凹槽/唇缘参数。

步骤 7　单击"确定"按钮 ✓，完成凹槽/唇缘特征的创建。

图 3-170　"唇缘/凹槽"属性管理器

2. "唇缘/凹槽"选项说明

（1）实体/零件选择

◇　▌凹槽实体：选择要生成凹槽的实体。

◇　▌唇缘实体：选择要生成唇缘的实体。

◇　▢凹槽/唇缘方向：选择一个基准面、平面或直边线来定义凹槽/唇缘的方向。若选择用于生成凹槽/唇缘的所有面都是平面并且法向相同，则默认方向是平面法向。

（2）凹槽选择

从模型中移除材料后生成凹槽。

◇　🍃生成凹槽的面：选择要在其上生成凹槽的面。

◇　▢边线：选择在其上生成凹槽的面上的内部或外部边线。该边线就是通过凹槽移除材料的位置。

◇　凹槽参数：定义凹槽的结构参数，参数名称如图 3-171 所示。

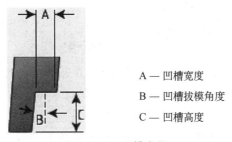

A — 凹槽宽度

B — 凹槽拔模角度

C — 凹槽高度

图 3-171　凹槽参数

◇ 跳过缝隙：在零件的筋与边壁相连情况下，使用相连的几何体，即将筋连至唇缘和开槽面。图 3-172（a）、（b）为不选取与选取该选项的对比。

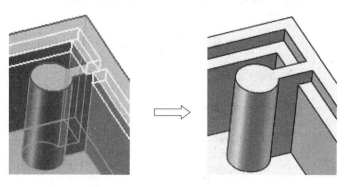

(a) 不勾选"跳过缝隙"

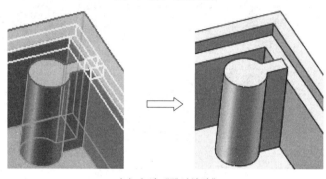

(b) 勾选"跳过缝隙"

图 3-172　"跳过缝隙-凹槽"示例

（3）唇缘选择

将材料添加到模型后生成唇缘。

◇ 🔩生成唇缘的面：选择要在其上生成唇缘的面。

◇ 🔲边线：选择在其上生成唇缘的面上的内部或外部边线。该边线就是通过唇缘添加材料的位置。

◇ 唇缘参数：定义唇缘的结构参数，参数名称如图 3-173 所示。

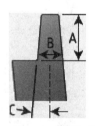

A — 唇缘高度

B — 唇缘宽度

C — 唇缘拔模角度

图 3-173　唇缘参数

◇ 跳过缝隙：在零件的筋与边壁相连情况下，使用相连的几何体，即将筋连至唇缘和开槽面。图 3-174（a）、（b）为不选取与选取该选项的对比。

◇ 保持壁面：如果在带有拔模的模型壁上生成唇缘，则该选项可以保留拔模（如果可行），并将现有壁面延伸到唇缘的顶部。取消选择该选项，则软件会从生成唇缘的面位置添加直壁面。

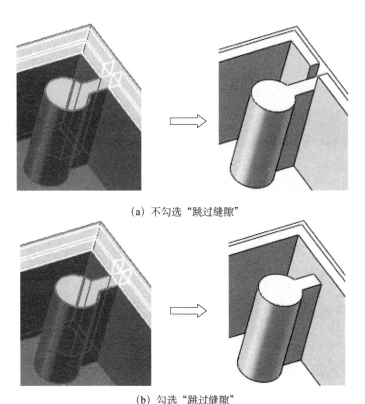

(a) 不勾选"跳过缝隙"

(b) 勾选"跳过缝隙"

图 3-174　"跳过缝隙-唇缘"示例

五、扣合特征——装配凸台

装配凸台常用于塑件中通过销钉或螺钉连接两零件的一种凸台结构,包括凸台和翅片两部分。

1."装配凸台"操作步骤

步骤 1　单击"扣合特征"工具栏中的"装配凸台"按钮🕮,或选择菜单"插入"→"扣合特征"→"装配凸台"命令,弹出"装配凸台"属性管理器,如图 3-175 所示。

步骤 2　在图形区单击一面以选择装配凸台放置面。

步骤 3　在图形区选择边线、面、基准轴等定义凸台方向(仅限放置面为非平面的情况)。

步骤 4　选择凸台类型及子类型。

步骤 5　定义凸台结构参数。

步骤 6　在图形区单击边线或面以定义翅片方向。

步骤 7　定义翅片数目及结构参数。

步骤 8　定位装配凸台。

步骤 9　单击"确定"按钮☑,生成装配凸台。

步骤 10　在模型或特征管理器(Feature Manager)设计树中,右击装配凸台特征下的"3D草图"特征,选择"编辑草图"命令☑,添加几何约束关系和/或标注尺寸。

步骤 11　单击"退出草图"按钮↵，完成装配凸台的编辑。

2. "装配凸台"选项说明

（1）定位

◇　⬜选择一个面：用于定义装配凸台的放置面。软件会在选择面的位置处创建一个 3D 草图点，可通过编辑草图和点尺寸以定位装配凸台。

◇　选择方向：为凸台设定方向，即装配凸台轴线方向。如果不指定，则会将凸台放置在与选定点所在面相垂直的位置。如有必要可单击"反向"按钮↗。

◇　◎选择圆形边线（可选）：选择圆形边线以定位装配凸台的中心轴，中心轴穿过圆形边线的圆心。

（2）凸台类型

◇　硬件凸台：硬件凸台可安装螺钉，可选择"⬛螺钉"或"⬛螺纹"子类型。

◇　销凸台：销凸台可安装销钉，可选择"⬛销钉"或"⬛孔"。

（3）凸台

◇　⬛凸台参数：定义凸台各部分尺寸。凸台结构及其各部分名称如图 3-176 所示。

◇　⬛凸台高度间隙值：指两个凸台之间的间隙。

图 3-175　"装配凸台"属性管理器

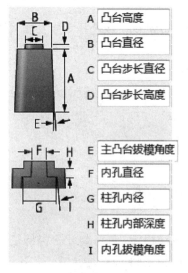

（a）硬件凸台-螺钉

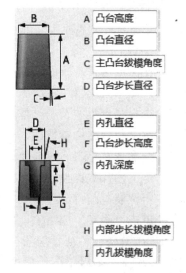

（b）硬件凸台-螺纹

图 3-176　凸台参数

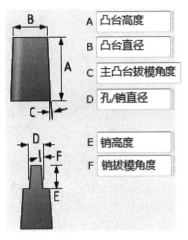

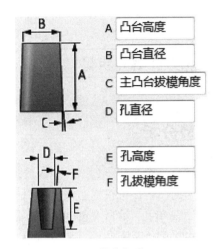

（c）销凸台-销钉   （d）销凸台-孔

图 3-176 凸台参数（续）

（4）翅片

翅片即加强筋，用来加固凸台。

◇ 选择一方向向量：定义一个方向向量以定位第一个翅片。如有必要可单击"反向"按钮。

◇ 翅片数：输入生成翅片的数目，如不需要任何翅片，则输入 0。

◇ 等间距：仅可用于两个翅片的情况，在两个翅片之间生成 180° 的角。此选项对于边角凸台非常有用。清除此选项以选择定义第二个翅片方向的方向向量。图 3-177（a）、（b）为选取与不选取该选项的对比。

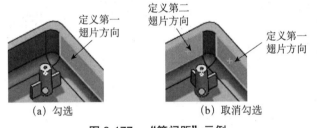

（a）勾选   （b）取消勾选

图 3-177 "等间距"示例

◇ 翅片参数：设置翅片参数，翅片结构及各部分名称如图 3-178 所示。

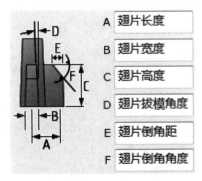

图 3-178 翅片参数

一、模型分析

开关座是一个壳体零件，大体可分为两个部分：中间容纳部分具有均匀壁厚，其左上是带有一定斜度的凸台，可拔模后采用抽壳的方法创建出主体。其壁上的圆柱、方孔、圆孔等可通过"拉伸""简单孔"等命令创建。底部是底座部分，拉伸后用"唇缘"命令创建出四周的唇边，安装孔结构采用"装配凸台"命令可以一次成型。开关座建模过程如图3-179所示。

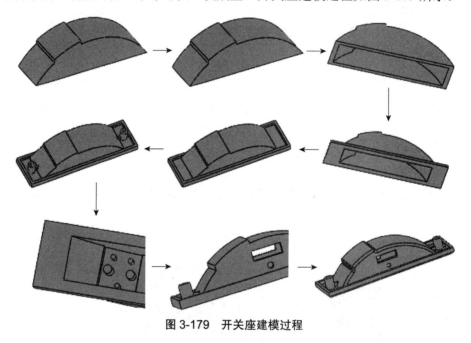

图 3-179　开关座建模过程

二、建模步骤

1．新建文档

启动 SolidWorks 2024，新建文档，进入"零件"模块，单击"保存"按钮▣，在弹出的对话框中，设置保存路径为"D:\solidworks\项目三"，文件名为"开关座"，单击 保存(S) 按钮。

2．创建中间容纳部分

（1）绘制截面草图1

以"前视基准面"作为草图平面，用圆弧、直线命令绘制 R46.5 圆弧和直线，添加圆弧圆心与坐标原点"竖直"几何约束关系和直线与坐标原点"中点"几何约束关系，再绘制凸台部分草图，修剪后按图纸要求标注尺寸使草图完全定义，如图3-180所示。单击"退出草图"按钮↳，退出草图环境。

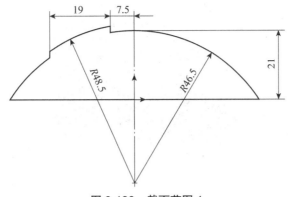

图 3-180　截面草图 1

（2）拉伸

执行"拉伸凸台/基体"命令，选择截面草图 1，在"凸台-拉伸"属性管理器中定义"终止条件"为"两侧对称"，输入"深度"为 23，其他选项默认，单击"确定"按钮☑，结果如图 3-181 所示。

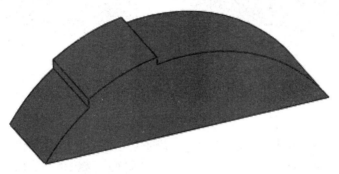

图 3-181　拉伸体

（3）拔模

单击"拔模"按钮🗔，在"拔模"属性管理器中定义"拔模类型"为"分型线"，拔模方向、分型线分别选择凸台右侧边线，如图 3-182 所示。注意拔模方向，如不合适可单击"反向"按钮🗔，输入"拔模角度"为 15°，单击"确定"按钮☑，完成凸台右侧面拔模创建。采用类似的方法可以创建凸台左侧面拔模。拔模方向、分型线分别选择凸台左侧边线如图 3-183 所示，拔模角度设为 1°，拔模结果如图 3-184 所示。

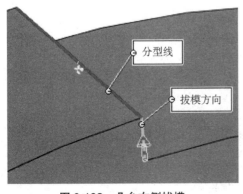

图 3-182　凸台右侧拔模

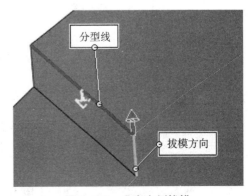

图 3-183　凸台左侧拔模

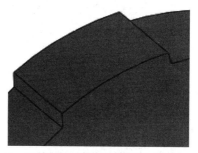

图 3-184　拔模结果

（4）抽壳

单击"抽壳"按钮🔳，在"抽壳"属性管理器的"厚度"文本框中输入 2.5，"移除的面"选择拉伸体的底面，其他默认，单击"确定"按钮☑，完成抽壳创建，如图 3-185 所示。

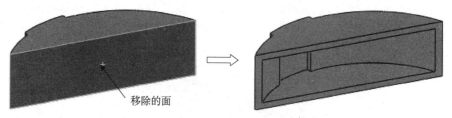

移除的面

图 3-185　抽壳

3．底座创建

（1）创建基准面

单击"参考几何体"工具栏中的"基准面"按钮🔲，选择"上视基准面"作为"第一参考"，在"偏移距离"文本框中输入 2，其他默认，单击"确定"按钮☑，完成基准面的创建，如图 3-186 所示。

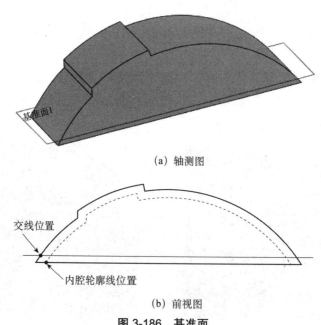

（a）轴测图

交线位置

内腔轮廓线位置

（b）前视图

图 3-186　基准面

该模型底板较薄，从图 3-186（b）前视图可以看出基准面与外圆柱面的交线在内腔轮廓线的外侧，所以可以在基准面上绘制截面，通过拉伸的方法创建底板。

（2）底板创建

单击"拉伸凸台/基体"按钮，选择前面创建的基准面作为草图平面。单击"中心矩形"按钮，以草图原点为中心绘制两个矩形，单击前导视图工具栏"显示样式"中的"隐藏线可见"按钮，分别添加内侧矩形的竖直线与图 3-186 中内腔轮廓线"共线"几何约束关系，水平线与外圆弧轮廓"共线"几何约束关系，按图纸要求标注尺寸，使草图完全定义。单击前导视图工具栏"显示样式"中的"带边线上色"按钮，结果如图 3-187 所示。

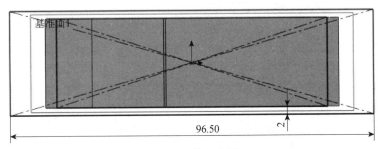

图 3-187　截面草图 2

单击绘图区右上角的"退出草图"按钮，在弹出的"拉伸-凸台"属性管理器中，输入"深度"为 2，注意拉伸方向向下，单击"确定"按钮，完成底板的创建，如图 3-188 所示。

图 3-188　底板

（3）唇缘创建

选择菜单"插入"→"扣合特征"→"唇缘/凹槽"命令，在"唇缘/凹槽"属性管理器中激活"选取生成唇缘的实体/零部件"选择框，在图形区选择模型实体，激活"选取在其上生成唇缘的面"选择框，选择底板上表面，激活"为唇缘选取内边线或外边线以添加材料"选择框，选择底板上表面的四条边线，分别输入"唇缘高度"为 2.5、"唇缘宽度"为 2，其他默认，单击"确定"按钮，完成唇缘的创建，如图 3-189 所示。

图 3-189　唇缘

（4）装配凸台创建

选择菜单"插入"→"扣合特征"→"装配凸台"命令，选择底板上表面作为放置位置，定义"凸台类型"为"销凸台-孔"，设置凸台参数如图 3-190 所示。激活"选择一向量来定义翅片的方向"选项，选择任一长度方向边线，翅片参数设置如图 3-191 所示，其中翅片长度值可变，应尽量长一点，否则无法与相邻部分相交。此时，装配凸台呈现如图 3-192 所示状态。单击"确定"按钮✓，完成装配凸台的创建。

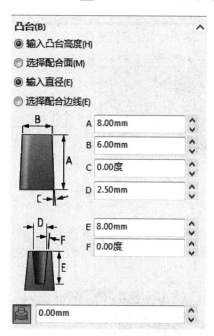

图 3-190　凸台参数设置

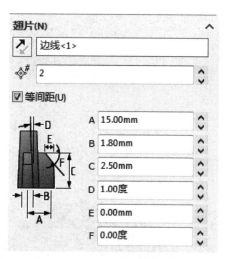

图 3-191　翅片参数设置

图 3-192　装配凸台预览

展开特征管理器（Feature Manager）设计树中的" 装配凸台1 "特征，鼠标指针移至" 3D (-) 3D草图1 "特征上并单击右键，选择"编辑草图"命令，过凸台定位点和边线中点绘制中心线，添加" 沿 X "几何约束关系，并标注尺寸，如图 3-193 所示。单击绘图区右上角的"退出草图"按钮，完成装配凸台定位编辑，结果如图 3-194 所示。

执行"镜像"命令，以"右视基准面"作为镜像平面，完成装配凸台的对称复制。

4．圆柱创建

以"上视基准面"作为草图平面，绘制 $\phi 2$ 和 $\phi 3.5$ 的圆，添加几何约束并标注尺寸使草图完全定义，如图 3-195 所示。单击绘图区右上角的"退出草图"按钮，退出草图环境。

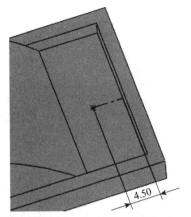

图 3-193　凸台定位编辑

图 3-194　凸台定位编辑结果

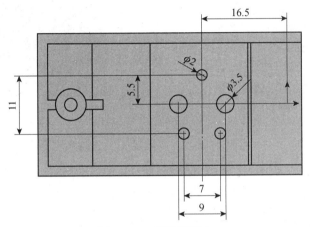

图 3-195　截面草图 3

执行"拉伸"命令，选择中间的 $\phi2$ 圆，"开始条件"设置为"等距"，"终止条件"设置为"成形到下一面"，输入等距值为14.5，单击"确定"按钮☑。同样方法完成另外几个圆的拉伸，等距值分别为：左侧 $\phi2$ 圆 13，右侧 $\phi2$ 圆 16，左侧 $\phi3.5$ 圆 11.5，右侧 $\phi3.5$ 圆 15.5。最后结果如图 3-196 所示。

5．方槽和圆孔创建

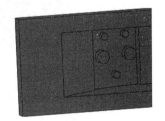

图 3-196　圆柱

以"前视基准面"作为草图平面，用"中心矩形"命令绘制矩形，添加矩形中心和坐标原点"竖直"几何约束关系，按图纸要求标注尺寸使草图完全定义，如图 3-197 所示。单击 "退出草图"按钮，退出草图环境。

单击"拉伸切除"按钮，选择前面创建的矩形，在"切除-拉伸"属性管理器中定义"终止条件"为"两侧对称"，输入"深度"为23，单击"确定"按钮☑，完成方槽的创建，如图3-198 所示。

单击"简单直孔"按钮，在容纳部分的前表面任意位置单击。在"孔"属性管理器中定义"开始条件"为"草图基准面"，"终止条件"为"完全贯穿"，输入孔直径3，其他参数默认，单击"确定"按钮☑。按图纸要求编辑孔的位置如图 3-199 所示，孔的最终结果如图 3-200 所示。

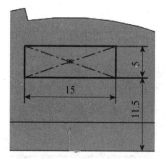

图 3-197　方槽截面草图

图 3-198　方槽

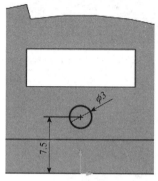

图 3-199　编辑孔位置

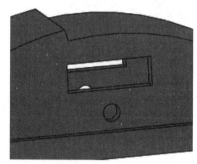

图 3-200　孔

6．细节特征创建

执行"圆角"命令，先倒 R1 圆角再倒 R1.5 圆角，结果如图 3-201 所示。

执行"倒角"命令，设置"倒角类型"为"角度-距离"方式，选择底板底面上的四条外边线，输入"距离"为 1.5，单击"确定"按钮 ，完成倒角创建，结果如图 3-202 所示。

图 3-201　倒圆角

图 3-202　倒角

7．保存零件

单击"保存"按钮 ，保存文件，完成建模。

 小结

本模块着重介绍了拔模、抽壳、唇缘、装配凸台命令的使用方法。铸件或模具为了便于脱模，零件表面需要做成一定斜度，软件中通常使用"拔模"命令创建。薄壁类零件可以考虑采用抽壳的方法实现，壁厚不均匀时可以通过"多厚度"选项来设定单独改变。两零件之间的配合结构利用扣合特征可以快速生成。开关座模型上的特征较多，对建模的先后顺序以及特征编

辑也提出了较高要求，通过该模块的学习，可以提高分析和处理问题的能力。

 练习

1. 根据图 3-203 所示零件图进行三维建模。

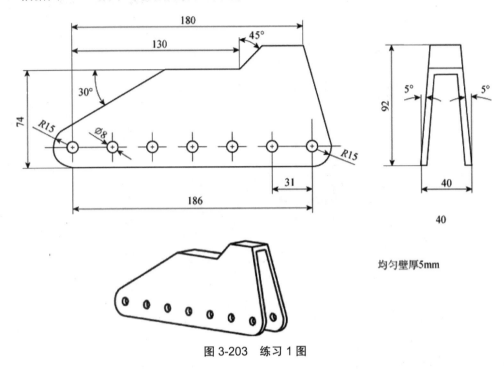

图 3-203   练习 1 图

2. 根据图 3-204 所示零件图进行三维建模。

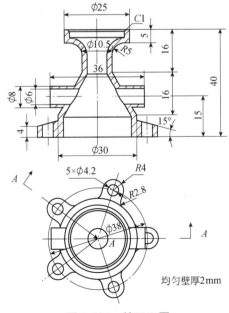

图 3-204   练习 2 图

3. 根据图 3-205 所示零件图进行三维建模。

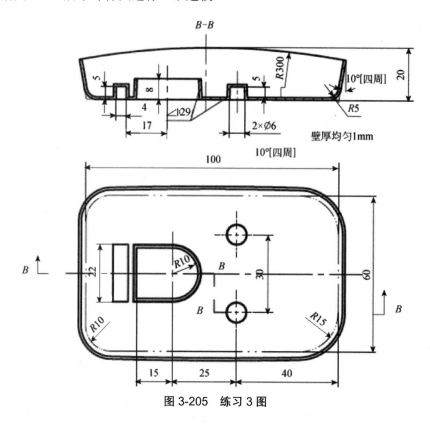

图 3-205　练习 3 图

模块六　墨水瓶三维建模

 学习目标

1. 掌握放样特征的使用方法
2. 掌握旋转切除特征的使用方法
3. 掌握螺旋线/涡状线的使用方法
4. 掌握扫描特征的使用方法
5. 掌握包覆特征的使用方法
6. 掌握材质的添加、移除、编辑等
7. 掌握新坐标系的创建方法
8. 掌握零件质量属性的评估

正确分析墨水瓶（如图 3-206 所示）的结构特点，建立正确的设计思路，利用放样、螺旋线、扫描等功能，完成墨水瓶的三维建模。在此基础上对墨水瓶赋材质，并评估其质量属性。

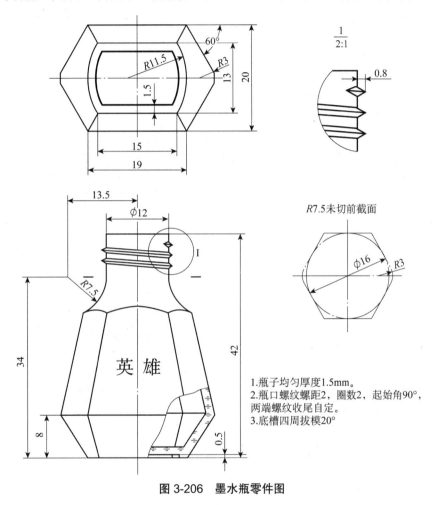

1.瓶子均匀厚度1.5mm。
2.瓶口螺纹螺距2，圈数2，起始角90°，两端螺纹收尾自定。
3.底槽四周拔模20°

图 3-206 墨水瓶零件图

一、放样

放样通过在轮廓之间进行过渡生成特征，可以使用两个或多个轮廓生成放样。多个轮廓时，第一个或最后一个轮廓可以是点，也可以这两个轮廓均为点。

放样特征可以分为三种类型：简单放样、使用引导线放样和使用中心线放样。

1. 简单放样

简单放样是不设置引导线的一种放样方法，是由两个或两个以上的轮廓生成的特征，系统自动生成中间截面。图 3-207（a）、（b）、（c）分别为点轮廓、两个轮廓、多个轮廓示例。

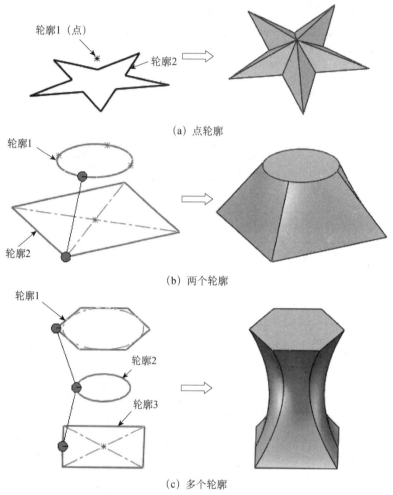

（a）点轮廓

（b）两个轮廓

（c）多个轮廓

图 3-207 "放样"示例

注意： 选择轮廓时要注意控制点的位置应一致，否则生成的模型会发生扭曲，如图 3-208 所示。如果控制点不一致，则可以直接拖动其到合适位置。如果没有现成的合适点，则在创建放样特征前需用"分割实体"工具将草图进行分割，获得需要的点。

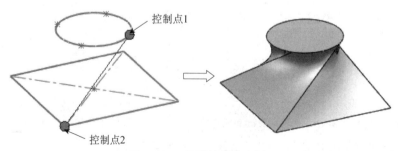

图 3-208 放样控制点示例

（1）简单放样操作步骤

步骤1 单击"放样凸台/基体"按钮，或选择菜单"插入"→"凸台/基体"→"放样"命令，弹出"放样"属性管理器，如图3-209所示。

步骤2 在图形区分别选择两个或多个轮廓草图。

步骤3 在属性管理器（Property Manager）中设定选项。

步骤4 单击"确定"按钮✓，完成简单放样创建。

（2）"放样"选项说明

① 轮廓。

✧ 轮廓：选择要连接的草图轮廓、面或边线，放样根据轮廓选择的顺序生成。

✧ 上移和下移：用于调整轮廓的顺序。

② 开始/结束约束。应用约束以控制开始/结束处轮廓的相切。

✧ 默认：在最少有三个轮廓时可用，近似在三个轮廓之间生成抛物线。该抛物线中的相切驱动放样曲面，在未指定匹配条件时，所产生的放样曲面更具可预测性、更自然。

图3-209 "放样"属性管理器

✧ 无：没有应用相切约束（曲率为零），如图3-210所示。

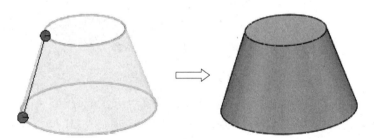

图3-210 开始/结束约束–无

✧ 方向向量：应用方向向量为开始或结束轮廓的切向的相切约束，如图3-211所示。选择"↗方向向量"，然后设置"拔模角度"和"起始/结束处相切长度"。

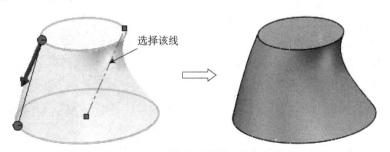

选择该线

图3-211 开始/结束约束–方向向量

◇　垂直于轮廓：应用垂直于开始或结束轮廓的相切约束，如图 3-212 所示。

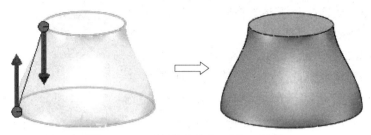

图 3-212　开始/结束约束–垂直于轮廓

◇　与面相切：在将放样附加到现有几何体时可用，与相邻面在所选开始/结束轮廓处相切。

◇　与面的曲率：在将放样附加到现有几何体时可用，与相邻面在所选开始/结束轮廓处应用平滑、具有美感的曲率连续放样。

③　选项。

◇　合并切面：如果放样线段相切，则使所生成的放样中的对应曲面保持相切。使用该选项可将相切的面合并成一个面，如图 3-213 所示。

◇　闭合放样：沿放样方向生成一闭合实体。此选项会自动连接最后一个和第一个草图。

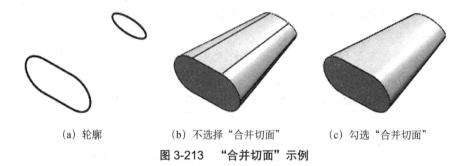

(a) 轮廓　　　　　　　(b) 不选择"合并切面"　　　　(c) 勾选"合并切面"

图 3-213　"合并切面"示例

④　曲率显示。

◇　网格预览：在已选面上应用预览网格，以更直观地显示曲面，如图 3-214 所示。

◇　斑马条纹：显示斑马条纹，以便观察曲面褶皱或缺陷，如图 3-215 所示。条纹均匀说明表面质量好，若有突变说明表面质量不好。

◇　曲率检查梳形图：激活曲率检查梳形图显示，如图 3-216 所示。梳形应尽可能均匀变化，不能有突变。

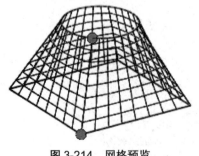

图 3-214　网格预览

图 3-215　斑马条纹

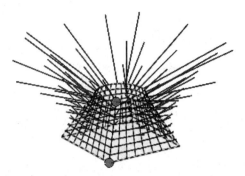

图 3-216　曲率检查梳形图

2．使用引导线放样

使用引导线放样通过两个或多个轮廓并使用一条或多条引导线来连接轮廓生成放样。轮廓可以是平面轮廓或空间轮廓。引导线可以控制所生成的中间轮廓。

（1）"使用引导线放样"操作步骤

步骤 1　单击"放样凸台/基体"按钮■，或选择菜单"插入"→"凸台/基体"→"放样"命令。

步骤 2　在图形区分别选择两个或多个轮廓草图。

步骤 3　单击"引导线"选择框，在图形区选择一条或多条引导线。

步骤 4　在属性管理器（Property Manager）中设定选项。

步骤 5　单击"确定"按钮✓，完成引导线放样创建。

（2）使用引导线生成放样注意事项

◇　引导线必须与所有轮廓相交。

◇　引导线数量不限。

◇　引导线可以相交于点。

◇　可以使用任何草图曲线、边线或曲线作为引导线。

◇　引导线可以比生成的放样长。放样终止于最短引导线的末端。

（3）"引导线"选项组说明

①　引导线感应：用于控制引导线对放样的影响力，有以下几种类型。

◇　到下一引线：只将引导线感应延伸到下一引导线，如图 3-217（b）所示。

◇　到下一尖角：只将引导线感应延伸到下一尖角，如图 3-217（c）所示。

◇　到下一边线：只将引导线感应延伸到下一边线，如图 3-217（d）所示。

◇　整体：将引导线影响力延伸到整个放样，如图 3-217（e）所示。

②　引导线：选择引导线来控制放样。

③　■上移和■下移：用于调整引导线的顺序。

④　引导线相切类型：用于控制放样与引导线相遇处的相切方式。

3．使用中心线放样

中心线放样是指使用中心线来引导放样形状，如图 3-218 所示。所有中间截面的草图基准面都与此中心线垂直。中心线可以是草图曲线、边线或曲线。中心线可与引导线同时存在。

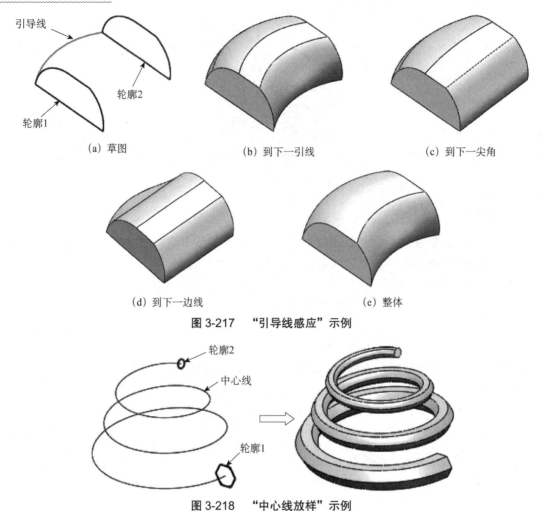

（a）草图　　　　　　　　（b）到下一引线　　　　　　　　（c）到下一尖角

（d）到下一边线　　　　　　　　（e）整体

图 3-217　"引导线感应"示例

图 3-218　"中心线放样"示例

（1）"中心线引导放样"操作步骤

步骤 1　单击"特征"工具栏上的"放样凸台/基体"按钮 ，或选择菜单"插入"→"凸台/基体"→"放样"命令。

步骤 2　在图形区分别选择两个或多个轮廓草图。

步骤 3　单击"引导线"选择框，在图形区选择一条或多条引导线。

步骤 4　单击"中心线"选择框，在图形区选择一条中心线。

步骤 5　在属性管理器（Property Manager）中设定选项。

步骤 6　单击"确定"按钮 ，完成中心线放样创建。

（2）"中心线"选项组说明

◇　 中心线：使用中心线引导放样形状，可在图形区域中选择一草图。

◇　截面数：在轮廓之间并绕中心线添加截面，可移动滑杆来调整截面数。

◇　 显示截面：显示放样截面。单击列表框右侧箭头按钮 来显示截面，也可输入截面编号，然后单击"显示截面"按钮 以跳到该截面。

二、螺旋线/涡状线

从一绘制的圆添加一螺旋线/涡状线，此螺旋线/涡状线可以被当成一条路径或引导曲线用于扫描的特征，或作为放样特征的引导曲线。

1．"螺旋线/涡状线"操作步骤

步骤1　在零件中进行以下操作之一：

◇　打开一个草图并绘制一个圆。

◇　选择包含一个圆的草图。

图 3-219　"螺旋线/涡状线"
属性管理器

此圆的直径用于控制螺旋线或涡状线的开始直径。

步骤2　单击"曲线"工具栏中的"螺旋线/涡状线"按钮，或者选择菜单"插入"→"曲线"→"螺旋线/涡状线"命令，弹出"螺旋线/涡状线"属性管理器，如图 3-219 所示。

步骤3　在"螺旋线/涡状线"属性管理器（Property Manager）中设定数值。

步骤4　单击"确定"按钮，完成螺旋线/涡状线的创建。

2．"螺旋线/涡状线"选项说明

（1）定义方式

用于指定曲线类型（螺旋线或涡状线）及使用哪些参数来定义曲线。

◇　螺距和圈数：生成由螺距和圈数所定义的螺旋线。

◇　高度和圈数：生成由高度和圈数所定义的螺旋线。

◇　高度和螺距：生成由高度和螺距所定义的螺旋线。

◇　涡状线：生成由螺距和圈数所定义的涡状线，如图 3-220 所示。

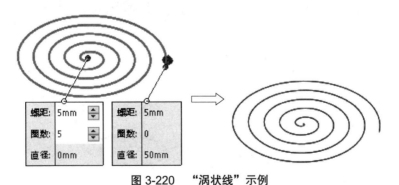

图 3-220　"涡状线"示例

（2）参数

用于设定曲线参数，在定义方式下所做的选择决定哪些参数可供使用。螺旋线/涡状线参数示例如图 3-221 所示。

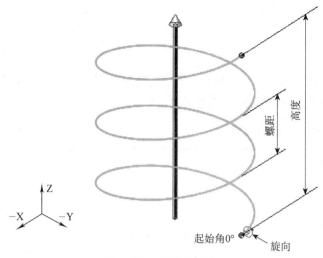

图 3-221　螺旋线参数

❖ 恒定螺距：仅限螺旋线，生成带恒定螺距的螺旋线。

❖ 可变螺距：仅限螺旋线，根据用户在区域参数表中指定的参数生成变化螺距的螺旋线。

区域参数(G):			
	螺距	圈数	高度	直径
1	54mm	0	0mm	92.0435
2	54mm	1	54mm	92.0435
3				92.0435

图 3-222　"区域参数"示例

❖ 区域参数：仅限可变螺距螺旋线，为螺旋线上的区域设定旋转数（圈数）、高度、直径及螺距，如图 3-222 所示。处于非活动状态或只作为信息的参数时以灰色显示。

❖ 高度：仅限螺旋线，用于设定高度。

❖ 圈数：用于设定旋转数。

❖ 起始角度：用于设定在绘制的圆上在什么地方开始旋转，以"-Y"轴方向为零角度位置，逆时针方向度量。

❖ 顺时针：用于设定旋转方向为顺时针。

❖ 逆时针：用于设定旋转方向为逆时针。

（3）锥形螺纹线

用于生成锥形螺纹线，如图 3-223 所示，仅可用于恒定螺距螺旋线。

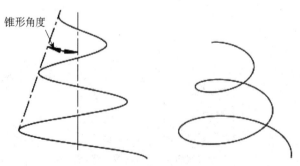

图 3-223　锥形螺纹线

❖ 锥形角度：用于设定锥形角度。

❖ 锥度外张：将螺纹线锥度外张，如图 3-224 所示。

图 3-224　锥度外张

三、扫描

扫描可通过沿着一条路径移动轮廓或通过指定路径和直径来生成基体、凸台、切除或曲面。

1．"扫描"操作步骤

步骤 1　单击"扫描"按钮 或选择菜单"插入"→"凸台/基体"→"扫描"命令，弹出
"扫描"属性管理器，如图 3-225 所示。

图 3-225　"扫描"属性管理器

步骤 2　在图形区域中选择一个草图作为" 轮廓"，"圆形轮廓"则无须该操作。

步骤 3　在图形区域中选择一个草图作为" 路径"。

步骤 4　单击"引导线"选择框，在图形区域中选择一个草图作为引导线。该选项为可选
项，仅用于"草图轮廓"。

步骤 5　设定属性管理器（Property Manager）中的其他选项。

步骤 6　单击"确定"按钮 ，完成扫描特征的创建。

2．"扫描"选项说明

（1）轮廓和路径

◇　草图轮廓：通过沿 2D 或 3D 草图路径移动 2D 轮廓来创建扫描。

◆ 圆形轮廓：通过选择路径并指定直径来创建实体杆或圆管。

◆ 实体轮廓：仅用于扫描切除，使用工具实体和路径生成切除扫描，必须在多实体环境下方可使用。路径必须光顺，并从工具实体轮廓上或内部的点开始。

◆ 🔗轮廓：设定用来生成扫描的轮廓（截面）。在图形区域中或在特征管理器（Feature Manager）设计树中选取轮廓。基体或凸台扫描特征的轮廓应为闭环。曲面扫描特征的轮廓可为开环或闭环。

◆ 🔗路径：用于设定轮廓扫描的路径。在图形区域中或在特征管理器（Feature Manager）设计树中选取路径。路径可以是开环或闭合的，也可以是包含在草图中的一组绘制的曲线、一条曲线或一组模型边线。

◆ 🔗直径：用于设定管道直径，仅对圆形轮廓有用。

当路径跨于草图轮廓两端时，提供以下控件。

◆ 🔗方向一：为轮廓左侧的路径段创建扫掠特征，如图 3-226（a）所示。

◆ 🔗双向：指从草图轮廓创建在路径的两个方向延伸的扫掠，如图 3-226（b）所示。但是，对于双向扫掠，不能使用引导线或设置起始处和结束处相切。

◆ 🔗方向二：为轮廓右侧的路径段创建扫掠特征，如图 3-226（c）所示。

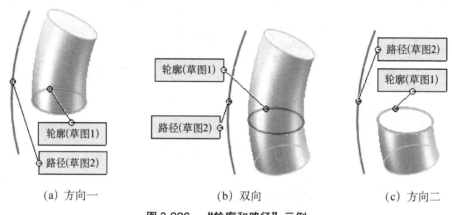

(a) 方向一　　　　　　　(b) 双向　　　　　　　(c) 方向二

图 3-226　"轮廓和路径" 示例

（2）引导线

轮廓截面（大小）在扫描的过程中变化时，须使用带引导线的方式创建扫描特征，引导线可以控制截面外形大小，扫描特征的长度由路径和引导线中较短者决定，如图 3-227 所示。

注意：引导线和路径不能在同一草图内；引导线必须与轮廓或轮廓草图中的点重合。

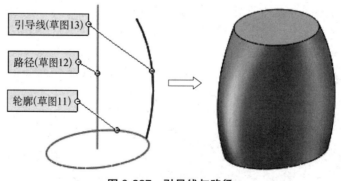

图 3-227　引导线与路径

◇ ⟳引导线：在轮廓沿路径扫描时加以引导，在图形区域选择引导线。

◇ 合并平滑的面：清除选择该选项，在引导线或路径不是曲率连续的所有点处分割扫描。选择该选项，会在不连续处做平滑处理，并合并成一个面。图 3-228 为不选择与选择该选项的结果对比。

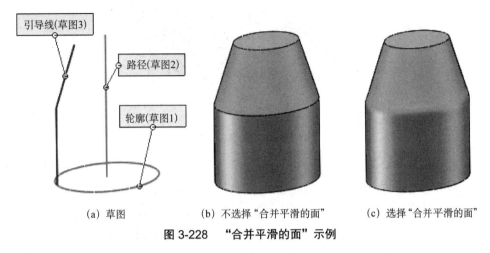

(a) 草图　　　(b) 不选择"合并平滑的面"　　　(c) 选择"合并平滑的面"

图 3-228　"合并平滑的面"示例

◇ ◉显示截面：显示扫描的截面，可以单击列表框右侧箭头按钮⬍来显示截面。

（3）选项

① 轮廓方位。控制轮廓在沿路径扫描时的方向，选项有以下两个。

◇ 随路径变化：截面随路径切向的变化而变化，但两者之间的夹角保持不变，如图 3-229 所示。

◇ 保持法向不变：截面始终保持轮廓平面的法向不变，即截面时刻与开始截面平行，如图 3-230 所示。

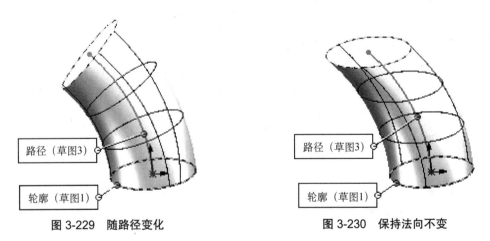

图 3-229　随路径变化　　　　　**图 3-230　保持法向不变**

② 轮廓扭转。沿路径应用扭转，选项有以下几个。

◇ 无：垂直于轮廓而对齐轮廓，不进行纠正，此选项仅限于 2D 路径。

◇ 随路径和第一引导线变化：用于选择随路径和第一条引导线变化，中间截面的扭转由路径到第一条引导线的向量决定。在所有中间截面的草图基准面中，该向量与水平方向之间的角度保持不变，如图 3-231 所示。

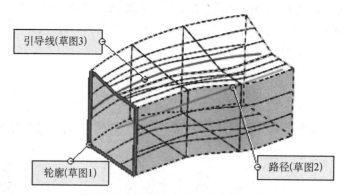

图 3-231　随路径和第一引导线变化

◇ 随第一和第二引导线变化：用于选择随第一条和第二条引导线变化。在所有中间截面的草图基准面中，该向量与水平方向之间的角度保持不变，如图 3-232 所示。

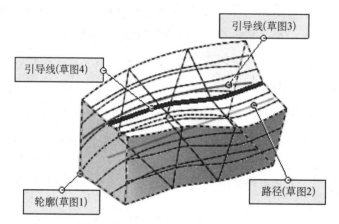

图 3-232　随第一和第二引导线变化

做高级扫描时要注意以下几点：

◇ 轮廓草图与引导线和路径之间要添加"穿透"几何关系。

◇ 草图轮廓不能"完全定义"，引导线的作用就是让轮廓随着它运动，一旦轮廓被完全定义，那两者之间就会发生关系冲突。

（4）起始处和结束处相切

◇ 无：不应用相切。

◇ 路径相切：应用路径开始点/结束点处的切向的相切约束而生成扫描，即路径开始点/结束点处的切向与生成的轮廓开始/结束位置的切向一致。

四、包覆

"包覆"特征可将草图包覆到平面或曲面上，如图 3-233 所示，不能从交叉或开环轮廓生成包覆特征。要包覆的草图可以包含多个闭合轮廓，也可以将包覆特征投影至多个面上。

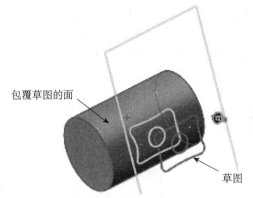

包覆草图的面

草图

图 3-233　"包覆"示例

1．"包覆"操作步骤

步骤 1　在图形区或特征管理器（Feature Manager）设计树中选取想包覆的草图。

步骤 2　单击"包覆"按钮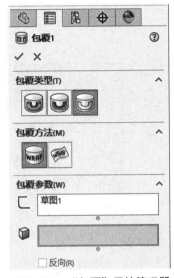，或选择菜单"插入"→"特征"→"包覆"命令，弹出"包覆"属性管理器，如图 3-234 所示。

步骤 3　定义包覆类型。

步骤 4　选择一种包覆方法。

步骤 5　在图形区选择包覆草图的面。

步骤 6　定义厚度或深度，仅对浮雕或蚀雕有用。

步骤 7　定义拔模方向（可选项），仅对浮雕或蚀雕有用。

步骤 8　单击"确定"按钮✔，完成包覆创建。

图 3-234　"包覆"属性管理器

2．"包覆"选项说明

（1）"包覆类型"选项组

◇　浮雕：在面上生成一凸起特征，如图 3-235（a）所示。

◇　蚀雕：在面上生成一缩进特征，如图 3-235（b）所示。

◇　刻划：在面上生成一草图轮廓的压印（无厚度），如图 3-235（c）所示。

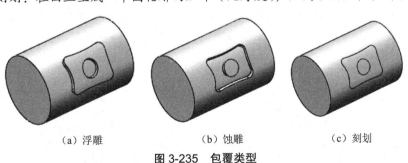

（a）浮雕　　　　　　　　（b）蚀雕　　　　　　　　（c）刻划

图 3-235　包覆类型

（2）"包覆方法"选项组

◇　分析：在圆柱、圆锥或实体的表面上包覆草图，只能在一个面上生成。该包覆方法是将草图先投影到与圆柱或圆锥表面相切的平面上，从切线位置开始向两侧缠绕到圆柱或圆锥的表面，如图 3-236 所示。

◇ 🖼️样条曲面：在任何面类型上包覆草图。该包覆方法是以草图的中心在圆柱或圆锥面上的投影点作为缠绕后的中心生成包覆，如图 3-237 所示。当草图的中心在圆柱或圆锥面上的投影超出圆柱或圆锥面范围时则无法生成。

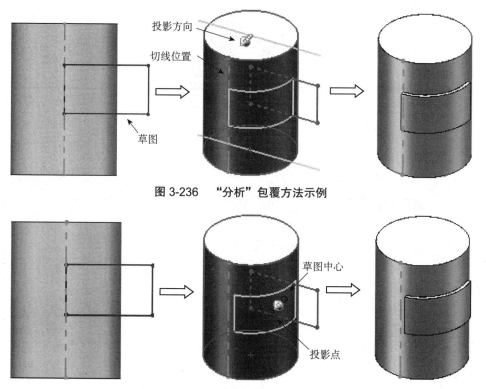

图 3-236　"分析"包覆方法示例

图 3-237　"样条曲面"包覆方法示例

（3）包覆参数

◇ 🧊包覆草图的面：包覆特征附着面。

◇ 🔧厚度：定义凸起或内凹的厚度。

◇ 反向：投影反向生成包覆。

（4）拔模方向

用于定义拔模方向。如果不定义拔模方向，包覆特征沿包覆草图的面的法向生成等厚的凸起或内凹，如图 3-238（a）所示。定义拔模方向后，包覆特征沿拔模方向生成等厚的凸起或内凹，如图 3-238（b）所示。

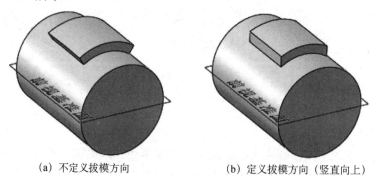

（a）不定义拔模方向　　　　（b）定义拔模方向（竖直向上）

图 3-238　拔模方向

五、材质

用户可以给零件添加材质，以便观察逼真的三维渲染效果以及计算零件的质量等。下面主要介绍如何给零件添加材质。

添加材质操作步骤如下：

步骤 1　在零件文件中，右击特征管理器（Feature Manager）设计树中的 材质 <未指定>。

步骤 2　在弹出的快捷菜单中选择"编辑材料"命令，弹出"材料"对话框，如图 3-239 所示。

步骤 3　在材料树中通过单击三角箭头展开选取一种材质。

步骤 4　单击 应用(A) 按钮，然后单击 关闭(C) 按钮。

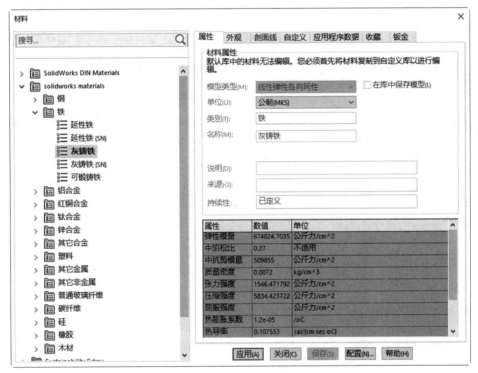

图 3-239　"材料"对话框

想要移除材料则可在零件文件中，右击特征管理器（Feature Manager）设计树中的材料 ，并在快捷菜单中选择"移除材料"命令。

六、参考几何体——坐标系

SolidWorks 软件创建三维实体模型，基本不需要额外添加新坐标系，所有的特征定位均可采用相对位置的尺寸参数标注法。但当需要标注坐标原点以供其他系统使用或方便 CAD 模型创建时，也可在三维实体模型中加入基准坐标系。

1. 坐标系的主要用途

坐标系通常可以与测量和质量属性工具配合使用，主要用途有以下几个方面。

◇ CAD 数据输入与输出：IGES、FEA、STL 等数据的输入和输出都需要设定坐标系。

◇ 制造：要使用制造模块做 NC 加工程序时，需要坐标系作为参考。

◇ 质量特性的计算：在测量、计算转动惯量、重心等时需要设定坐标系。

◇ 阵列：可用作生成阵列的基准。

◇ 装配：在装配环境中进行零件装配时，也可利用坐标系。

2．创建坐标系

图 3-240　"坐标系"属性管理器

步骤1　单击"参考几何体"工具栏中的"坐标系"按钮⚒，或选择菜单"插入"→"参考几何体"→"坐标系"命令，弹出"坐标系"属性管理器，如图 3-240 所示。

步骤2　在图形区选择一点作为原点，并定义 X 轴、Y 轴、Z 轴中任意两个方向参考。

步骤3　单击"确定"按钮✓，完成坐标系的创建。

3．"坐标系"选项说明

坐标系可根据右手定则判定：将右手背对着屏幕放置，拇指指向 X 轴的正方向。伸出食指和中指，如图 3-241 所示，食指指向 Y 轴的正方向，中指所指示的方向即 Z 轴的正方向。要确定轴的正旋转方向，可用右手的大拇指指向轴的正方向，其余四指弯曲方向即为轴的正旋转方向。

SolidWorks 中由右手定则确定的坐标系如图 3-242 所示。

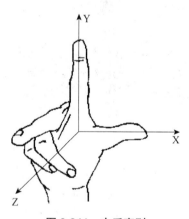

图 3-241　右手定则

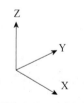

图 3-242　坐标系

◇ ⚒原点：用于定义坐标系原点，可选择顶点、中点等。

◇ 用数值定义位置：输入 X、Y 和 Z 值以指定位置。这些值定义了相对于局部原点的位置，而不是全局原点 $(0, 0, 0)$。

◇ X 轴/Y 轴/Z 轴方向参考：用于定义 X 轴/Y 轴/Z 轴，可选择线性边线或草图直线，则轴与所选边线或直线平行，也可以选择面，则轴向为所选面的法向。

◇ 用数值定义旋转：输入 X、Y 和 Z 值以指定旋转。输入至少一个轴的数值。

七、质量属性

零件设计完成后为了核算成本，需要计算质量，为了预测零件的稳定性需要计算零件的重心位置，运动件需要计算其转动惯量等。SolidWorks 应用程序根据模型几何体和材料属性便可计算质量、重心、体积等属性。

1. 查看质量属性

步骤 1　选取要估算的项目（零部件或实体）。如果没有选择零部件或实体，则会报告整个装配体或零件的质量属性。

步骤 2　单击"工具"工具栏中的"质量属性"按钮 ，或选择菜单"工具"→"评估"→"质量属性"命令，弹出"质量属性"属性管理器，如图 3-243 所示。已计算的质量属性显示于对话框中。在图形区域中，单色三重轴指示了模型的主轴和质量中心。

步骤 3　根据需要可执行下列操作：

◇　在对话框中设置选项，然后单击 重算(R) 按钮。

◇　单击 选项(O)... 按钮，弹出"质量/剖面属性选项"对话框，修改相应选项，然后单击"确定"按钮。

◇　单击 覆盖质量属性... 按钮，弹出"覆盖质量属性"对话框，修改相应值，然后单击"确定"按钮，结果将相应更新。

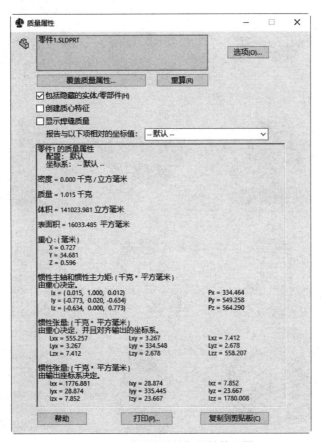

图 3-243　"质量属性"属性管理器

2."质量属性"选项说明

✧ 选项：打开一个对话框以供设置选项，以显示使用不同测量单位计算的结果。

✧ 覆盖质量属性：打开一个对话框以设置覆盖质量、质量中心和惯性张量的值。

✧ 创建质心特征：将质量中心特征添加到模型中。

墨水瓶三维建模
操作视频

一、模型分析

墨水瓶是一个薄壁零件，大体可分为瓶身和瓶颈两个部分。瓶身的不同位置截面形状不同，因而可以使用"放样"命令创建。为了使墨水瓶放置平稳，在其底部制作一凹槽，可通过拉伸切除的方法创建。瓶颈是一圆柱体形状，其上有螺纹，可以先生成螺旋线，再使用"扫描"命令创建。为了增加瓶子的美观，在瓶身和瓶颈的连接处有一弧形过渡，可以采用旋转切除的方法创建。墨水瓶建模过程如图 3-244 所示。

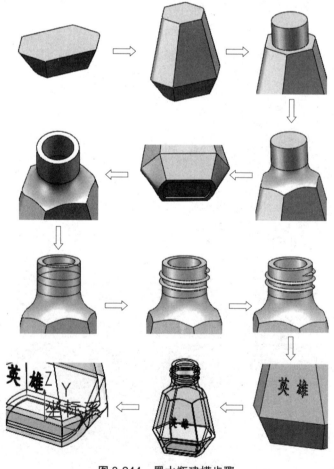

图 3-244　墨水瓶建模步骤

二、建模步骤

1. 新建文档

启动 SolidWorks 2024，新建文档，进入"零件"模块，单击"保存"按钮📖，在弹出的对话框中，设置保存路径为"D:\solidworks\项目三"，文件名为"墨水瓶"，单击 保存(S) 按钮。

2. 创建瓶身部分

（1）创建基准平面

单击"参考几何体"工具栏中的"基准面"按钮📗，"第一参考"选择"上视基准面"。单击"偏移距离"按钮📲，在其右侧文本框中输入 8，单击"确定"按钮✔，完成基准面 1 的创建。同样方法完成基准面 2 的创建，偏移距离为 34，结果如图 3-245 所示。

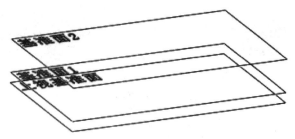

图 3-245 基准面 1、2

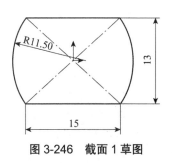

图 3-246 截面 1 草图

（2）绘制截面

以"上视基准面"作为草图平面，先用"中心矩形"命令，以坐标原点为中心，绘制矩形。用"剪裁实体"命令修剪左右两条竖直线，再用"3 点圆弧"命令绘制左右两条圆弧。添加两圆弧圆心和坐标原点"水平"几何约束关系、两圆弧"相等"几何约束关系。按图纸要求标注尺寸，完成截面 1 草图的绘制，如图 3-246 所示。单击"退出草图"按钮⮌，退出草图环境。

以"基准面 1"作为草图平面，绘制如图 3-247 所示草图，利用"镜像实体"命令将两实线相对于水平中心线镜像复制，倒圆角 R3，再将所有实线左右镜像复制。按图纸要求标注尺寸，完成截面 2 草图的绘制，如图 3-248 所示。单击"退出草图"按钮⮌，退出草图环境。

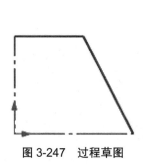

图 3-247 过程草图

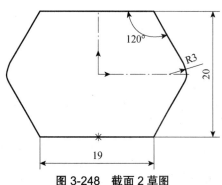

图 3-248 截面 2 草图

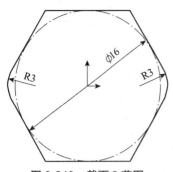

图 3-249　截面 3 草图

以"基准面 2"作为草图平面，利用"多边形"命令绘制中心通过坐标原点的任意六边形，添加其中任一条边"水平"几何约束关系，标注内切圆直径φ16，左右两边倒圆角 R3，完成截面 3 草图的绘制，如图 3-249 所示。单击"退出草图"按钮⤶，退出草图环境。

（3）放样

单击"放样凸台/基体"按钮🔔，在图形区分别选择截面 1 和截面 2 作为轮廓，注意它们的对齐关系，其他选项默认，单击"确定"按钮✓，完成放样特征 1 的创建，如图 3-250 所示。

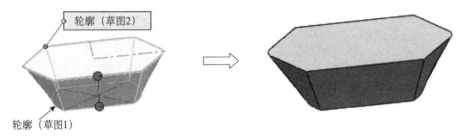

图 3-250　放样特征 1

使截面 2 草图显示，再次执行"放样凸台/基体"命令，以截面 2 和截面 3 作为轮廓，完成放样特征 2 的创建，如图 3-251 所示。

注意： 为了保证对齐关系，在放样前需将截面 3 草图的一条水平边从中点处分割。

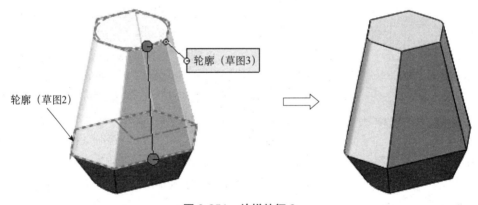

图 3-251　放样特征 2

3．创建瓶颈部分

（1）绘制截面

以放样特征 2 的上表面作为草图平面，以草图原点为圆心绘制圆，标注直径φ12，完成截面 4 草图的绘制，如图 3-252 所示。单击"退出草图"按钮⤶，退出草图环境。

（2）拉伸体

利用"拉伸"命令将截面 4 向上拉伸高度 8，完成瓶颈的创建，如图 3-253 所示。

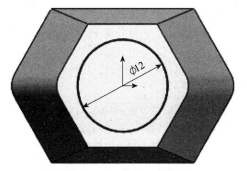

图 3-252 截面 4 草图

图 3-253 瓶颈

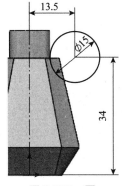

图 3-254 圆

4. 创建瓶身与瓶颈过渡部分

为了增加墨水瓶的美观度，瓶身与瓶颈连接处需做成弧形。

（1）绘制截面

以"前视基准面"作为草图平面，绘制一圆并按如图 3-254 所示标注尺寸，完成截面 5 草图的绘制。另外，为便于后续的旋转操作，做一条过坐标原点的竖直中心线。单击"退出草图"按钮⏎，退出草图环境。

（2）旋转切除

单击"旋转切除"按钮⏎，选择 φ15 圆作为轮廓，单击"确定"按钮✔，完成旋转切除，如图 3-255 所示。

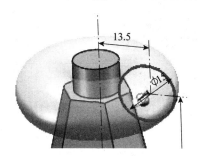

图 3-255 旋转切除

5. 抽壳

由于墨水瓶是中空的，所以可以利用"抽壳"命令，选择瓶颈的顶面作为移除的面，设置"厚度"为 1.5，完成整体抽壳，如图 3-256 所示。

6. 瓶底凹槽创建

单击"拉伸切除"按钮▣，选择"上视基准面"作为草图平面，将瓶底边线向内等距配置 1.5，得到截面 6 草图，如图 3-257 所示。单击"退出草图"按钮⏎，在"切除-拉伸"属性管理器中定义"终止条件"为"给定深度"，输入"深度"为 0.5，单击"拔模开/关"按钮▣，输入"拔模深度"为 20°，单击"确定"按钮✔，完成凹槽的创建，如图 3-258 所示。

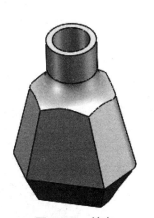

图 3-256 抽壳

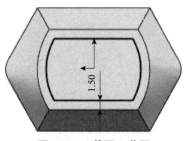

图 3-257　截面 6 草图

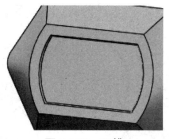

图 3-258　凹槽

7.瓶颈螺纹创建

（1）创建螺旋线

单击"参考几何体"工具栏中的"基准面"按钮▣，"第一参考"选择"上视基准面"，单击"偏移距离"按钮◈，在其右侧文本框中输入 36，单击"确定"按钮✓，完成基准面 3 的创建，结果如图 3-259 所示。

单击"曲线"工具栏中的"螺旋线/涡状线"按钮▨，选择基准面 3 作为草图绘制平面，将瓶颈顶部的圆边线转换为草图实体，如图 3-260 所示。单击"退出草图"按钮↳，回到"螺旋线/涡状线"属性管理器，选择"定义方式"为"螺距和圈数"，设置螺距 2、圈数 2、起始角度 90°，其他参数默认，单击"确定"按钮✓，完成螺旋线的创建，结果如图 3-261 所示。

图 3-259　基准面 3

图 3-260　螺旋线横断面

图 3-261　螺旋线

（2）创建截面

以"前视基准面"作为草图平面，用"直线"命令绘制三角形，其中一条边为竖直线。添加竖直线的中点与螺旋线"穿透"几何约束关系、其他两斜线"相等"几何约束关系。标注两斜线夹角 60°、高度 0.8，完成截面 7 草图的绘制，如图 3-262 所示。单击"退出草图"按钮↳，退出草图环境。

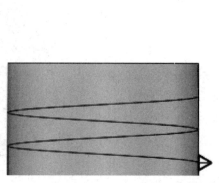

图 3-262　截面 7 草图

（3）扫描

单击"扫描"按钮 🖋 ，选择截面7草图作为轮廓，螺旋线作为路径，设置"轮廓方位"为"随路径变化"，"轮廓扭转"为"自然"，单击"确定"按钮 ✓ ，完成扫描1创建，如图3-263所示。

8．螺纹收尾创建

（1）创建螺旋线切线

单击"草图"工具栏中的"3D草图"按钮 🔟 ，再单击"转换实体引用"按钮 🔘 。选择螺旋线，单击"确定"按钮 ✓ ，执行"直线"命令，以转换的螺旋线的端点作为起点任意画一条直线，添加该直线和转换螺旋线之间"相切"几何约束关系。采用相同方法做出另一端的切线，结果如图3-264所示。单击"退出草图"按钮 ↩ ，退出草图环境。

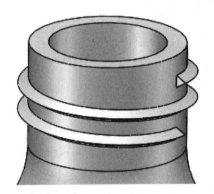

图 3-263　扫描 1

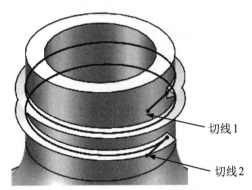

图 3-264　切线

（2）创建基准面

单击"参考几何体"工具栏中的"基准面"按钮 📐 ，"第一参考"选择图3-264中的切线1，"第二参考"选择三角形顶点，"约束"均勾选" ∕ 重合"，单击"确定"按钮 ✓ ，完成基准面4的创建。同样方法完成基准面5的创建，结果如图3-265所示。

（3）创建圆弧

以基准面4为草图平面，用"3点圆弧"命令过螺旋线端点绘制圆弧，添加圆弧与切线"相切"几何约束关系，标注圆弧半径3。同样方法在基准面5上绘制一段与螺旋线相切的圆弧，结果如图3-266所示。注意圆弧的终点位置要合适，可以在后面的步骤完成后再编辑。

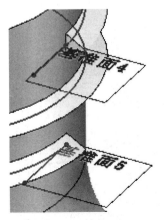

图 3-265　基准面 4、5

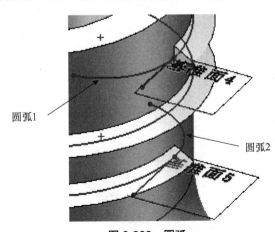

图 3-266　圆弧

（4）扫描

单击"扫描"按钮🖋，在图形区选择三角形平面作为轮廓，图 3-266 中的圆弧 1 作为路径，设置"轮廓方位"为"随路径变化"，"起始处相切类型"为"路径相切"，其他选项默认，单击"确定"按钮✅，完成扫描特征 2 的创建，如图 3-267 所示。采用类似方法，完成另一端扫描特征 3 的创建，如图 3-268 所示。

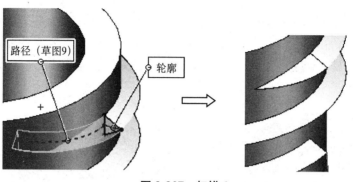

图 3-267　扫描 2

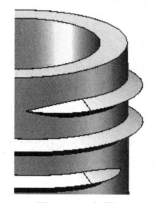

图 3-268　扫描 3

9．文字浮雕创建

单击"特征"工具栏中的"包覆"按钮🖼，选择瓶身的前表面，利用"文字"命令，绘制"英雄"两字，单击"确定"按钮✅。将文字拖动到合适位置后，再单击"退出草图"按钮↩，回到"包覆"属性管理器。选择"浮雕"类型，再次选择瓶身的前表面作为包覆草图的面，输入"厚度"为 0.25，单击"确定"按钮✅，完成文字浮雕创建，如图 3-269 所示。

10．添加材质

将鼠标指针移至特征管理器（Feature Manager）设计树中的 ⚙️材质 <未指定> 处单击右键，在快捷菜单中选择"编辑材料"命令，在弹出的"材料"对话框中依次展开"SolidWorks Materials"→"其他非金属"，选择"玻璃"选项，单击 应用(A) 按钮，然后单击"关闭"按钮，结果如图 3-270 所示。

图 3-269　文字浮雕

图 3-270　添加材质渲染

11．创建坐标系

单击"参考几何体"工具栏中的"点"按钮 ⬝ ，激活"⬛面中心"，选择瓶底表面，完成参考点的创建，如图 3-271 所示。

单击"参考几何体"工具栏中的"坐标系"按钮 ↙ ，选择"点 1"作为原点，X 轴方向参考选择瓶底水平边线，Z 轴方向可参考选择瓶口上表面，单击"确定"按钮 ✓ ，完成新坐标系的创建，如图 3-272 所示。

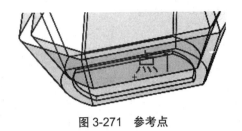

图 3-271　参考点

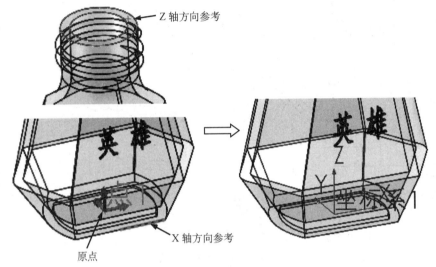

图 3-272　新坐标系

12．查看质量属性

单击"工具"工具栏中的"质量属性"按钮 ⬚ ，在"质量属性"属性管理器的"报告与以下项相对的坐标值"下拉列表框中选择"坐标系 1"，可以查看墨水瓶的质量、体积、质心坐标以及惯性力矩等。

13．保存零件

单击"保存"按钮 💾 ，保存文件，完成建模。

小结

　　本模块着重介绍了螺旋线/涡状线的创建，放样、扫描、包覆特征的使用方法以及新坐标系的定义、零件材质的添加和质量属性的评估等内容。要学会判断放样和扫描各自在什么情况下使用，熟悉路径、引导线、中心线等选项的含义、作用与区别。由于模型较复杂，要能熟练利用压缩、特征编辑、特征排序等方法解决建模中遇到的实际问题。

练习

1. 根据图 3-273 所示零件图进行三维建模。

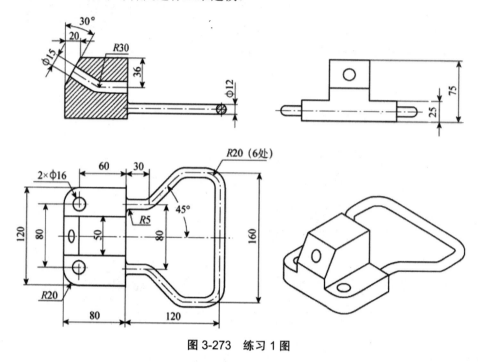

图 3-273　练习 1 图

2. 根据图 3-274 所示零件图进行三维建模。

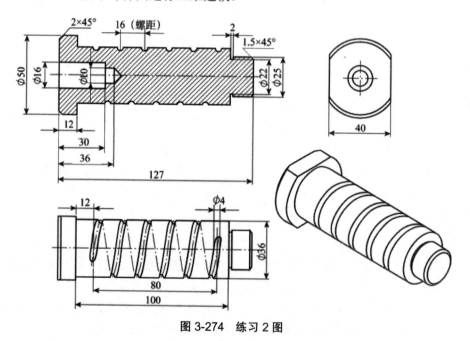

图 3-274　练习 2 图

3. 根据图 3-275 所示零件图进行三维建模。

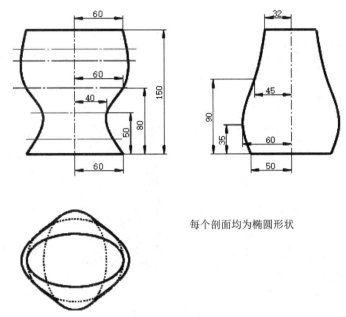

每个剖面均为椭圆形状

图 3-275　练习 3 图

4. 根据图 3-276 所示零件图进行三维建模。

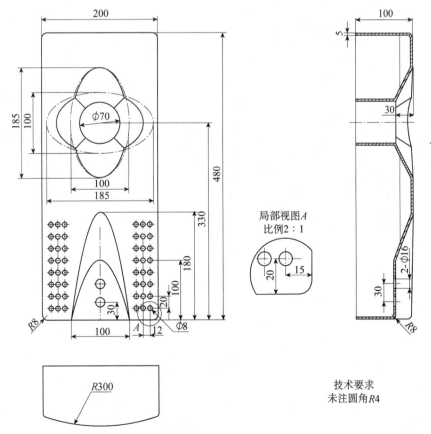

局部视图 A
比例 2：1

技术要求
未注圆角 R4

图 3-276　练习 4 图

5. 根据图 3-277 所示零件图进行三维建模。

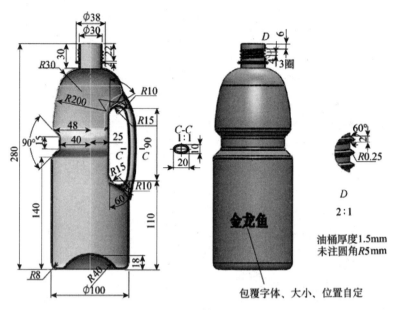

图 3-277　练习 5 图

6. 参照图 3-278 构建模型，注意原点位置和模型朝向。设定材料为普通碳钢，密度为 0.0078g/mm³。计算模型的重心位置和质量。

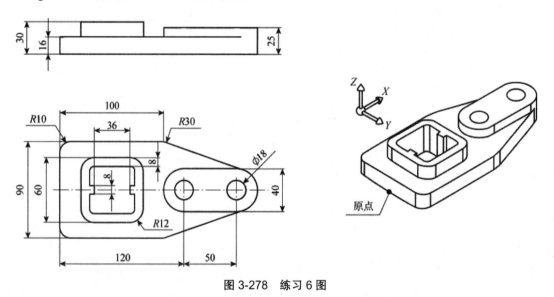

图 3-278　练习 6 图

项目四　钣金件三维建模

钣金件就是利用钣金工艺加工出来的产品，其显著的特征就是同一零件厚度一致。钣金零件通常用作零部件的外壳，或用于支撑其他零部件。随着钣金的应用越来越广泛，钣金件的设计变成了产品开发过程中很重要的一环，机械工程师必须熟练掌握钣金件的设计技巧。

学习目标

1. 掌握各种法兰工具的使用：基本法兰/薄片、边线法兰、斜接法兰
2. 掌握"褶边"工具的使用
3. 掌握常用折弯工具的使用：转折、绘制的折弯
4. 掌握"拉伸切除"命令的使用
5. 掌握"展开/折叠"命令的使用
6. 掌握"通风口"命令的使用
7. 掌握"平板型式"命令的使用
8. 掌握其他细节特征的创建

工作任务

读懂如图 4-1 所示后盖钣金零件图纸，建立正确的建模思路，利用 SolidWorks 2024 中的钣金功能，在基体法兰的基础上合理利用常用钣金特征工具如边线法兰、斜接法兰、转折、绘制的折弯、拉伸切除、褶边、断裂边角等相关命令完成后盖钣金件的三维模型创建。

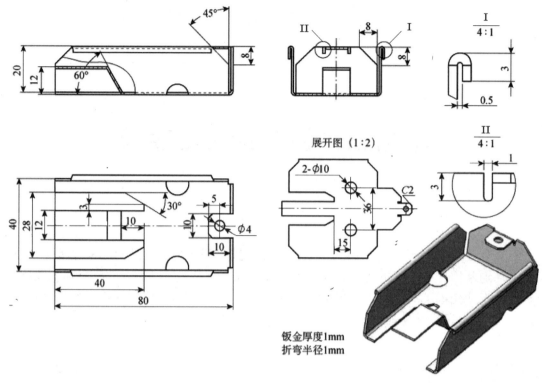

图 4-1　后盖钣金零件图

相关知识点链接

一、基体法兰/薄片

　　"基体法兰"用来为钣金零件创建基体特征，是钣金零件设计中第一个加入的特征。它与拉伸特征相似，通过指定厚度和折弯半径对草图进行拉伸来完成。用于基体法兰的草图轮廓可以是开环的，也可以是闭环的（单一或多重），如图 4-2 所示。闭环轮廓创建的称为薄片。

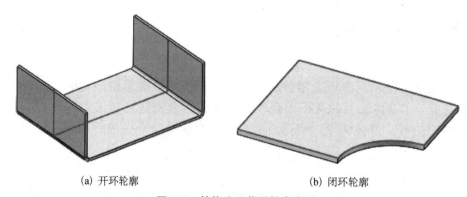

(a) 开环轮廓　　　　　　　　　　　　(b) 闭环轮廓

图 4-2　基体法兰草图轮廓类型

1.“基体法兰/薄片”操作步骤

步骤 1　生成基体法兰/薄片草图轮廓。

步骤 2　单击“钣金”工具栏中的“基体法兰/薄片”按钮，或选择菜单“插入”→“钣金”→“基体法兰”命令，选择草图轮廓，弹出“基体法兰”属性管理器，如图 4-3 所示。

（a）开环轮廓

（b）闭环轮廓

图 4-3　“基体法兰”属性管理器

步骤 3　如果是开环轮廓，在“方向 1（1）”和“方向 2（2）”下，为“终止条件”和“深度”设定参数。闭环轮廓可省去该步骤。

步骤 4　在“钣金规格”下，勾选“使用规格表”复选框并选择一个规格表。该步骤为可选项。

步骤 5　在“钣金参数”下设定“厚度”和“折弯半径”。

步骤 6　在“折弯系数”下选择一折弯系数类型并设定相关参数。

步骤 7　单击“确定”按钮，完成基体法兰的创建。

2.“基体法兰”选项说明

（1）来自材料的钣金参数

当用户将自定义材料分配给钣金零件时，可以将钣金参数链接到材料。此选项使用附加到选定材料的钣金参数。

（2）方向 1（1）/方向 2（2）

开环轮廓的拉伸方向，如图 4-4 所示，当草图轮廓为闭环时无此选项。它的用法与拉伸类似，不再赘述。

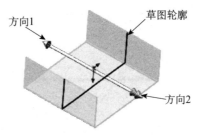

图 4-4　"方向 1/方向 2"示例

（3）钣金规格

"钣金规格"用于存储指定材料的属性，如规格厚度、允许的折弯半径、K 因子等参数，可以使用钣金规格表指定整个零件的值即默认值。用户可以定制自己的钣金规格表，使用时直接选取即可，省去后续设计中重复设置参数。钣金规格表是 Excel 格式的文件，保存位置为 X（"X"为 SolidWorks 软件安装盘符）:\Program Files\SOLIDWORKS Corp\SOLIDWORKS\lang\chinese-simplified\Sheet Metal Gauge Tables，具体格式可参见该目录下的示例文件。

（4）钣金参数

◇　厚度 ：用于定义钣金的厚度。

◇　折弯半径 ：用于指定自动添加折弯的半径，此值指折弯内侧半径。

（5）折弯系数

◇　折弯系数表：关于材料（如钢、铝等）具体参数的表格，其中包含利用材料厚度和折弯半径进行的一系列折弯计算。

◇　K 因子：折弯计算中的一个常数，它是内表面到中性面的距离与钣金厚度的比值。

◇　折弯系数和折弯扣除：这两个参数根据用户的经验和工厂实际情况来设定。

二、边线法兰

"边线法兰"特征可将法兰添加到钣金零件所选的边线上，可同时在多条边线上创建，如图 4-5 所示。用户可以修改折弯角度和草图轮廓。

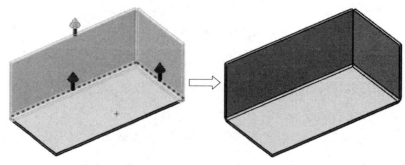

图 4-5　"边线法兰"示例

1. "边线法兰"操作步骤

步骤 1　单击"边线法兰"按钮 ，或选择菜单"插入"→"钣金"→"边线法兰"命令，弹出"边线法兰"属性管理器，如图 4-6 所示。

步骤 2　在图形区域选择要放置法兰特征的边线，拖曳鼠标单击以确定法兰方向。

步骤 3　在"法兰参数"下设置折弯半径、缝隙距离。

步骤 4　在"角度"下设定法兰角度值。

步骤 5　在"法兰长度"下设置长度终止条件、长度开始测量的位置以及长度。

步骤 6　在"法兰位置"下设置法兰折弯位置。当边线法兰与一个已有的法兰相接触时，可以选中"剪裁侧边折弯"复选框移除邻近折弯的多余材料。如果要从钣金体等距排列法兰，可勾选"等距"复选框，然后设定等距终止条件及其相应参数。

步骤 7　单击"确定"按钮 ☑，完成"边线法兰"的创建。

2. "边线法兰"选项说明

（1）法兰参数

◇　编辑法兰轮廓：用于编辑边线法兰轮廓草图，可以先拖动草图绘制实体之一来修改草图，再结合几何约束和尺寸约束来确定具体位置与大小，也可以在其上添加其他草图特征，比如绘制一个圆以在边线法兰上添加一个孔。

图 4-6　"边线法兰"属性管理器

注意：轮廓的一条草图直线必须位于生成边线法兰时所选择的边线上，该直线不必与边线相等。

◇　缝隙距离：同时选择多条边线时可用，设定相邻两边线法兰之间的间隙距离，此值指法兰内侧边线之间的距离，如图 4-7 所示。

（2）角度

◇　法兰角度：用于定义边线法兰与基体之间的夹角，起始位置为基体的延伸面，如图 4-8 所示。

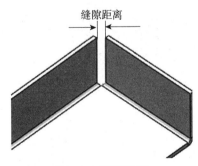

图 4-7　缝隙距离

◇　选择面：用于选取一个面为法兰角度设定平行或垂直几何关系。图 4-9 为"与面平行"示例。

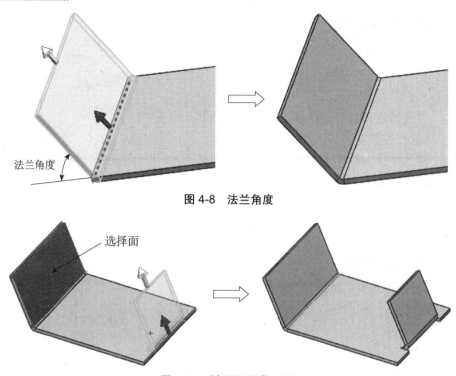

图 4-8　法兰角度

图 4-9　"与面平行"示例

（3）法兰长度

法兰长度的定义有以下几种方式。

① 给定深度：根据指定的"长度"和"方向"生成边线法兰。长度度量的起点有外部　虚拟交点、　内部虚拟交点、　双弯曲三种方式，其中"双弯曲"方式长度开始测量的位置指平行于法兰端面方向并与折弯相切的切线。

② 成形到顶点：生成成形到用户在图形区域中所选的顶点的边线，可以生成与法兰平面垂直或与基体法兰平行的边线法兰。

◇　垂直于法兰基准面：用于选定的顶点与边线法兰的端面重合，如图 4-10 所示。

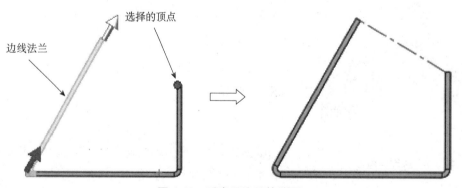

图 4-10　垂直于法兰基准面

◇　平行于基体法兰：用于选定的顶点穿过与基体法兰基准面平行的平面，如图 4-11 所示。

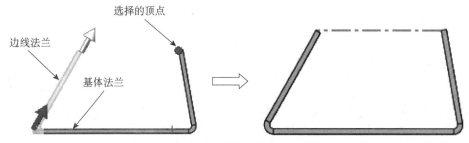

图 4-11　平行于基体法兰

③ 成形到边线并合并：在多实体零件中，将选定的边线与另一实体中的平行边线合并。在第二个实体上选取成形到参考边线。图 4-12 为"成形到边线并合并"示例。

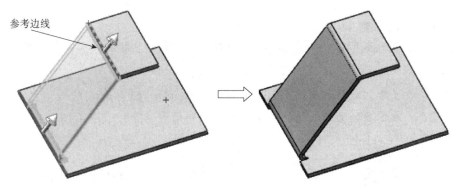

图 4-12　"成形到边线并合并"示例

（4）法兰位置

◇　法兰的位置：用于确定法兰生成的位置，有 材料在内、材料在外、折弯在外、虚拟交点的折弯、与折弯相切五种，根据图标可以理解其含义。

◇　剪裁侧边折弯：当一边线法兰折弯接触一现有折弯时，自动切除邻近的折弯。图 4-13（a）、（b）、（c）分别为边线法兰预览、勾选"剪裁侧边折弯"选项结果和不勾选"剪裁侧边折弯"选项结果。

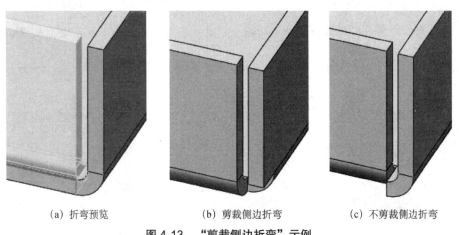

（a）折弯预览　　　　　　（b）剪裁侧边折弯　　　　　　（c）不剪裁侧边折弯

图 4-13　"剪裁侧边折弯"示例

◇　等距：表示相距基体法兰的端面一定距离处折弯，如图 4-14 所示。勾选此选项，需输入等距距离。

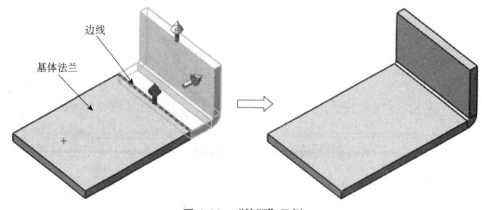

边线

基体法兰

图 4-14　"等距"示例

（5）自定义释放槽类型

一般在将厚板折弯或铝板折弯前要加工释放槽，目的是防止板材扯裂，保证折弯两头板材平整以达到外观良好的效果。常见的释放槽类型有以下三种。

◇　矩形：在需要折弯释放槽的边上创建一个矩形切除，如图 4-15 所示。

◇　矩圆形：在需要折弯释放槽的边上创建一个矩圆形切除，如图 4-16 所示。

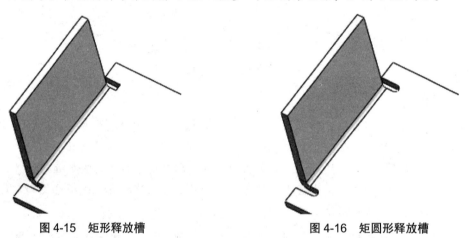

图 4-15　矩形释放槽　　　　　　　　　　图 4-16　矩圆形释放槽

◇　撕裂形：在需要折弯释放槽的边和面上创建一个撕裂口，而不是切除，如图 4-17 所示。

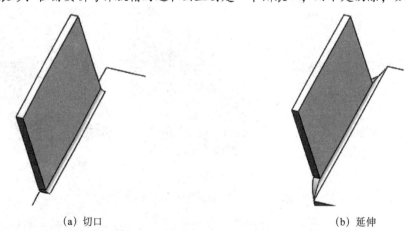

（a）切口　　　　　　　　　　　　（b）延伸

图 4-17　撕裂形释放槽

◇ 释放槽比例：矩形或矩圆形释放槽切除宽度与材料厚度之比。

◇ 固定的面或边线：在展开状态下选取的面和边将保持固定。但如果用基体法兰特征制作钣金零件，则选取的是空的。这种方法只是在几种特殊的情况下才能应用，如展开圆锥面或者圆柱面，或者把一个常规的零件转换为钣金零件。

三、斜接法兰

"斜接法兰"常被用来建立一个或多个相互连接的法兰，主要针对那些需要在边线进行一定角度连接的模型，这些法兰能够将多条线连接起来，并且会自动生成切口以便零件进行延伸。图 4-18 为"斜接法兰"示例。

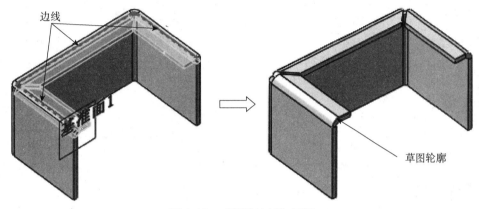

图 4-18 "斜接法兰"示例

1. "斜接法兰"操作步骤

步骤 1　单击"钣金"工具栏中的"斜接法兰"按钮，或选择菜单"插入"→"钣金"→"斜接法兰"命令。

步骤 2　选择一条边线，自动创建一个与之垂直的草图平面，在其上创建一开环草图轮廓，单击"退出草图"按钮，弹出"斜接法兰"属性管理器，如图 4-19 所示。

步骤 3　选择其他需要添加法兰的边线。

步骤 4　在"斜接参数"下设置折弯半径、法兰位置、缝隙距离等。

步骤 5　如有必要，为斜接法兰指定起始/结束等距距离。

步骤 6　单击"确定"按钮，完成"斜接法兰"的创建。

注意：斜接法兰的草图必须遵循以下条件：

◇ 草图基准面必须垂直于生成斜接法兰的第一条边线。

◇ 草图只可包括直线或圆弧。

◇ 斜接法兰轮廓必须是开环的。

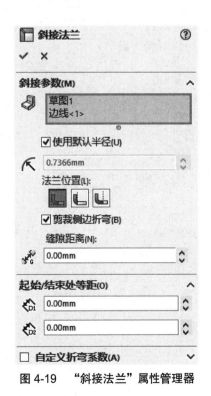

图 4-19　"斜接法兰"属性管理器

2. "斜接法兰"选项说明

◇ 缝隙距离：选择在多条边线上添加斜接法兰时有效，用于指定相邻两斜接法兰连接处的距离，如图 4-20 所示。

◇ 起始/结束处等距：如果不想在整个边线长度上生成斜接法兰，可以使用该选项，用于指定斜接法兰相距起始/结束边线上起始/结束端点的距离，如图 4-21 所示。输入"🔧起始等距距离"和/或"🔧结束等距距离"后，"自定义释放槽类型"选项组激活，可以定义释放槽类型及参数。

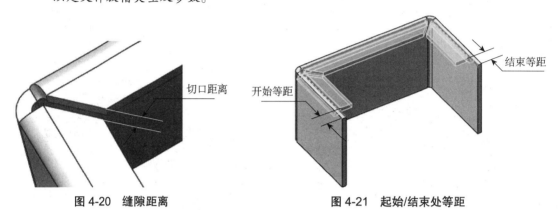

图 4-20　缝隙距离　　　　　　图 4-21　起始/结束处等距

四、褶边

"褶边"工具可以将模型的边线卷成不同的形状，允许一次选择多条边线，主要用于钣金的翻边，达到加强的作用。图 4-22 为"褶边"示例。

图 4-22　"褶边"示例

注意：所选边线必须为直线。

"褶边"操作步骤如下：

图 4-23　"褶边"属性管理器

步骤 1　单击"钣金"工具栏中的"褶边"按钮🔲，或选择菜单"插入"→"钣金"→"褶边"命令，弹出"褶边"属性管理器，如图 4-23 所示。

步骤 2　在图形区域中选择要添加褶边的边线。

步骤 3　在"边线"下指定添加材料的位置：🔲材料在内或🔲折弯在外。用户也可以编辑褶边宽度。

步骤 4　在"类型和大小"下选择褶边的类型并输入相应的参数。类型有🔲闭合、🔲打开、🔲撕裂形、🔲滚轧四种，参数有🔲长度（仅对于闭合和打开褶边）、🔲间隙距离（仅对于打开褶边）、🔲角度（仅对于撕裂形和滚轧褶边）、🔲半径（仅对于撕裂形和滚轧褶边）。

步骤 5　如有交叉褶边，在"斜接缝隙🔧"下设定斜接缝隙值，斜接边角被自动添加到交叉褶边上，如图 4-24 所示。

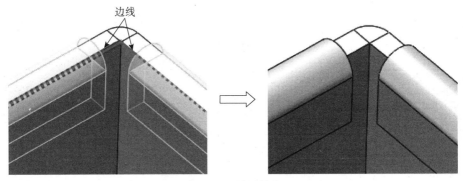

图 4-24　斜接缝隙

步骤 6　如想使用默认折弯系数以外的其他项，选择"自定义折弯系数"，然后设定一折弯系数类型和数值。

步骤 7　如想添加释放槽切除，选择"自定义释放槽类型"，然后选择释放槽切除的类型并设置相应参数。

步骤 8　单击"确定"按钮 ✓，完成"褶边"的创建。

五、转折

"转折"工具可以在钣金零件上通过从草图直线生成两个折弯，如图 4-25 所示。

注意：

◇　草图必须只包含一条直线，用来定位转折。

◇　折弯线可以是任意方向的直线。

◇　折弯线不一定与折弯面的长度相同。

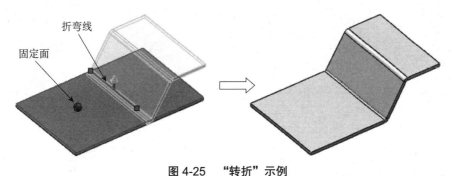

图 4-25　"转折"示例

1．"转折"操作步骤

步骤 1　在想生成转折的钣金零件的面上绘制一条直线。

步骤 2　选择该直线，单击"钣金"工具栏中的"转折"按钮 ，或者选择菜单"插入"→"钣金"→"转折"命令，弹出"转折"属性管理器，如图 4-26 所示。

步骤 3　在图形区域中，选择一个面作为固定面。

步骤 4　在"选择"下设置折弯半径。

步骤 5　在"转折等距"下，

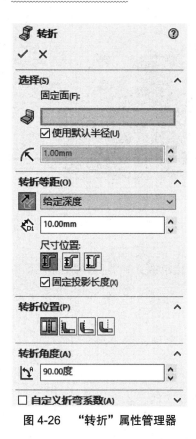

图 4-26　"转折"属性管理器

◇　设置终止条件。

◇　输入等距距离。

◇　选择尺寸位置：⧉外部等距、⧉内部等距或⧉总尺寸。

◇　根据需要勾选或取消"固定投影长度"复选框。

步骤 6　在"转折位置"下选择⊞折弯中心线、⌐材料在内、⌐材料在外或⌐折弯向外。

步骤 7　为"转折角度⌐"设定一数值。

步骤 8　如要使用默认折弯系数以外的其他项，可选择"自定义折弯系数"选框，然后设定一折弯系数类型和数值。

步骤 9　单击"确定"按钮☑，完成"转折"的创建。

2．"转折"选项说明

◇　⧉固定面：选择一个面，该面固定不动，不折弯。

◇　⧉等距距离：指定第二个折弯与固定面之间的距离。

◇　固定投影长度：在钣金零件的折叠状态下设计时，"固定投影长度"选项非常有用。选中了"固定投影长度"选项，那么系统就不再计算由于转折增加的材料长度，而保持薄片特征总长度在投影方向上不变。图 4-27（a）、（b）分别为取消选择和勾选"固定投影长度"选项的对比。

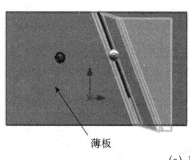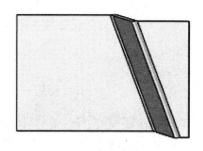

薄板

(a) 取消选择"固定投影长度"

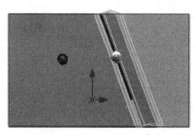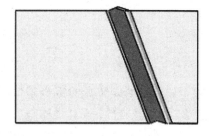

(b) 勾选"固定投影长度"

图 4-27　"固定投影长度"示例

◇　折弯中心线⊞：折弯线平分展开零件中的折弯区域。此功能仅可用于绘制的折弯和转折特征。

◇　转折角度📐：指定第一个折弯与固定面之间的角度。

六、绘制的折弯

"绘制的折弯"工具可在绘制的一条或多条折弯线处产生折弯，如图 4-28 所示。绘制的折弯特征常用来折弯薄片。

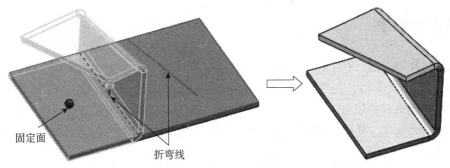

图 4-28　　"绘制的折弯"示例

注意：

◇　草图中只允许使用直线，可为每个草图添加多条直线。

◇　折弯线可以是任意方向的直线。

◇　折弯线不一定与折弯面的长度相同。

"绘制的折弯"操作步骤如下：

步骤 1　在要生成绘制的折弯的钣金零件的面上绘制一条或多条直线。

步骤 2　选择该直线，单击"钣金"工具栏中的"绘制的折弯"按钮📃，或者选择菜单"插入"→"钣金"→"绘制的折弯"命令，弹出"绘制的折弯"属性管理器，如图 4-29 所示。

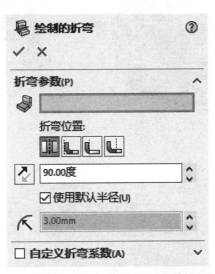

图 4-29　　"绘制的折弯"属性管理器

步骤 3　在图形区域中为"📃固定面"选择一个不因折弯而移动的面。

步骤 4　定义折弯位置，可以选择折弯中心线、材料在内、材料在外或折弯在外。

步骤5　定义折弯角度，如有必要，单击"反向"按钮 转变方向。

步骤6　要使用默认折弯半径以外的其他半径，消除选择"使用默认半径"和"使用规格表"（如果为零件选择了钣金规格表），然后设置折弯半径。

步骤7　如要使用默认折弯系数以外的其他项，选择"自定义折弯系数"选项，然后设定一折弯系数类型和数值。

步骤8　单击"确定"按钮 ，完成"绘制的折弯"的创建。

七、展开与折叠

使用"展开和折叠"工具可以在钣金零件中展开和折叠一个、多个或所有折弯。图4-30、图4-31分别为"展开"和"折叠"示例。当需要添加穿过折弯的切除时，使用展开与折叠这两种特征的组合能起到很好的效果。"展开"命令用于在切除之前展开折弯，而"折叠"命令则是在切除之后重新折叠起来。使用这种方法的顺序是先把零件展开，然后切除，最后再折叠起来。

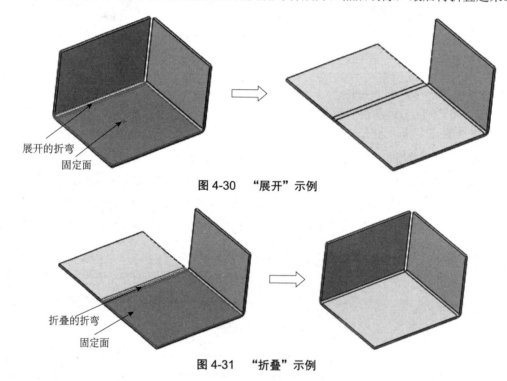

图 4-30　"展开"示例

图 4-31　"折叠"示例

"展开"操作步骤如下：

步骤1　单击"钣金"工具栏中的"展开"按钮 ，或选择菜单"插入"→"钣金"→"展开"命令，弹出"展开"属性管理器，如图4-32所示。

步骤2　在图形区域中，选择一个保持不移动的面作为" 固定面"。固定面可为钣金零件上的平面或线性边线。

步骤3　选择一个或多个折弯作为" 要展开的折弯"，或单击 收集所有折弯(A) 按钮以选择零件中所有折弯。

步骤4　单击"确定"按钮 ，所选折弯即展开。

"折叠"是"展开"的逆操作，操作步骤与展开类似，不再赘述。其属性管理器如图4-33所示。

图4-32　"展开"属性管理器

图4-33　"折叠"属性管理器

八、通风口

使用"通风口"特征工具可以在钣金零件上添加通风口。通风口特征主要应用于变压器、散热箱、工具箱和计算机机箱等箱类钣金建模。必须首先生成定义通风口的边界、筋、翼梁、支撑边界的草图，然后才能使用该命令。图4-34为"通风口"示例。

1．"通风口"操作步骤

步骤1　绘制一包含用于定义通风口的边界、筋、翼梁、支撑边界的草图。

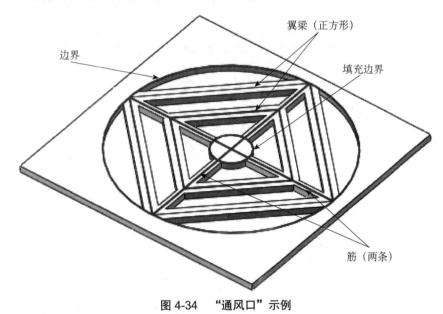

图4-34　"通风口"示例

步骤2　单击"钣金"工具栏中的"通风口"按钮，或选择菜单"插入"→"扣合特征"→"通风口"命令，弹出"通风口"属性管理器，如图4-35所示。

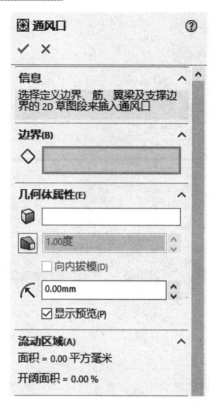
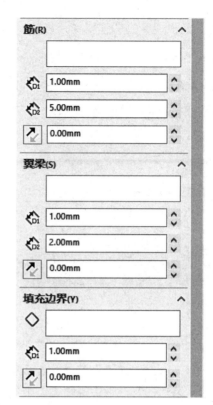

图 4-35   "通风口"属性管理器

步骤 3   在图形区域中，选择一封闭的草图轮廓作为"边界◇"。

步骤 4   在图形区选择通风口的放置面。

步骤 5   在图形区选择代表通风口筋的 2D 草图段，并定义筋的相关参数。

步骤 6   在图形区选择代表通风口翼梁的 2D 草图段，并定义翼梁的相关参数。

步骤 7   在图形区为通风口选择形成闭环轮廓以定义支撑边界的 2D 草图段，并定义填充边界的相关参数。

步骤 8   如有必要，在"几何体属性"下定义"圆角半径"。

步骤 9   单击"确定"按钮☑，完成"通风口"的创建。

2．"通风口"选项说明

（1）边界

◇为边界选择草图：选择一闭环草图轮廓作为通风口外部边界。如果预先选择了草图，将默认使用其外部实体作为边界。

（2）几何体属性

◇   选择一放置通风口的面：为通风口选择放置面，选定的面必须能够容纳整个通风口草图。

◇   拔模开/关：单击"拔模开/关"可以将拔模应用于边界、填充边界以及所有筋和翼梁。对于平面上的通风口，将从草图基准面开始应用拔模。此选项钣金零件不可用。

◇   圆角半径：设定圆角半径，这些值将应用于边界、筋、翼梁和填充边界之间的所有相交处，如图 4-36 所示。

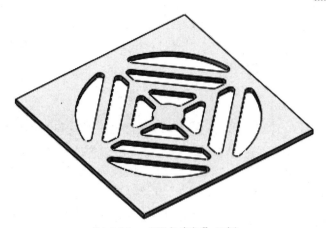

图 4-36　"圆角半径"示例

（3）筋

连接边界与翼梁或连接翼梁与翼梁起加强作用的结构。

◇　筋的深度：输入一个值，用于指定筋的厚度。此选项钣金部分不可用，筋的深度始终与放置面所处的板材厚度相同。

◇　筋的宽度：输入一个值，用于指定筋的宽度。

◇　筋从曲面的等距：指定所有筋与所选曲面之间的偏离距离。如有必要，单击"反向"按钮。此选项钣金部分不可用。

（4）翼梁

翼面结构中由凸缘及腹板组成承受弯矩和剪力的展向受力构件。此处指构成通风口主要形状的结构部分。必须指出的是，必须至少生成一个筋，才能生成翼梁。

◇　翼梁的深度：输入一个值，用于指定翼梁的厚度。此选项钣金部分不可用，翼梁的深度始终与放置面所处的板材厚度相同。

◇　翼梁的宽度：输入一个值，用于指定翼梁的宽度。

◇　翼梁从曲面的等距：指定所有翼梁与所选曲面之间的偏离距离。如有必要，单击"反向"按钮。此选项钣金部分不可用。

（5）填充边界

通过筋连接通风口边界，起支撑作用的结构部分。

◇　选择草图线段作为填充边界：选择形成闭合轮廓的草图实体，必须至少有一个筋与填充边界相交。

◇　支撑区域深度：输入一个值，用于指定填充边界的厚度。此选项钣金部分不可用，填充边界的深度始终与放置面所处的板材厚度相同。

◇　支撑区域的等距：用于指定所有填充边界与所选曲面之间的偏离距离。如有必要，单击"反向"按钮。此选项钣金部分不可用。

九、平板型式

创建基体法兰特征的同时会生成一些专门用于钣金零件的特征，主要用来定义零件的默认设置并管理该零件，如钣金特征和平板型式特征。平板型式特征用来切换模型的折叠和展开状态，默认状态是压缩的。在建模过程中用户随时可以查看钣金零件的展开状态，只需"解除压缩"特征管理设计树中的 <u>平板型式1</u> 特征。

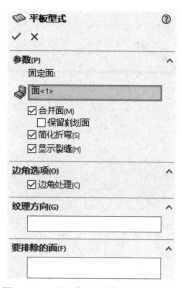

图 4-37　"平板型式"属性管理器

1．平板型式编辑

步骤 1　展开特征管理器（Feature Manager）设计树中的 <u>平板型式</u>，右键单击 <u>平板型式1</u>，然后选择"编辑特征"命令，弹出"平板型式"属性管理器，如图 4-37 所示。

步骤 2　在"参数"下面可编辑"固定面"、选择或取消选择"合并面""简化折弯""显示裂缝"选项。

步骤 3　在"边角选项"下选中"边角处理"复选框以在平板型式中应用平滑边线。

步骤 4　激活"纹理方向"，然后在图形区域中选取一条边线或直线。

步骤 5　激活"要排除的面"，然后在图形区域中选择不想出现在平板型式中的任何面（通常指折弯产生干涉时的面，选择时必须选择想要排除的所有外表面）。

步骤 6　单击"确定"按钮，完成"平板型式"的编辑。

2．平板型式的选项

平板型式特征包括以下几种用于显示和处理钣金展开状态的选项。

◇　合并面：合并平板型式中的重合平面。勾选"合并面"复选框时，钣金零件是一个合并的平面，折弯区域不会出现边线，如图 4-38（a）所示。不勾选"合并面"复选框，就会显示展开折弯的相切边线，如图 4-38（b）所示。

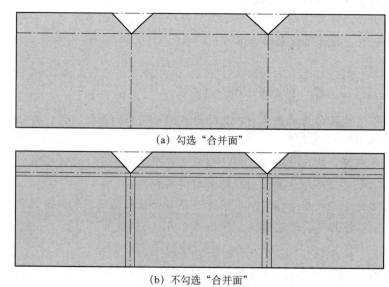

（a）勾选"合并面"

（b）不勾选"合并面"

图 4-38　"合并面"示例

✧ 保留刻划面：在折弯面上带有内嵌文字或分割线特征的钣金零件中，当展开或折叠零件时，此选项会让文字或分割线保持不变。

✧ 简化折弯：当选中"简化折弯"复选框时，在平板型式下折弯区域的样条曲线、部分椭圆线等就会变成直边线，从而简化了模型几何体。如果不勾选"简化折弯"复选框，在平板型式下仍然会显示复合曲线。图 4-39（a）、（b）分别为勾选与不勾选"简化折弯"的示例。

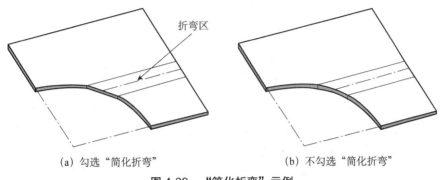

　　(a) 勾选"简化折弯"　　　　　　　　(b) 不勾选"简化折弯"

图 4-39　"简化折弯"示例

注意： 此选项对圆弧无效。

✧ 边角处理：通过解除压缩平板型式特征，展开钣金零件，系统将自动进行边角处理以形成一个整齐、展开的钣金零件。边角处理可以保证钣金零件的平板型式在加工时不会出错，如图 4-40（a）所示。如果不勾选"边角处理"复选框，钣金零件的平板型式就不会进行边角处理，如图 4-40（b）所示。

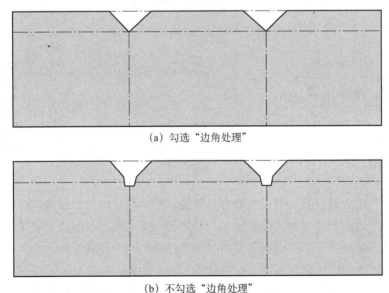

(a) 勾选"边角处理"

(b) 不勾选"边角处理"

图 4-40　"边角处理"示例

✧ 纹理方向：选择一条边线或直线设置为纹理的方向，用于确定矩形边界框边线的方向。图 4-41（a）、（b）分别为选择不同的边线作为纹理方向的不同结果。

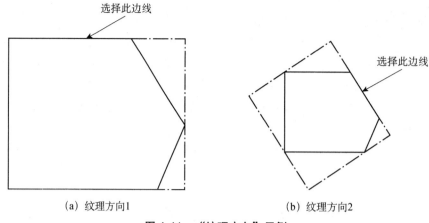

(a) 纹理方向1　　　　　　　　　(b) 纹理方向2

图 4-41　　"纹理方向"示例

✧　要排除的面：如果用户已经添加了与平板型式发生干涉的加强筋、角撑板、任何铆接或焊合板（任何非钣金特征），都可以通过这个选项将它们排除在外。选择干涉特征的所有外表面，平板型式将会忽略它们，如图 4-42 所示。

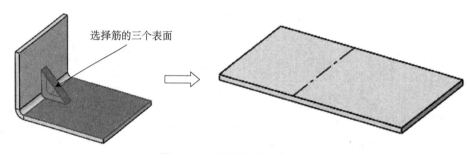

图 4-42　　"要排除的面"示例

钣金件三维建模
操作视频

一、模型分析

后盖零件是一钣金件，其上有多处折弯、卷边、槽、孔、倒角等结构。可在一基体法兰基础上进行设计：三边的折弯可用"斜接法兰"命令完成，前后斜接法兰上的卷边可用"褶边"命令创建，右侧斜接法兰上的部分折弯可用"边线法兰"命令完成，基体上的槽可用"拉伸切除"命令完成，局部的连续两次折弯可用"转折"命令实现，折弯处的孔需要先展开折弯，创建孔后再折叠起来。其他的一些细节如倒角、圆孔等可用"边角""简单直孔"等相应命令实现。其操作步骤如图 4-43 所示。

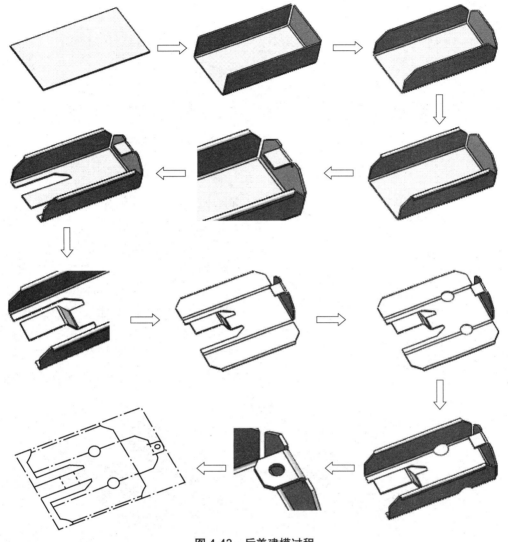

图 4-43　后盖建模过程

二、建模步骤

1．新建文档

启动 SolidWorks 2024，新建文档，进入"零件"模块，单击"保存"按钮▣，在弹出的对话框中，设置保存路径为"D:\solidworks\项目四"，文件名为"后盖"，单击 保存(S) 按钮。

2．创建基体法兰

单击"钣金"工具栏中的"基体法兰/薄片"按钮◪，选择"上视基准面"作为草图平面，单击"中心矩形"按钮▣，以坐标原点为中心，绘制矩形并标注尺寸如图 4-44 所示。单击绘图区右上角的"退出草图"按钮↳，在弹出的"基体法兰"属性管理器中，设置"方向 1 厚度"为 1，注意厚度方向向下，否则需勾选"反向"，其他参数默认。单击"确定"按钮✔，完成基体法兰的创建，如图 4-45 所示。

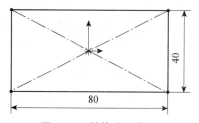

图 4-44　基体法兰草图

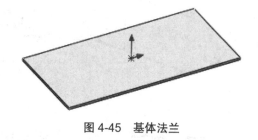

图 4-45　基体法兰

3．创建斜接法兰

单击"斜接法兰"按钮 ▣，选择基体法兰上表面的长边线，注意靠左侧进行选择。单击"直线"按钮 ✎，以坐标原点为端点，绘制一竖直线，标注尺寸 20，如图 4-46 所示。单击"退出草图"按钮 ↳，弹出"斜接法兰"属性管理器，选择另外两条边线。取消勾选"使用默认半径"复选框，输入折弯半径 1，设置"法兰位置"为" ▣ 材料在内"，输入切口缝隙为 1.5，其他参数默认，单击"确定"按钮 ✔，完成斜接法兰的创建，如图 4-47 所示。

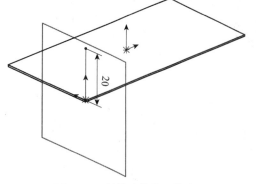

图 4-46　斜接法兰草图轮廓

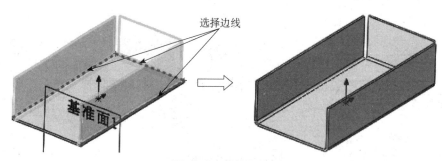

图 4-47　斜接法兰

4．倒角

单击"断裂边角/边角剪裁"按钮 ▣，弹出"断裂边角"属性管理器，选择六条边线，设置"折断类型"为" ▣ 倒角"，输入距离为 8，单击"确定"按钮 ✔，完成倒角创建，如图 4-48 所示。

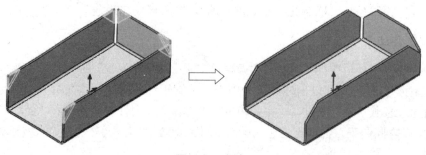

图 4-48　倒角

5．创建褶边

单击"褶边"按钮📦，弹出"褶边"属性管理器，选择两条边线，设置"褶边位置"为"材料在内📦"，"褶边类型"为"打开📦"，输入长度为3、缝隙距离为0.5，其他参数默认，单击"确定"按钮✔，完成褶边的创建，如图4-49所示。

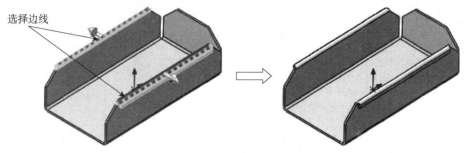

图4-49　褶边

6．创建边线法兰

单击"边线法兰"按钮🔨，选择右侧斜接法兰的内边线，取消勾选"使用默认半径"复选框，输入折弯半径为1、法兰角度为90°，定义"法兰长度"计算方式为"内部虚拟交点📦"，输入法兰长度为10，设置"法兰位置"为"材料在内📦"，勾选"自定义释放槽类型"复选框，在下拉列表框中选择"矩圆形"，取消勾选"使用释放槽比例"复选框，输入释放槽宽度为1、释放槽深度为0.5。单击 编辑法兰轮廓(E) 按钮，弹出"轮廓草图"对话框，如图4-50所示。拖动法兰轮廓的两端点，过斜接法兰外边线的中点画一与之垂直的中心线，添加两侧直线与该中心线"对称"几何约束关系，标注尺寸10，如图4-51所示。单击"完成"按钮，完成边线法兰的创建，如图4-52所示。

图4-50　"轮廓草图"对话框

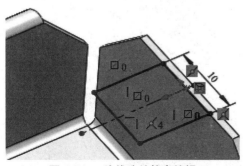

图4-51　边线法兰轮廓编辑

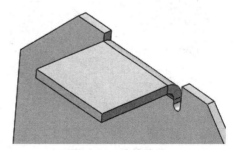

图4-52　边线法兰

7．拉伸切除

单击"钣金"工具栏中的"拉伸切除"按钮，选择基体法兰内表面作为草图平面，绘制草图如图 4-53 所示。单击"退出草图"按钮，在弹出的"切除-拉伸"属性管理器中，设置"终止条件"为"成形到下一面"，单击"确定"按钮，完成拉伸切除操作，如图 4-54 所示。

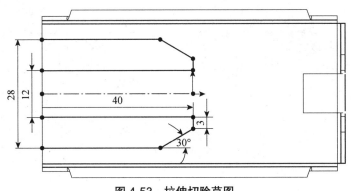

图 4-53　拉伸切除草图

8．创建转折

单击"转折"按钮，选择右侧斜接法兰的内边线，再选择基体法兰的内表面作为草图平面，绘制草图如图 4-55 所示。单击"退出草图"按钮，在弹出的"转折"属性管理器中，取消勾选"使用默认半径"复选框，输入折弯半径为 1，设置"尺寸位置"为"总尺寸"，输入等距距离为 12，设置"转折位置"为"折弯中心线"，输入转折角度为 60°，单击"确定"按钮，完成转折操作，如图 4-56 所示。

图 4-54　拉伸切除　　　　　　　　图 4-55　折弯线草图

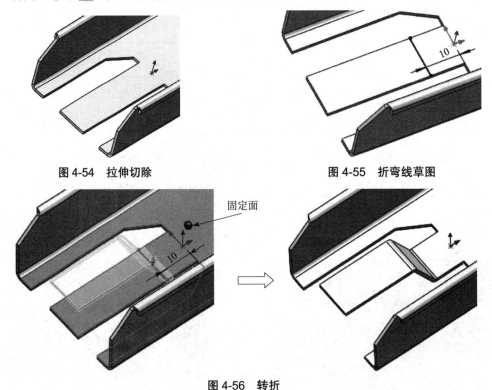

图 4-56　转折

9．展开和折叠

折弯处的 ϕ10 孔的创建需先展开折弯，切除后再折叠起来。

（1）展开

单击"展开"按钮 ![icon]，选择基体法兰的内表面作为固定面，再选择前后两斜接折弯作为要展开的折弯，单击"确定"按钮 ![icon]，完成展开操作，如图4-57所示。

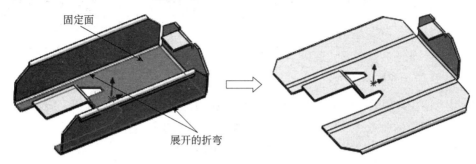

图4-57　展开

（2）简单直孔

单击"简单直孔"按钮 ![icon]，选择展开折弯的斜接法兰上表面作为放置面，在弹出的"孔"属性管理器中设置"终止条件"为"成形到下一面"，输入孔直径为10，单击"确定"按钮 ![icon]，完成 ϕ10 孔的创建。

在模型或特征管理器（Feature Manager）设计树中，右击孔特征并选择"编辑草图"命令 ![icon]，标注定位尺寸如图4-58所示，单击"退出草图"按钮 ![icon]，完成孔的定位编辑，结果如图4-59所示。

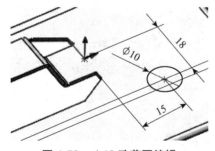

图4-58　ϕ10 孔草图编辑

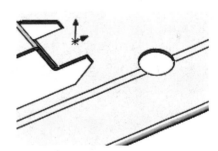

图4-59　ϕ10 孔的定位编辑结果

单击"特征"工具栏中的"镜像"按钮 ![icon]，选择"前视基准面"作为镜像面，再选择 ϕ10 孔作为要镜像的特征，单击"确定"按钮 ![icon]，完成另一侧 ϕ10 孔的创建，如图4-60所示。

（3）折叠

单击"折叠"按钮 ![icon]，固定面会自动识别展开时选择的固定面，选择前后两斜接折弯作为要折叠的折弯，单击"确定"按钮 ![icon]，完成折叠操作，如图4-61所示。

10．其他细节特征创建

（1）ϕ4 圆孔创建

单击"简单直孔"按钮 ![icon]，选择右侧边线法兰的上表面作为放置面，在"孔"属性管理器中设置"终止条件"为"成形到下一面"，输入孔直径为4，单击"确定"按钮 ![icon]，完成 ϕ4 孔的创建。

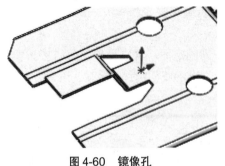

图 4-60　镜像孔

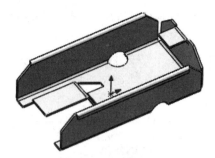

图 4-61　折叠

在模型或特征管理器（Feature Manager）设计树中，右击孔特征并选择"编辑草图"命令，添加圆心与坐标原点"水平"几何约束关系，标注定位尺寸 5，如图 4-62 所示，单击"退出草图"按钮，完成孔的定位编辑，结果如图 4-63 所示。

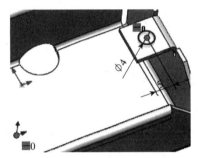

图 4-62　ϕ10 孔草图编辑

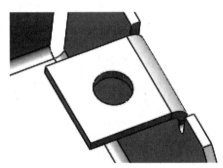

图 4-63　ϕ10 孔的定位编辑结果

（2）倒角

单击"断裂边角/边角剪裁"按钮，弹出"断裂边角"属性管理器，选择两条竖直边线，设置"折断类型"为"倒角"，输入距离 2，单击"确定"按钮，完成倒角创建，结果如图 4-64 所示。

11．平板型式

右键单击特征管理器（Feature Manager）设计树中的，在弹出的快捷菜单中选择"解除压缩"命令，即可得到如图 4-65 所示的钣金展开图，以便落料计算。

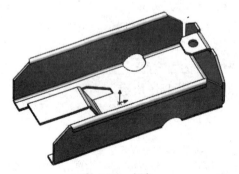

图 4-64　倒角

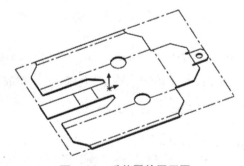

图 4-65　后盖零件展开图

12．保存零件

单击"保存"按钮，保存文件，完成后盖钣金件建模。

小结

　　本项目通过后盖钣金件的建模过程，让读者掌握常用的钣金特征工具的使用方法。任何一个钣金零件都有一个基板，所有的其他特征是在基板的基础上添加的，一般基板的选择原则是选最大的一个平板面，然后在这个基板上加一些法兰特征，并进行一些倒角、打孔、翻边等其他操作。当然，在实际的一些特殊行业，可能会有更复杂的一些钣金件设计，如一些不可展开的钣金件。这就要我们学习一些其他的钣金命令，如成形工具、工艺孔等。

练习

1．在 SolidWorks 中绘制如图 4-66 所示的钣金零件（未注尺寸自定）。

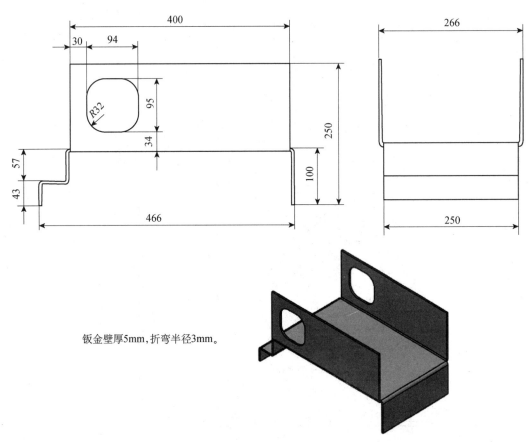

钣金壁厚5mm，折弯半径3mm。

图 4-66　练习 1 图

2. 在 SolidWorks 中绘制如图 4-67 所示的钣金零件（未注尺寸自定）。

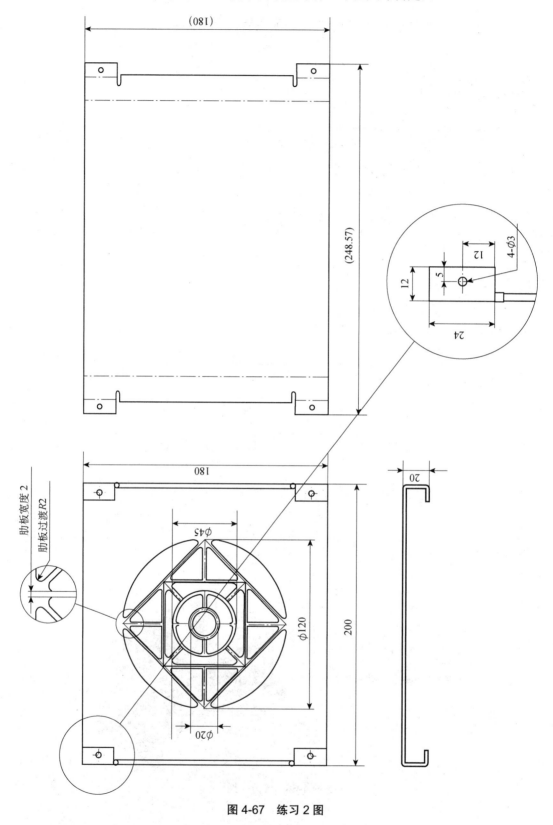

图 4-67　练习 2 图

3. 在 SolidWorks 中绘制如图 4-68 所示的钣金零件（未注尺寸自定）。

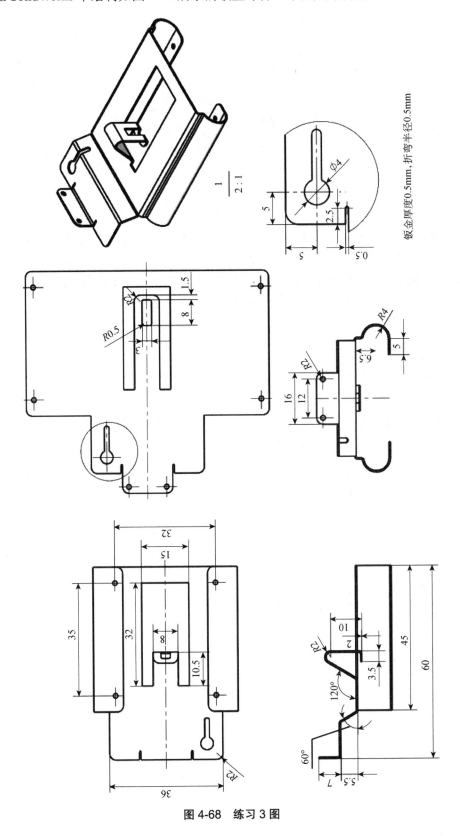

图 4-68 练习 3 图

项目五 装配设计

一个产品通常由多个零件组装而成，装配模块用来建立零件间的相对位置关系，从而形成复杂的装配体。在此基础上还可以对装配模型进行干涉检查、碰撞检查、间隙分析等以判断装配过程有无问题或各零件的设计是否合理。另外，还可以创建爆炸视图，查看装配体的构成，描述零件间的装配关系，用于制作产品说明书。

学习目标

1. 理解装配的基本概念
2. 掌握零部件的基本操作：插入、复制、删除、移动和旋转、编辑、阵列和镜像、隐藏等
3. 熟悉并理解各种装配约束类型
4. 掌握自底向上的装配设计方法
5. 掌握常用的装配检查方法
6. 掌握生成装配体爆炸图的方法

工作任务

分析如图 5-1 所示的"夹具"装配体中各零件之间的装配关系以及装配顺序，利用 SolidWorks 的装配功能，用自底向上的装配方法完成"夹具"的装配。在此基础上对其进行装配检查、生成装配爆炸视图并创建步路线。

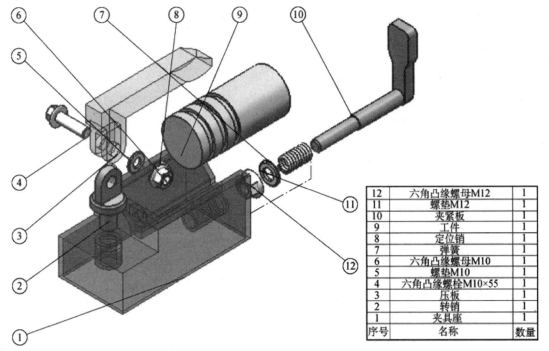

12	六角凸缘螺母M12	1
11	螺垫M12	1
10	夹紧板	1
9	工件	1
8	定位销	1
7	弹簧	1
6	六角凸缘螺母M10	1
5	螺垫M10	1
4	六角凸缘螺栓M10×55	1
3	压板	1
2	转销	1
1	夹具座	1
序号	名称	数量

图 5-1　"夹具"装配体

相关知识点链接

一、基本术语

在利用 SolidWorks 进行装配建模之前，初学者必须先了解一些装配术语，这有助于后续内容的学习。

1．零部件

在 SolidWorks 中，零部件就是装配体中的一个组件（组成部件），零部件可以是单个部件（即零件），也可以是一个子装配。零部件是由装配体引用而不是复制到装配体中的。

2．子装配

当一个装配体是另一个装配体的零部件时，这个装配体称为子装配体。在大型装配中常常按照产品的层次结构使用子装配体组织产品。

3．装配体

装配体也称为产品，是装配设计的最终结果。它是由部件之间的配合关系及部件组成的。装配体文件的扩展名为".sldasm"。

装配体文件中保存了两个方面的内容：一是装配体中各零件的路径和名称，二是各零件之间的配合关系。一个零件放入装配体中时，这个零件文件会与装配体文件产生链接关系。在打开装配体文件时，SolidWorks 会根据各零件的存放路径找出零件，并将其调入装配体环境。所以，保存或重新命名零部件文件时，或将它移到另一个文件夹中时要特别小心。

4．配合

在装配过程中，配合是指零部件之间生成几何关系，可用于确定部件的位置。

当零件被调入装配体中时，除了第一个调入的零件自动固定外，其他零件的位置都处于"浮动"状态，即可分别沿 3 个坐标轴移动或转动，可通过添加配合关系来消除自由度，以达到零件定位的目的。

5．设计方法

装配设计一般有两种基本方法：自底向上设计或自顶向下设计。

（1）自底向上设计方法

自底向上设计是指在设计过程中，先分别设计好各零部件，然后将其逐个调入装配环境中，并根据装配体的功能及设计要求添加配合关系来定位零件。

（2）自顶向下设计方法

自顶向下设计，是指在装配级中创建与其他部件相关的部件模型，即使用一个零件的几何体帮助定义另一个零件，是在装配部件的顶级向下产生子装配和部件（即零件）的装配方法。

实际应用中两种装配设计方法常常配合使用。本教材仅介绍自底向上的设计相关知识。

二、零部件操作

1．插入零部件

"插入零部件"可添加现有零件或子装配体到装配体。将一个零部件插入到装配体中时，这个零部件文件会与装配体文件形成链接，但零部件的几何数据仍然保留在源零部件文件中，这样可以减少装配文档的数据量。对零部件文件所做的任何改变都会更新装配体，反之，在装配体中对零部件进行修改，源零部件也会相应改变。

"插入零部件"操作步骤如下：

步骤 1　执行以下操作之一，以打开属性管理器。

◇　通过单击"标准"工具栏中的"新建"按钮，或选择菜单"文件"→"新建"命令，在对话框中选择"装配体"，单击"确定"按钮，创建装配体文档。弹出"开始装配体"属性管理器（如图 5-2 所示）和"打开"对话框。

◇　在现有装配体中，单击"装配体"工具栏中的"插入零部件"按钮，或者选择菜单"插入"→"零部件"→"现有零件/装配体"命令，弹出"插入零部件"属性管理器（如图 5-3 所示）和"打开"对话框。

步骤 2　选择欲插入的现有文件。

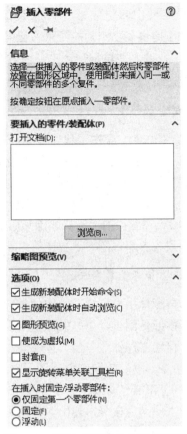

图 5-2 "开始装配体"属性管理器 图 5-3 "插入零部件"属性管理器

步骤 3 执行以下一项操作：

❖ 在图形区域中单击以放置零部件。

❖ 通过如图 5-4 所示的弹出窗口，将组件旋转到所需方向，再在图形区域中单击以放置零部件。

❖ 单击"确定"按钮 ✓，插入零件的坐标原点与装配文件坐标原点重合定位。

图 5-4 弹出窗口

步骤 4 重复上述步骤，完成其他零部件的插入。

注意：

❖ 如要同时插入多个零部件，可以通过按 Ctrl 键的同时选择多个零部件打开即可。

❖ 在装配体中插入的第一个零件默认是不可移动的，第一个零件被固定后，其他零件将通过各种配合方式配合到它上面，这样就不会使装配体整体移动。

2．复制零部件

装配过程中同一零部件可能会出现多次，没有必要重复插入该零部件至装配体中。SolidWorks 提供了复制功能，可将已插入到装配体文件中的零部件复制到装配体中，方法是：按住〈Ctrl〉键，在特征管理设计树或图形区域中选择需要复制的零部件，并拖动其至绘图区域中的合适位置后释放鼠标，即可实现零部件的复制。

3．删除零部件

"删除零部件"操作步骤如下：

步骤 1　在图形区域或特征管理设计树中选择欲删除的零部件。

步骤 2　按键盘上〈Delete〉键，或选择菜单"编辑"→"删除"命令，也可以单击鼠标右键，在快捷菜单中选择"删除"命令。

步骤 3　在弹出的"确认删除"对话框中单击"是"按钮，该零部件及其相关项目（配合、零部件阵列、爆炸视图、工程图等）都会被删除。

4．移动和旋转零部件

对于装配体中没有完全固定的零部件，可以使用"移动零部件"和"旋转零部件"命令移动和旋转零部件到一个更好的位置上，以便于建立配合关系。

（1）移动零部件

"移动零部件"的操作步骤如下：

步骤 1　单击"装配体"工具栏中的"移动零部件"按钮，或选择菜单"工具"→"零部件"→"移动"命令，弹出"移动零部件"属性管理器，如图 5-5 所示。

步骤 2　在图形区域中选择一个或多个零部件。

步骤 3　在"移动"选项组下的"移动"下拉列表框中选择以下方法之一移动零部件。

◇　自由拖动：选择零部件并沿任何方向拖动。

◇　沿装配体 XYZ：图形区域中显示坐标系，选择 X、Y 或 Z 轴，拖动装配体沿选择的坐标轴方向移动。

◇　沿实体：选择实体，然后选择零部件并沿该实体确定的方向拖动。如果选择的实体是一条直线、边线或轴线，所移动的零部件只有一个自由度。如果选择的实体是一个基准面或平面，所移动的零部件具有两个自由度。

◇　由 Delta XYZ：在属性管理器中输入 ΔX、ΔY 或 ΔZ 值，然后单击"应用"按钮，被选择的零部件将按照指定的数值（相对距离）移动。

◇　到 XYZ 位置：先在图形区域中选择欲移动的零部件上的一点，在属性管理器中输入 X、Y 或 Z 坐标，然后单击"应用"按钮。被选择的零部件的点将移动到指定的坐标位置。如果不选择点，则零部件的原点会被置于所指定的坐标位置处。

步骤 4　在"高级选项"选项组下，勾选"此配置"选项，将零部件的移动只应用到激活的配置。

步骤 5　单击"确定"按钮，完成零部件的移动。

（2）旋转零部件

"旋转零部件"的操作步骤如下：

步骤1 单击"装配体"工具栏中的"旋转零部件"按钮 ，或选择菜单"工具"→"零部件"→"旋转"命令，弹出"旋转零部件"属性管理器，如图5-6所示。

图 5-5 "移动零部件"属性管理器

图 5-6 "旋转零部件"属性管理器

步骤2 在图形区域中选择一个或多个零部件。

步骤3 在"旋转"选项组下的"旋转 "下拉列表框中选择以下方法之一旋转零部件。

◇ 自由拖动：选择零部件并沿任何方向拖动。

◇ 对于实体：选择一条直线、边线或轴，拖动零部件围绕所选实体旋转。

◇ 由 Delta XYZ：在属性管理器中输入ΔX、ΔY 或ΔZ值，然后单击"应用"按钮，被选择的零部件将按照指定的角度（相对角度）绕装配体的轴旋转。

步骤4 在"高级选项"选项组下，勾选"此配置"选项，将零部件的旋转只应用到激活的配置。

步骤5 单击"确定"按钮 ，完成零部件的旋转。

注意："移动零部件"和"旋转零部件"命令可看成一个统一的命令，通过在属性管理器中选择"旋转"或"移动"选项，可在这两者间切换。

以上方法可以较精确地控制移动和旋转零部件。很多情况下没有必要沿着指定方向、以指定距离或角度移动或旋转零部件，而只需大致移动或旋转即可。因此，从实用角度看可以直接通过鼠标操作来实现零部件的移动和旋转：将鼠标指针移至零部件，按下左键拖动可移动零部件；将鼠标指针移至零部件，按下右键拖动可旋转零部件。

5．显示/隐藏零部件

为方便装配和在装配体中编辑零部件，可以将影响观察的零部件隐藏起来。

（1）隐藏零部件

在特征管理设计树中右击需要隐藏的零部件，在关联工具条中单击"隐藏零部件"按钮 。在特征管理设计树中零部件将呈现透明状，绘图区域中零部件被隐藏。

（2）显示零部件

在特征管理设计树中右击需要显示的已被隐藏的零部件，在关联工具条中单击"显示零部件"按钮 。

6．编辑零部件

在装配过程中，零件模型间可能存在数据冲突，此时需要对零部件进行编辑。用户可以通过打开零件文档进行编辑，再在装配文档中重建装配体来应用更改，也可以直接在装配环境下利用"编辑零部件"功能对零件进行修改编辑，具体操作步骤如下：

步骤1　在特征管理设计树或图形窗口中选择要编辑的零部件，单击关联工具条或"装配体"工具栏中的"编辑零部件"按钮 ，其他零部件呈现透明状。

步骤2　单击该零件前的 符号，选择该零件需要编辑的特征进行编辑。

步骤3　单击图形区右上角的"退出编辑"按钮 ，完成零件的编辑。

步骤4　选择菜单"编辑"→"重建模型"命令，完成装配体的更新。

7．零部件的阵列

对于装配中多次重复使用并按规律分布的零部件，可以利用"阵列"功能快速实现零部件的复制与定位。常用的阵列方法有以下几种。

（1）线性阵列

在装配体中一个或两个方向上生成零部件线性阵列，如图5-7所示。

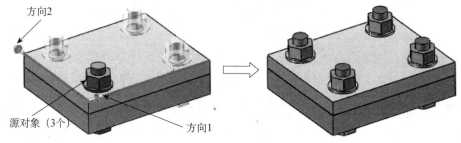

图5-7　"线性阵列"示例

"线性阵列"操作步骤如下：

步骤1　单击"装配体"工具栏中的"线性零部件阵列"按钮 ，或选择菜单"插入"→"零部件阵列"→"线性阵列"命令，弹出"线性阵列"属性管理器，如图5-8所示。

步骤2　在"线性阵列"属性管理器中的"方向1（1）"下做如下设置。

◇　在图形区域选择一线性边线或线性尺寸定义阵列方向，如有必要，单击"反向"按钮 。

◇　在"间距 "文本框中输入实例中心之间的距离。

◇　在"实例数 "文本框中输入实例总数（包括源零部件）。

步骤3　为"方向2（2）"做"方向1（1）"的类似设置。

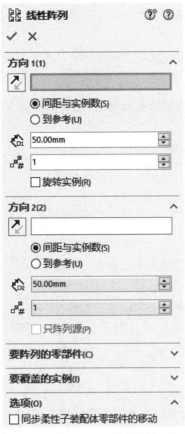

图 5-8　"线性阵列"属性管理器

步骤 4　激活"要阵列的零部件 🎨"选择框，然后选择源零部件。

步骤 5　若想跳过实例，可激活"可跳过的实例 🎨"选择框，然后在图形区域预览的实例中选择欲排除的实例（单击玫红色的点）。

步骤 6　单击"确定"按钮 ☑，完成"线性阵列"的创建。

（2）圆周阵列

在装配体中生成零部件的圆周阵列，如图 5-9 所示。

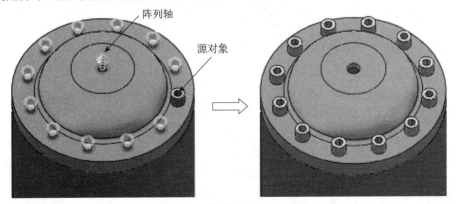

图 5-9　"圆周阵列"示例

"圆周阵列"操作步骤如下：

步骤 1　单击"装配体"工具栏中的"圆周零部件阵列"按钮 ✪，或选择菜单"插入"→

"零部件阵列"→"圆周阵列"命令，弹出"圆周阵列"属性管理器，如图 5-10 所示。

步骤 2　在"圆周阵列"属性管理器中的参数做如下设置。

◇　在图形区域选择圆形边线、回转面、观阅临时轴或草图直线等定义"阵列轴"（旋转轴），如有必要，单击"反向"按钮。

◇　在"角度"文本框中输入相邻实例之间的圆心角。如果勾选"等间距"选项，此角度指圆周阵列的范围角。

◇　在"实例数"文本框中输入实例总数（包括源零部件）。

步骤 3　激活"要阵列的零部件"选择框，然后选择源零部件。

步骤 4　若想跳过实例，可激活"可跳过的实例"选择框，然后在图形区域预览的实例中选择欲排除的实例（单击玫红色的点）。

步骤 5　单击"确定"按钮，完成"圆周阵列"的创建。

图 5-10　"圆周阵列"属性管理器

（3）阵列驱动

根据现有阵列特征来生成装配体中的零部件阵列，如图 5-11 所示。

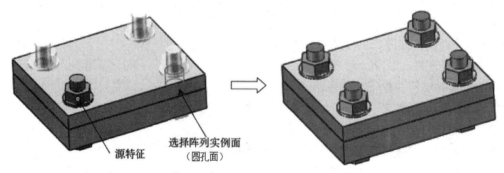

选择阵列实例面
（圆孔面）

源特征

图 5-11　"阵列驱动"示例

"阵列驱动"操作步骤如下：

步骤 1　单击"装配体"工具栏中的"阵列驱动零部件阵列"按钮，或选择菜单"插入"→"零部件阵列"→阵列驱动"命令，弹出"阵列驱动"属性管理器，如图 5-12 所示。

步骤 2　为"要阵列的零部件"选择源零部件。

步骤 3　激活"驱动特征或零部件"选择框，然后在特征管理设计树中选择阵列特征或在图形区域中选择一阵列实例的面。

步骤 4　若想更改源位置，单击 选取源位置(P) 按钮，然后选取一个不同的阵列实例作为图形区域中的源特征。

步骤 5　若想跳过实例，可激活"可跳过的实例"选择框，然后在图形区域预览的实例中选择欲排除的实例。

步骤 6　单击"确定"按钮，完成"阵列驱动"的创建。

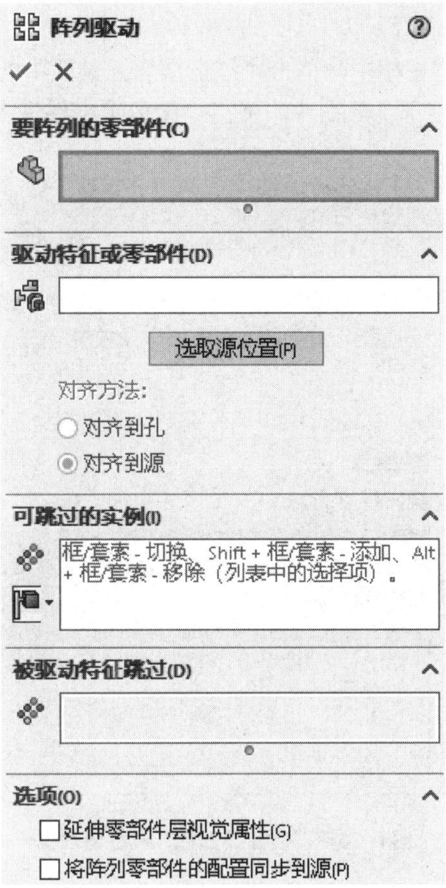

阵列驱动

要阵列的零部件(C)

驱动特征或零部件(D)

选取源位置(P)

对齐方法:
○ 对齐到孔
◉ 对齐到源

可跳过的实例(I)

框/套索 - 切换、 Shift + 框/套索 - 添加、 Alt + 框/套索 - 移除 (列表中的选择项) 。

被驱动特征跳过(D)

选项(O)
☐ 延伸零部件层视觉属性(G)
☐ 将阵列零部件的配置同步到源(P)

图 5-12　"阵列驱动"属性管理器

8．镜像零部件

在装配体中，相对于镜像基准面将现有的零部件（零件或子装配体）对称复制，如图 5-13 所示。

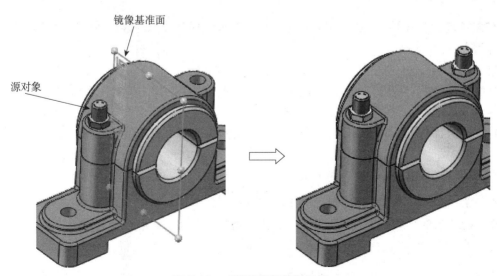

镜像基准面

源对象

图 5-13　"镜像零部件"示例

"镜像零部件"操作步骤如下：

步骤1　在打开的装配体文档中，单击"装配体"工具栏中的"镜像零部件"按钮，或选择菜单"插入"→"镜像零部件"命令，弹出"镜像零部件"属性管理器，如图 5-14 所示。

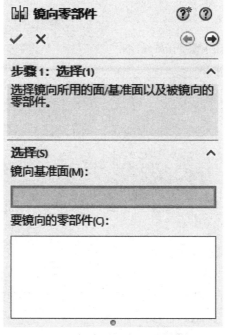

图 5-14　"镜像零部件"属性管理器

步骤2　在特征管理设计树或图形窗口中选择一基准面或平的实体表面作为镜像基准面。

步骤3　在特征管理设计树或图形窗口中选择要镜像的零部件。

步骤4　单击"确定"按钮，完成"镜像零部件"的操作。

9．轻化与压缩零部件

在大型装配中为了减少加载和编辑零部件的时间，提高装配性能，系统提供了轻化、压缩零部件等方法。

（1）轻化零部件

"轻化零部件"可以只将零部件有限的数据加载到内存，如主要的图形信息、默认的引用几何体等，因此，零部件装入装配体比使用完全还原的零部件装入同一装配体速度更快，重建速度也更快。当一零部件为轻化时，一个羽毛形状的标记会出现在特征管理设计树中的零件图标上。

有两种方式可以以轻化状态打开装配体：

◇　在"打开"对话框的"模式"下拉列表框中选择"轻化"。

◇　选择菜单"工具"→"选项"→"系统选项"命令，在打开对话框中，勾选"性能"项中的"以轻化模式加载零部件"选项。

以轻化状态打开装配体后，用户可以还原零部件。同样，装配环境中还原的零部件也可以设置为轻化状态。还原零部件可采用以下几种方法：

◇ 在图形区域双击零部件，自动还原。

◇ 右击零部件，在快捷菜单中选择"设定为还原"命令。

◇ 右键单击特征管理设计树中装配体顶层零部件，在快捷菜单中选择"设定轻化为还原"命令。

（2）压缩零部件

"压缩零部件"可以将零部件从子装配体和顶层装配体中移除。因为不加载压缩的零部件，所以其他零部件的装入速度、整体重建模型速度和显示性能均大大提高。压缩一个零部件的同时也会压缩与之相关联的配合。

"压缩零部件"的操作方法是：在特征管理设计树中右击需要压缩的零部件，在关联工具条中单击"压缩"按钮![图标]，完成零部件的压缩。

欲解除压缩，可在特征管理设计树中右击需要解除压缩的零部件，在关联工具条中单击"解除压缩"按钮![图标]，完成零部件的解除压缩。

三、装配配合

配合可在装配体零部件之间生成几何关系。每个零件在自由空间中都具有 6 个自由度：3 个平移自由度和 3 个旋转自由度。装配过程中通过平面约束、直线约束和点约束等方式对零部件自由度进行限制，从而实现零部件的定位/定向。

1．添加配合

"添加配合"操作步骤如下：

步骤 1　单击"装配体"工具栏中的"配合"按钮![图标]，弹出"配合"属性管理器，如图 5-15 所示。

步骤 2　激活"要配合的实体![图标]"选择框，在图形区域选择要配合的实体。

步骤 3　选择符合设计要求的配合方式。

步骤 4　单击"确定"按钮![图标]，完成"配合"操作。

注意：SolidWorks 具有智能推断功能，即根据选择对象推断设计者的意图。一般情况下，"标准配合"无须指定具体的配合类型，"高级配合"和"机械配合"需先指定配合类型，再选择对象。

2．配合类型

（1）"标准配合"类型

◇ ![图标]重合：将两个对象（面、线、点中任何两个对象）对齐，使其处于同一位置。

◇ ![图标]平行：使选择的两个平面或直线保持平行关系。

◇ ![图标]垂直：使选择的两个平面或直线保持垂直关系。

◇ ![图标]相切：使选择的两个面或曲线相切，其中至少有一

图 5-15　"配合"属性管理器

个选择的是回转面或圆弧。

◇　◎同轴心：用于圆弧曲线或回转面，使两个对象同轴心。

◇　🔒锁定：保持两个零部件之间的相对位置和方向。零部件相对于对方被完全约束。

◇　↔距离：在平行的基础上指定两者之间的距离。

◇　∠角度：指定两者之间的角度。

（2）"高级配合"类型

① 限制配合：包括"↔距离"和"∠角度"两种类型。它允许零部件在距离配合和角度配合的一定数值范围内移动，需要指定开始距离或角度以及"工最大值"和"⊥最小值"。它常常用于有一定活动范围要求的运动零部件的约束，限制其运动范围。

② ☑对称配合：强制使两个相似的实体相对于零部件的基准面或平面或者装配体的基准面对称，如图 5-16 所示。

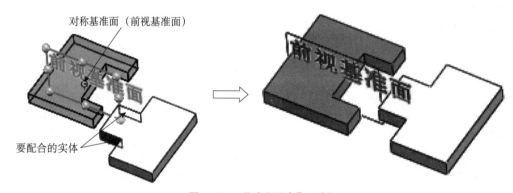

图 5-16　"对称配合"示例

③ ⊞宽度配合：约束两个平面之间的薄片。凹槽宽度参考可以选择两个平行或非平行平面，也可以选择一个圆柱面或轴。

◇　中心：将薄片置于凹槽宽度内，如图 5-17 所示。

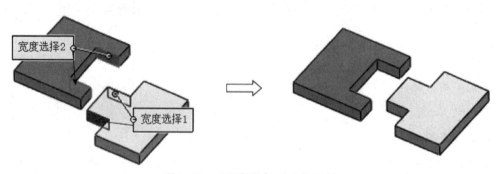

图 5-17　"宽度配合–中心"示例

◇　自由：让零部件在与其相关的所选面或基准面的限制范围内任意移动，即在较宽的宽度范围内移动。

◇　尺寸：设置宽度选择 1 与宽度选择 2 之间的距离/角度尺寸，以两者中较宽者为基准度量，如图 5-18 所示。

◇ 百分比：基于从一组选择集至另一组选择集的百分比值尺寸指定距离或角度。

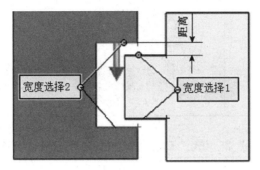

图 5-18　"宽度配合–尺寸"示例

3．对齐选项

对于相同的选择对象和配合类型，存在"⊞同向对齐"和"⊞反向对齐"两种不同的选项。表 5-1 列出了在选择两个相同平面并使用不同配合关系的"同向对齐"和"反向对齐"选项的不同结果。表 5-2 列出了"同轴"和"相切"配合类型的"同向对齐"和"反向对齐"的不同结果。

表 5-1　平面配合的"同向对齐"和"反向对齐"比较

要配合的实体	同向对齐	反向对齐
重合		
平行		
距离		

（续表）

角度	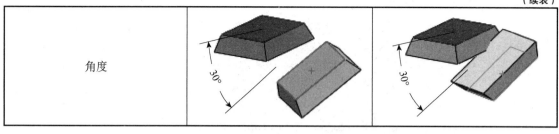

表 5-2　"同轴"和"相切"配合类型的"同向对齐"和"反向对齐"比较

选择面及配合关系	同向对齐	反向对齐
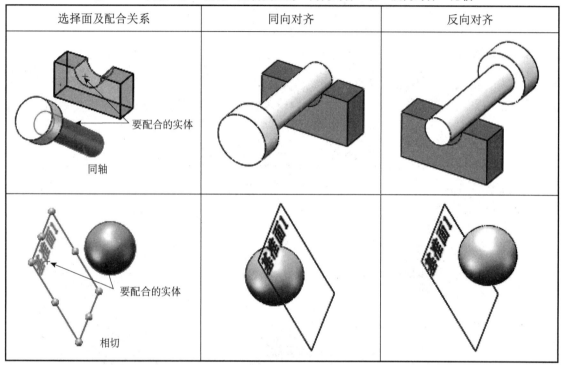		

4. 编辑配合关系

在特征管理设计树中展开"配合"项目，选择欲编辑的配合关系，在图形区可以预览相应的配合的对象。右击配合关系，然后选择"编辑特征"命令，在弹出的属性管理器中更改配合关系或修改配合关系的参数。当用户给零件添加配合后，特征管理设计树中该零件下会添加一个"装配中的配合"子节点，用户也可以通过它来查看和编辑配合关系。

四、装配检查

1. 干涉检查

对于较复杂的装配体，通过视觉观察来检查零部件之间是否存在干涉比较困难。"干涉检查"可以识别零部件之间的干涉，并帮助用户检查和评估这些干涉，如图 5-19 所示。

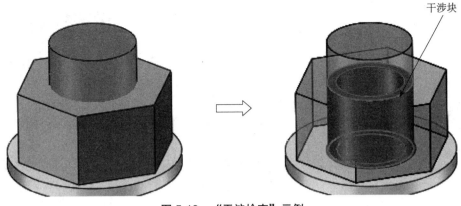

图 5-19　"干涉检查"示例

"干涉检查"操作步骤如下：

步骤 1　单击"装配体"工具栏中的"干涉检查"按钮，或选择菜单"工具"→"评估"→"干涉检查"命令，弹出"干涉检查"属性管理器，如图 5-20 所示。

步骤 2　单击"所选零部件"选项组下的 计算(C) 按钮，对整个装配体进行干涉检查。

步骤 3　若要对部分零部件进行检查，消除"所选零部件"列表框中的对象，重新选择要检查的零部件，再次单击"计算"按钮。

步骤 4　"结果"选项组下的列表框中会显示检查结果。如果没有干涉，显示" 无干涉"，反之，会列出所有干涉项，每个干涉的体积会出现在每个列举项的右边。

步骤 5　对干涉结果做进一步分析。

◇ 在"结果"列表中选择一干涉项，干涉的体积块在图形区域中以红色高亮显示。

◇ 单击干涉项左侧" > "，展开干涉项，查看干涉零件名称。

◇ 在"结果"列表中右键单击一干涉项，选择"从最大到最小排序"命令，列表中的干涉项按干涉的体积从最大到最小重新排序。

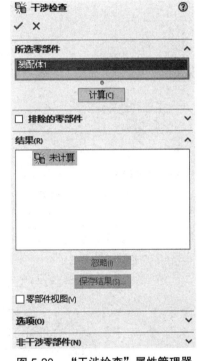

图 5-20　"干涉检查"属性管理器

◇ 在"结果"列表中右键单击一干涉项，选择"忽略所有小于"命令，列表框中会排除干涉的体积小于该项的所有干涉项。

2．间隙验证

"间隙验证"可以检查装配体中所选零部件之间的间隙是否满足设定的"可接受的最小间隙"。"结果"列表框中会报告小于指定的"可接受的最小间隙"的间隙。

"间隙验证"操作步骤如下：

步骤 1　单击"装配体"工具栏中的"间隙验证"按钮，或选择菜单"工具"→"评估"

图 5-21 "间隙验证"属性管理器

→"间隙验证"命令，弹出"间隙验证"属性管理器，如图 5-21 所示。

步骤 2 单击"所选零部件"选项组下的"选择零部件"按钮，选择整个装配体或部分零部件，也可以单击"选择面"按钮，选择检查零部件的特定面。

步骤 3 单击"所选零部件"选项组下的 计算(C) 按钮。

步骤 4 "结果"选项组下的列表框中会显示检查结果。如果没有超出指定的"可接受的最小间隙"，显示 无间隙 ，反之，会列出所有未通过验证的间隙，间隙值显示在右边。

步骤 5 对验证结果做进一步分析和处理。

◇ 选择任一间隙，在图形区域中会高亮显示。

◇ 单击间隙左侧" "，展开间隙项，查看零件名称。

◇ 对于配合面，右键单击该间隙，选择"忽略"命令，排除该项。

步骤 6 单击"确定"按钮，系统保存忽略的间隙，然后关闭属性管理器。

3．碰撞检查与动态间隙检查

前面介绍的"干涉检查"和"间隙验证"都属于静态分析，对于一些活动件有时需要进行动态分析，如移动和旋转运动过程中会不会碰上其他零部件，运动范围会不会超出设定的值等。这些都可以利用"移动零部件"和"旋转零部件"命令进行分析。

（1）碰撞检查

"碰撞检查"可以检查与整个装配体或所选的零部件组之间的碰撞情况，如图 5-22 所示。

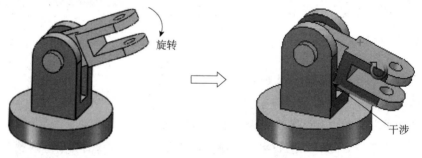

图 5-22 "碰撞检查"示例

"碰撞检查"操作步骤如下：

步骤 1 单击"装配体"工具栏中的"移动零部件"按钮或"旋转零部件"按钮。

步骤 2 在属性管理器的"选项"选项组下单击"碰撞检查"单选按钮，属性管理器变成如图 5-23 所示界面。

步骤3　勾选"碰撞时停止"选项,"检查范围"设置为"这些零部件之间",然后在图形窗口中选择需要检查的零件。

步骤4　单击 恢复拖动(U) 按钮,拖动零部件来检查碰撞。当发生干涉时,会停止运动,同时高亮显示碰撞面。

步骤5　单击"确定"按钮☑,完成并退出碰撞检查。

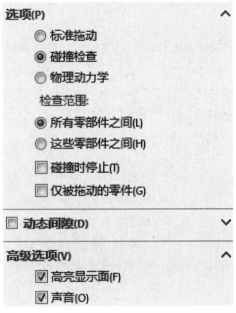

图5-23　"移动/旋转-碰撞检查"属性管理器

(2)动态间隙检查

"动态间隙检查"可以在移动或旋转零部件时动态检查零部件之间的间隙,阻止两个零部件在相互间指定距离内移动或旋转,如图5-24所示。

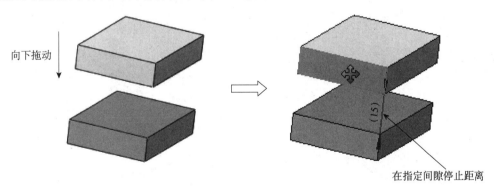

向下拖动

(15)

在指定间隙停止距离

图5-24　"动态间隙检查"示例

"动态间隙检查"操作步骤如下:

步骤1　单击"装配体"工具栏中的"移动零部件"按钮⊞或"旋转零部件"按钮◙。

步骤2　在属性管理器中勾选"动态间隙"选项。

步骤3　激活"检查间隙范围"下的"所选零部件几何体🛈"列表框,选择要检查的零部件,然后单击 恢复拖动(E) 按钮。

步骤 4 单击"在指定间隙停止"按钮🖾，在右侧文本框中输入一数值以阻止所选组件移动到指定距离之内。

步骤 5 拖动图形区域中的所选零部件之一，零部件之间的最小距离会在图形区域和属性管理器中动态变化，当达到指定间隙停止距离时，计算机会发出声音。

步骤 6 单击"确定"按钮✅，完成并退出动态间隙检查。

4．孔对齐

"孔对齐"可以检查装配体中是否存在未对齐的孔，但它只能识别由异型孔向导、简单直孔和圆柱切除特征创建的孔，不会识别派生或输入实体中的孔或多边界拉伸中的孔。

孔对齐操作比较简单，单击"孔对齐"按钮🖼，设定孔中心误差值，默认对顶层装配体进行检查，也可以选择需要检查的零部件，单击 计算(C) 按钮，中心距离在设定的孔中心误差值范围内的不对齐孔组会列在"结果"列表框中。

五、装配体爆炸视图

装配体爆炸视图是一种装配示意图，将装配体分解成若干零件，图解说明装配体的组成结构、装配形式等。建立爆炸视图后，可在正常视图和爆炸视图之间进行切换，也可以对爆炸视图进行编辑。子装配中创建的爆炸视图，在总装配中仍然可使用。

1．创建爆炸视图

在 SolidWorks 中，有两种创建爆炸视图的方法。

（1）自动爆炸

该方法通过定义爆炸距离和爆炸方向可将一个或多个零部件与其他部分分离，如图 5-25 所示。

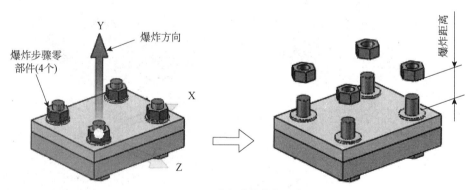

图 5-25 "自动爆炸"示例

"自动爆炸"操作步骤如下：

步骤 1 单击"装配体"工具栏中的"爆炸视图"按钮🖸，或选择菜单"插入"→"爆炸视图"命令，弹出"爆炸"属性管理器，如图 5-26 所示。

步骤 2 展开"添加阶梯"选项组，选择爆炸步骤类型："🖸常规步骤"或"🖼径向步骤"，此处以"常规步骤"为例进行介绍。

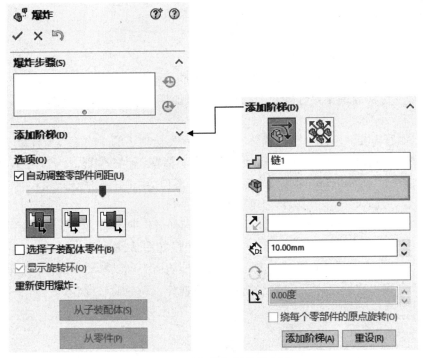

图 5-26　"爆炸"属性管理器

步骤 3　为第一个爆炸步骤选取一个或多个零部件，图形区域中出现 X、Y、Z 三个轴（平移控标）。

步骤 4　激活"爆炸方向"选择列表框，在图形区域选择某一方向平移控标，在"爆炸距离" $\textcircled{\tiny D}$ 文本框中输入距离值。

步骤 5　勾选"选项"选项组下的"自动调整零部件间距"选项，单击 添加阶梯(A) 按钮，完成"链 1"的创建，同时在"爆炸步骤"列表框中会列出结果。如不满意，单击"撤销"按钮 🔙，撤销更改，重复上一步操作。

步骤 6　根据需要生成更多爆炸步骤。

步骤 7　单击"确定"按钮 ✓，完成"自动爆炸"图的创建。爆炸视图保存在生成它的配置中。

（2）手动爆炸

"手动爆炸"通过鼠标拖动控标的方法来实现装配爆炸，如图 5-27 所示。

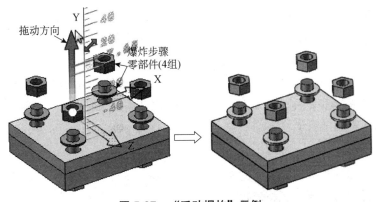

图 5-27　"手动爆炸"示例

"手动爆炸"操作更简单、方便，具体步骤如下：

步骤1　单击"爆炸视图"按钮 。

步骤2　选取一个或多个零部件。

步骤3　拖动平移控标来爆炸零部件。如果选择了多个零部件且要互相炸开，则可在"选项"组下勾选"自动调整零部件间距"选项，以保证拖动时，零部件互相分离，保持一定的动态间距。

步骤4　如有需要，移动"自动调整零部件间距"选项下的"间距"滑杆 ，调节零部件链之间的间距，也可以手动拖动平移控标来进一步调整零部件的位置。

步骤5　单击"在编辑爆炸步骤1/在编辑链1"选项组下的 完成(D) 按钮，完成"爆炸步骤1/链1"的创建，同时，它在"爆炸步骤"列表框中列出。

步骤6　如果要进一步旋转零部件，则选择零部件后，取消勾选"自动调整零部件间距"选项，勾选"绕每个零部件的原点旋转"选项，会出现如图5-28所示的三重轴，它包括三移动控标（箭头）、三个旋转控标（环）和一个中心球。拖动箭头可以移动零部件，拖动环可以旋转零部件，拖动球可以重新定位三重轴。重复上一步操作，完成旋转爆炸。

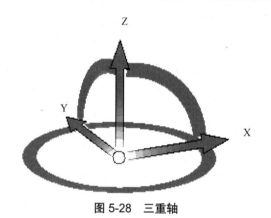

图 5-28　三重轴

步骤7　根据需要生成更多爆炸步骤。

步骤8　单击"确定"按钮 ，完成"手动爆炸"的创建。

2．编辑爆炸视图

"编辑爆炸视图"可以添加、删除或重新定位零部件的爆炸步骤，也可以在爆炸步骤中加入新的爆炸步骤零部件。

用户可以在生成爆炸视图时或保存爆炸视图之后编辑爆炸步骤。要打开以前保存的爆炸视图，可在"配置管理器"中展开配置，右键单击"爆炸视图"，选择"编辑特征"命令即可。"编辑爆炸视图"的操作步骤如下：

步骤1　在"爆炸"属性管理器的"爆炸步骤"列表框中选择欲编辑的爆炸步骤，三重轴显示在图形区域，拖动控标显示在零部件上。

步骤2　根据需要重新定位零部件。

◇　要沿当前爆炸方向移动零部件，可拖动控标。

◇　要更改零部件爆炸方向，可选择三重轴上的一个轴，然后单击 完成(D) 按钮，此时爆炸距离保持相同，但沿新轴进行定位。

步骤3　根据需要可以进行以下更改：

◇　选择零部件以便添加到爆炸步骤。

◇　通过右击爆炸步骤并选择"删除"命令则从步骤中删除零部件。

◇　更改设定和选项。

步骤4　单击 完成(D) 按钮以完成爆炸步骤的编辑。

步骤5　单击"确定"按钮☑，完成爆炸视图编辑。

3．解除爆炸

"解除爆炸"可以使装配体由爆炸视图切换到非爆炸状态，方法是：单击"配置管理器"选项卡 🖼，展开"配置"节点，双击 "爆炸视图"子节点，或右击"爆炸视图"子节点，在弹出的快捷菜单中选择"解除爆炸"命令。

4．添加步路线

"步路线"可向装配爆炸图中添加直线，以便在爆炸视图中显示零部件之间的装配连接关系，如图5-29所示。

步骤1　单击"装配体"工具栏中的"爆炸直线草图"按钮🔗，或选择菜单"插入"→"爆炸直线草图"命令，会出现"爆炸草图"工具栏，"步路线"🔗命令被激活，并打开"步路线"属性管理器，如图5-30所示。

步骤2　在图形区域选择要连接的两个项目。可以选择每个项目上的一个面、圆形边线或直边，但注意箭头方向要一致。

步骤3　根据需要，在图形区域拖动步路线，调整位置。

步骤4　单击"确定"按钮☑，完成"步路线"的创建。同时，"3D爆炸"出现在配置管理器中的"爆炸视图"之下。

步骤5　若要向步路线添加转折，可单击"爆炸草图"工具栏中的"转折线"按钮🔟，选择该步路线，移动光标至合适位置单击，再单击"关闭"按钮☒。

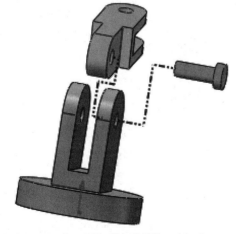

图5-29　"步路线"示例

图5-30　"步路线"属性管理器

装配设计操作视频

一、装配分析

"夹具"装配体由夹具座、压板、转销、夹紧板、定位销、弹簧等几个部分组成。连接和固定压板与转销以及连接夹紧板与夹具座的螺纹紧固件可以直接从"设计库"中调入。按装配关系，可将压板、转销以及螺纹紧固件做成子装配。通过添加各种配合来限制各个零件的相对位置。完成夹具的总装后，可对装配体进行装配检查。确认无问题后，将装配体爆炸，生成装配爆炸视图。

二、装配步骤

1. 新建"压板组"子装配文档

启动 SolidWorks 2024，新建文档，进入"装配体"模块，单击"打开"对话框中的 取消 按钮。单击"开始装配体"属性管理器中的"取消"按钮 ⊠，再单击"保存"按钮 ，在弹出的对话框中，设置保存路径为"D:\solidworks\项目五"文件名为"压板组"，单击 保存(S) 按钮。

2. 插入零部件

① 单击"装配体"工具栏中的"插入零部件"按钮 ，找到"转销"零件文档并打开，单击"确定"按钮 ，"转销"零件的坐标原点与装配体原点重合定位，且处于固定状态，如图 5-31 所示。

② 重复上述步骤，插入"压板"零件，如图 5-32 所示，注意不要固定。

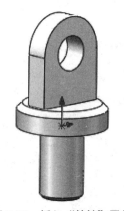

图 5-31 插入"转销"零件

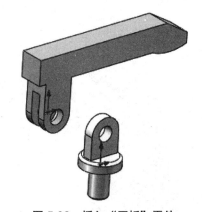

图 5-32 插入"压板"零件

③ 连接转销和夹紧板的螺纹紧固件可从"设计库"中调入，但首先要加载标准件库。选择菜单"工具"→"插件"命令，在弹出的"插件"对话框中勾选" SOLIDWORKS Toolbox Library "，单

击 确定 按钮，完成标准件库的加载。

　　单击右侧"任务窗格"中的"设计库"按钮 🏛️，弹出"设计库"窗口，如图 5-33 所示。选择"Toolbox"→"ISO"→"螺栓和螺钉"命令，选择"六角螺栓和螺钉"，拖动窗口中的"六角凸缘螺栓 ISO 4162"至图形区域。此时，弹出"配置零部件"属性管理器，如图 5-34 所示。在"属性"选项组下，单击"大小"下拉列表框，选择"M10"，再单击"长度"下拉列表框，选择"35"，单击"确定"按钮 ✔️，完成"六角凸缘螺栓 ISO 4162-M10×35"调入。单击"取消"按钮 ✖️。

图 5-33　"设计库"窗口

图 5-34　"配置零部件"属性管理器

　　④ 采用类似的方法，选择"Toolbox"→"ISO"→"螺垫"命令，选择"平螺垫"，拖动窗口中的"螺垫-ISO 7090 加倒角等级 A"至图形区域。单击"确定"按钮 ✔️，完成"螺垫-ISO 7090 加倒角等级 A-M10"调入。选择"Toolbox"→"ISO"→"螺母"命令，选择"六角螺母"，拖动窗口中的"六角凸缘螺母等级 A　ISO-4161"至图形区域。单击"大小"下拉列表框，选择"M10"。单击"确定"按钮 ✔️，完成"六角凸缘螺母等级 A　ISO-4161-M10"调入。调入的螺纹紧固件如图 5-35 所示。

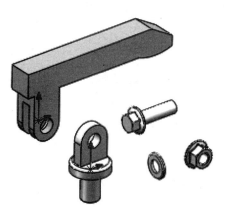

图 5-35　调入螺纹紧固件

3．添加配合

　　为了便于添加配合，操作过程中可对零部件进行移动、旋转。

　　① 单击"装配体"工具栏中的"配合"按钮 🔗，在"选项"组下勾选"显示弹出对话""显示预览""使第一个选择透明"选项，取消勾选其他选项，在图形区域分别选择"压板"和"转销"零件的圆孔面，单击关联工具条中的"添加/完成配合"按钮 ✔️，完成"同轴心"配合

的添加，如图 5-36 所示。

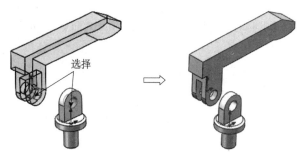

图 5-36   "同轴心"配合添加

② 单击"高级配合"下的"宽度"按钮，"约束类型"选择"中心"，选择"压板"上槽的两内侧面作为"宽度参考 1"，选择"转销"上拱形柱体两侧面作为"宽度参考 2"，注意对应关系，单击"确定"按钮，完成"宽度-中心"配合的添加，如图 5-37 所示。

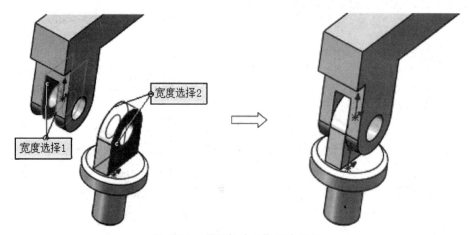

图 5-37   "宽度-中心"配合添加

③ 在图形区域分别选择"六角凸缘螺栓 ISO 4162-M10×35"的圆柱面和"转销"的圆孔面，单击"添加/完成配合"按钮，完成"同轴心"配合的添加，如图 5-38 所示。

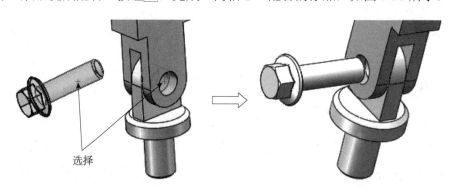

图 5-38   "同轴心"配合添加

④ 在图形区域分别选择"六角凸缘螺栓 ISO 4162-M10×35"的端面和"压板"的后侧面，单击"添加/完成配合"按钮，完成"重合"配合的添加，如图 5-39 所示。

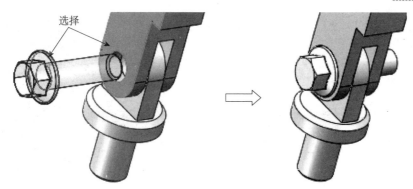

图 5-39   "重合"配合添加

⑤ 在图形区域分别选择"螺垫-ISO 7090 加倒角等级 A-M10"的圆孔面和"六角凸缘螺栓 ISO 4162-M10×35"的圆柱面,单击"添加/完成配合"按钮☑,完成"同轴心"配合的添加,如图 5-40 所示。

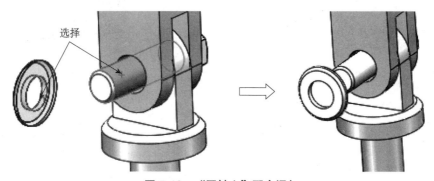

图 5-40   "同轴心"配合添加

⑥ 在图形区域分别选择"螺垫-ISO 7090 加倒角等级 A-M10"的端面和"压板"的前侧面,单击"添加/完成配合"按钮☑,完成"重合"配合的添加,如图 5-41 所示。

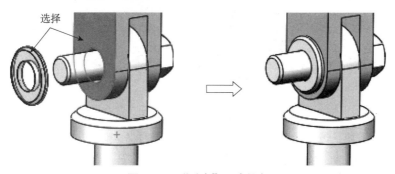

图 5-41   "重合"配合添加

⑦ 在图形区域分别选择"六角凸缘螺母等级 A   ISO-4161"的圆孔面和"螺垫-ISO 7090 加倒角等级 A-M10"的圆孔面,单击"添加/完成配合"按钮☑,完成"同轴心"配合的添加,如图 5-42 所示。

⑧ 在图形区域分别选择"六角凸缘螺母等级 A   ISO-4161"的端面和"螺垫-ISO 7090 加倒角等级 A-M10"的前端面,单击"添加/完成配合"按钮☑,完成"重合"配合的添加,如图 5-43 所示。

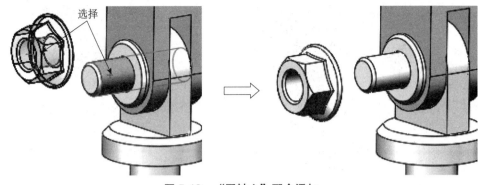

图 5-42　　"同轴心"配合添加

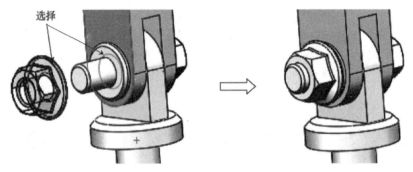

图 5-43　　"重合"配合添加

⑨ 单击"配合"属性管理器中的"确定"按钮☑，完成"压板组"子装配的装配，如图 5-44 所示。

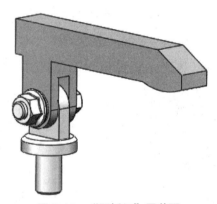

图 5-44　　"压板组"子装配

4．保存"压板组"子装配文件

单击"保存"按钮▣，保存"压板组"子装配文档。

5．新建"夹具"总装配文档

启动 SolidWorks 2024，新建文档，进入"装配体"模块，单击"打开"对话框中的 [取消] 按钮，再单击"开始装配体"属性管理器中的"取消"按钮×。单击"保存"按钮▣，在弹出的对话框中，设置保存路径为"D:\solidworks\项目五"，文件名为"夹具"，单击 [保存(S)] 按钮。

6．插入零部件

① 单击"装配体"工具栏中的"插入零部件"按钮 ，找到"夹具座"零件文档并打开，单击"确定"按钮 ，"夹具座"零件放置在装配原点处，且处于固定状态，如图 5-45 所示。

② 单击"装配体"工具栏中的"插入零部件"按钮 ，找到"压板组"装配文档并打开，在图形区域单击，放置"压板组"部件，如图 5-46 所示。

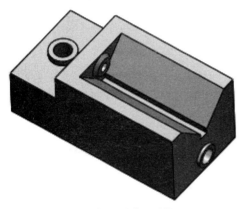

图 5-45　插入"夹具座"零件　　　　　　　图 5-46　插入"压板组"子装配

③ 单击"装配体"工具栏中的"插入零部件"按钮 ，找到零件存放路径，按下〈Ctrl〉键，选择"夹紧板""定位销""工件""弹簧"4 个零件，单击 打开 按钮，依次在图形区域单击，放置 4 个零件，如图 5-47 所示。

④ 先加载标准件库，然后单击右侧"任务窗格"中的"设计库"按钮 ，选择"Toolbox"→"ISO"→"螺垫"命令，选择"平螺垫"，拖动窗口中的"螺垫-ISO 7090 加倒角等级 A"至图形区域。单击"大小"下拉列表框，选择"M12"，单击"确定"按钮 ，完成"螺垫-ISO 7090 加倒角等级 A-M12"调入。选择"Toolbox"→"ISO"→"螺母"命令，选择"六角螺母"，拖动窗口中的"六角凸缘螺母等级 A　ISO-4161"至图形区域。单击"大小"下拉列表框，选择"M12"。单击"确定"按钮 ，完成"六角凸缘螺母等级 A　ISO-4161-M12"调入。完成所有零部件调入，如图 5-48 所示。

图 5-47　插入"夹紧板""定位销"等零件　　　　图 5-48　调入所有零部件

7．添加配合

① 单击"装配体"工具栏中的"配合"按钮⬚，在图形区域分别选择"压板组"子装配中的"转销"零件圆柱面和"夹具座"左侧竖直方向的圆孔面，单击"添加/完成配合"按钮✓，完成"同轴心"配合的添加，如图 5-49 所示。

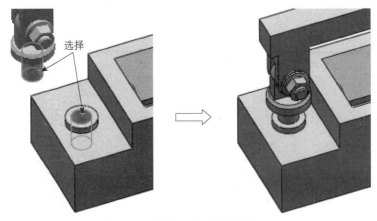

图 5-49　"同轴心"配合添加

② 在图形区域分别选择"压板组"子装配中的"转销"零件端面和"夹具座"左侧凸台的上表面，单击"添加/完成配合"按钮✓，完成"重合"配合的添加，如图 5-50 所示。

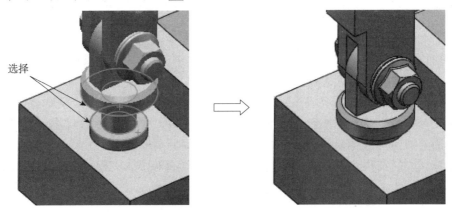

图 5-50　"重合"配合添加

③ 在图形区域分别选择"压板"前表面和"夹具座"前表面，单击"平行"按钮⬚，再单击"添加/完成配合"按钮✓，完成"平行"配合的添加，如图 5-51 所示。

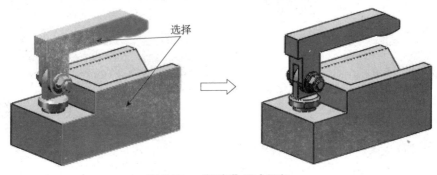

图 5-51　"平行"配合添加

④ 单击 选项卡，展开特征管理设计树，将鼠标指针移至 压板组<1>（默认<默认_显示状态-1>），单击鼠标右键，选择"隐藏"命令。在图形区域分别选择"定位销"圆柱面和"夹具座"锥形凸台圆孔面，单击"添加/完成配合"按钮，完成"同轴心"配合的添加，如图 5-52 所示。

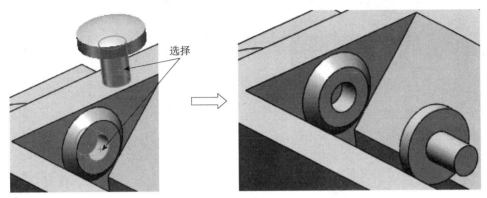

图 5-52　"同轴心"配合添加（2）

⑤ 分别选择"定位销"头部端面和"夹具座"锥形凸台底面，单击"反转配合对齐"按钮，再单击"添加/完成配合"按钮，完成"重合"配合的添加，如图 5-53 所示。

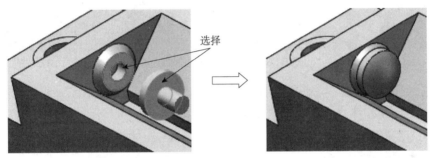

图 5-53　"重合"配合添加（2）

⑥ 将"工件"大致调整到"夹具座"定位槽的上方，分别选择"工件"上圆柱面和"夹具座"定位槽的一个斜面，再单击"添加/完成配合"按钮，完成"相切"配合（1）的添加，如图 5-54 所示。

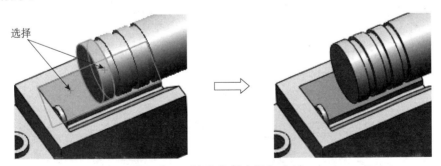

图 5-54　"相切"配合添加（1）

⑦ 分别选择"工件"上圆柱面和"夹具座"定位槽的另一个斜面，再单击"添加/完成配合"按钮，完成"相切"配合（2）的添加，如图 5-55 所示。

图 5-55 "相切"配合添加（2）

⑧ 分别选择"工件"的左端面和"定位销"的圆球面，单击"添加/完成配合"按钮☑，完成"相切"配合（3）的添加，如图 5-56 所示。

图 5-56 "相切"配合添加（3）

⑨ 分别选择"夹紧板"的圆柱面和"夹具座"右侧凸台上的圆孔面，再单击"添加/完成配合"按钮☑，完成"同轴心"配合的添加，如图 5-57 所示。

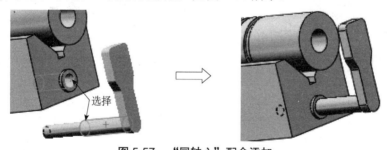

图 5-57 "同轴心"配合添加

⑩ 分别选择"夹紧板"的左侧面和"工件"的右端面，再单击"添加/完成配合"按钮☑，完成"重合"配合的添加，如图 5-58 所示。

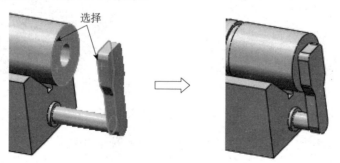

图 5-58 "重合"配合添加

⑪ 如图 5-59 所示，分别选择"夹紧板"的前表面和"工件"的前表面，单击"平行"按钮 ⊠，再单击"添加/完成配合"按钮 ✓，完成"平行"配合的添加。

⑫ 单击"前导视图"工具栏中的"观阅基准轴"按钮 ↗，显示弹簧基准轴。分别选择"弹簧"的基准轴和"夹紧板"的圆柱面，再单击"添加/完成配合"按钮 ✓，完成"同轴心"配合的添加，如图 5-60 所示。

⑬ 分别选择"弹簧"的底面和"夹具座"的内凸台表面，再单击"添加/完成配合"按钮 ✓，完成"重合"配合的添加，如图 5-61 所示。

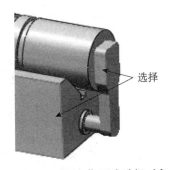

图 5-59　"平行"配合选择对象

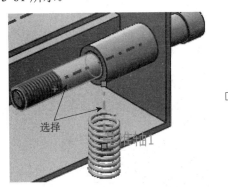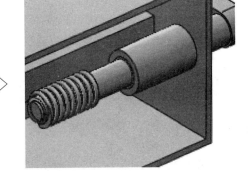

图 5-60　"同轴心"配合添加

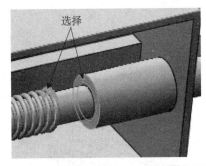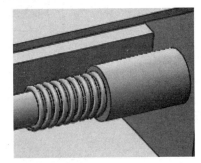

图 5-61　"重合"配合添加

⑭ 分别选择"螺垫-ISO 7090 加倒角等级 A-M12"的圆孔面和"夹紧板"的圆柱面，再单击"添加/完成配合"按钮 ✓，完成"同轴心"配合的添加，如图 5-62 所示。

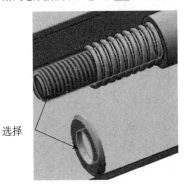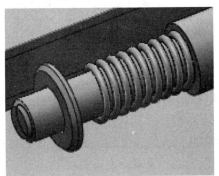

图 5-62　"同轴心"配合添加

⑮ 分别选择"螺垫-ISO 7090 加倒角等级 A-M12"的端面和"弹簧"的底面,再单击"添加/完成配合"按钮☑,完成"重合"配合的添加,如图 5-63 所示。

图 5-63 "重合"配合添加

⑯ 分别选择"六角凸缘螺母等级 A ISO-4161-M12"的圆孔面和"夹紧板"的圆柱面,再单击"添加/完成配合"按钮☑,完成"同轴心"配合的添加,如图 5-64 所示。

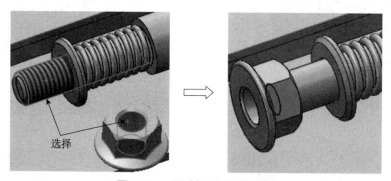

图 5-64 "同轴心"配合添加

⑰ 分别选择"六角凸缘螺母等级 A ISO-4161-M12"的端面和"螺垫-ISO 7090 加倒角等级 A-M12"的端面,再单击"反转配合对齐"按钮☑,然后单击"添加/完成配合"按钮☑,完成"重合"配合的添加,如图 5-65 所示。

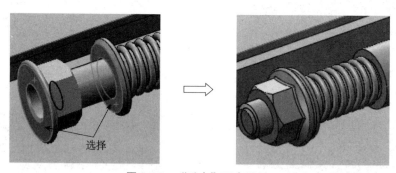

图 5-65 "重合"配合添加

⑱ 单击"确定"按钮☑,退出"配合"属性管理器。重新显示"压板组"子装配,子装配体在父装配体中默认是刚性的,子装配体中的零部件不相对于彼此移动。可使子装配体变为柔性的,从而允许在父装配体中移动子装配体的各个零部件。其方法是:单击特征管理设计树中的"压板组"子装配,在关联工具条中单击"零部件属性"按钮▤,弹出"零部件属性"对话框,设置"求解为"为"柔性",再单击 确定(K) 按钮。

单击"装配体"工具栏中的"配合"按钮✐，展开"高级配合"组，再单击"角度"按钮
▲，在图形区域分别选择"压板"和"夹具座"的上表面，输入角度（开始位置）0°、最大值
110、最小值 0，单击"确定"按钮✓，完成"限制"配合的添加，同时完成夹具总装，如图 5-
66 所示。

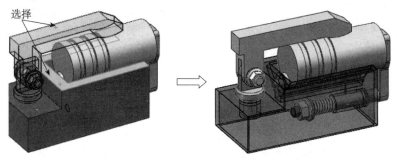

图 5-66 "夹具"装配体

8．干涉检查

单击"装配体"工具栏中的"干涉检查"按钮📇，在"选项"组下仅勾选"使干涉零件透
明"选项。单击"所选零部件"选项组下的 计算(Ｃ) 按钮，对整个装配体进行干涉检查。检查结
果显示有两处干涉，均为螺纹连接处，可以忽略。

9．创建"压板组"子装配爆炸图

① 打开"压板组"子装配文档，单击"爆炸视图"按钮🎇，选择"压板""六角凸缘螺栓
ISO 4162-M10×35""螺垫-ISO 7090 加倒角等级 A-M10""六角凸缘螺母等级 A ISO-4161-
M10"零件，取消勾选"自动调整零部件间距"选项，拖动"Y"臂杆至合适位置，单击 完成(D)
按钮，完成"爆炸步骤 1"的创建如图 5-67 所示。

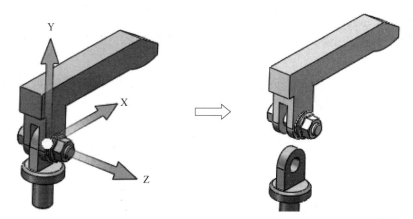

图 5-67 "压板组"爆炸步骤 1

② 选择"六角凸缘螺栓 ISO 4162-M10×35"零件，拖动"Z"臂杆至合适位置，单击 完成(D)
按钮，完成"爆炸步骤 2"的创建如图 5-68 所示。

③ 选择"螺垫-ISO 7090 加倒角等级 A-M10""六角凸缘螺母等级 A ISO-4161-M10"零
件，勾选"自动调整零部件间距"选项，拖动"Z"臂杆至合适位置，移动"间距"滑杆▮，调
节零部件链之间的间距，单击 完成(D) 按钮，完成"链 1"的创建如图 5-69 所示。

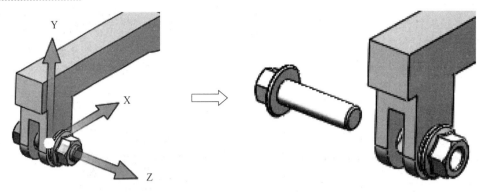

图 5-68　"压板组"爆炸步骤 2

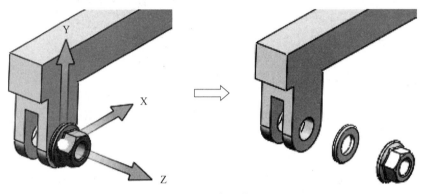

图 5-69　"压板组"链 1

④ 单击"确定"按钮 ✓，完成"压板组"子装配的爆炸图创建，如图 5-70 所示。

⑤ 单击"保存"按钮 💾，保存"压板组"子装配文档。

10. 创建"夹具"装配爆炸图

① 打开"夹具"装配体文档，单击"爆炸视图"按钮 🐾，选择"压板组"子装配，勾选"自动调整零部件间距"选项，拖动"Y"臂杆至合适位置，再单击 完成(D) 按钮，完成"链 1"的创建如图 5-71 所示。

图 5-70　"压板组"子装配爆炸图

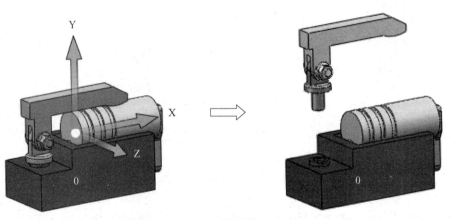

图 5-71　"夹具"链 1

② 单击"确定"按钮✅，退出"爆炸"属性管理器，隐藏"压板组"子装配、"工件"和"定位销"零件，使"夹具座"透明。

③ 单击"配置管理器"选项卡🔳，展开配置，右键单击"爆炸视图 1"，选择"编辑特征"命令，重新弹出"爆炸"属性管理器。选择"六角凸缘螺母等级 A　ISO-4161-M12""螺垫-ISO 7090 加倒角等级 A-M12""弹簧""夹紧板"零件，勾选"自动调整零部件间距"选项，拖动"X"臂杆至合适位置，分别拖动"螺垫-ISO 7090 加倒角等级 A-M12""六角凸缘螺母等级 A　ISO-4161-M12"的臂杆，调整位置，单击 完成(D) 按钮，完成"链 2"的创建，如图 5-72 所示。单击"确定"按钮✅，退出"爆炸"属性管理器。

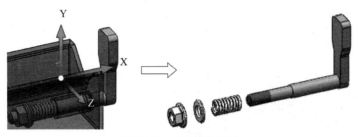

图 5-72　"夹具"链 2

④ 显示所有零部件，单击"配置管理器"选项卡🔳，展开配置，右击"爆炸视图 1"，选择"编辑特征"命令，重新弹出"爆炸"属性管理器。选择"定位销""工件"零件，拖动"X"臂杆至合适位置，移动"间距"滑杆↧，调节工件位置，单击 完成(D) 按钮，完成"链 3"的创建，如图 5-73 所示。

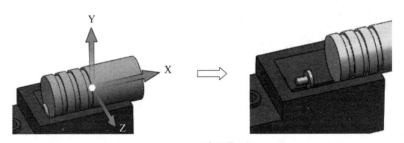

图 5-73　"夹具"链 3

⑤ 选择"定位销""工件"零件，取消勾选"自动调整零部件间距"选项，拖动"Y"臂杆至合适位置，单击 完成(D) 按钮，完成"爆炸步骤 1"的创建，如图 5-74 所示。

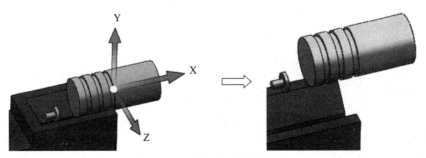

图 5-74　"夹具"爆炸步骤 1

⑥ 取消勾选"选项"组下的"选择子装配体零件"选项，在特征管理设计树中选择"压板组"子装配，单击 从子装配体(S) 按钮，按"压板组"子装配文档中定义的爆炸图将其炸开。单击"确定"按钮☑，完成"夹具"装配爆炸图创建，如图 5-75 所示。

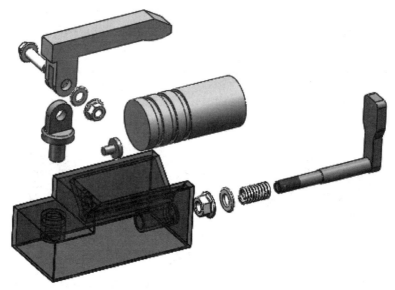

图 5-75   "夹具"装配爆炸图

11．添加步路线

单击"装配体"工具栏中的"爆炸直线草图"按钮☜，选择需要连接的两个对象上的圆边线，根据需要在图形区拖动步路线，调整位置，单击"确定"按钮☑。重复以上操作，完成其他步路线的创建。其中"压板"与"转销"，"夹紧板"与"夹具座"需添加转折线。最终结果如图 5-76 所示。

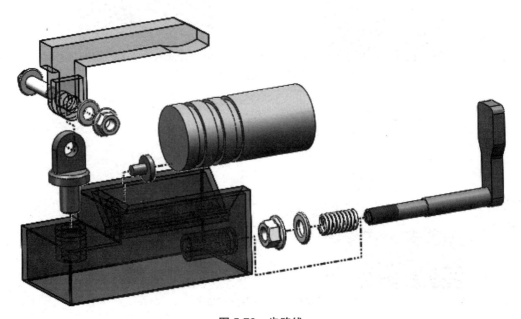

图 5-76   步路线

12. 保存"夹具"总装配文档

单击"保存"按钮，保存"夹具"总装配文档。

小结

本模块主要通过夹具装配示例讲述了 SolidWorks 装配的基本概念；装配设计的基本方法；装配环境下零件的调入、复制、删除、隐藏与显示、移动与旋转等操作；配合关系的添加与编辑；装配体爆炸视图的制作；装配体的干涉检查；步路线的创建等内容。通过本项目的学习，读者可以掌握 SolidWorks 装配的相关知识，使用 SolidWorks 软件进行产品的装配设计。

练习

1. 根据提供的夹具装配体的零件图纸（见图 5-77）进行三维建模，用自底向上的装配方法进行装配并完成装配爆炸视图的创建。

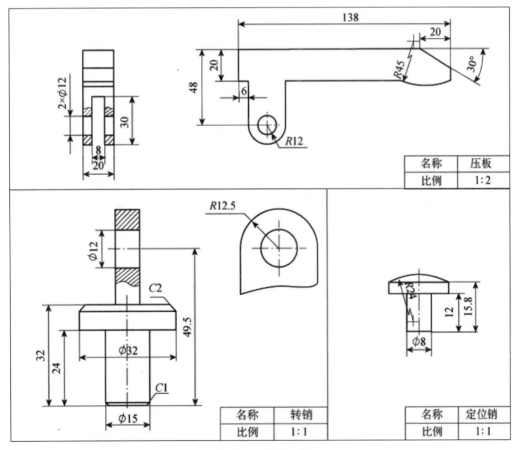

图 5-77　练习 1 图

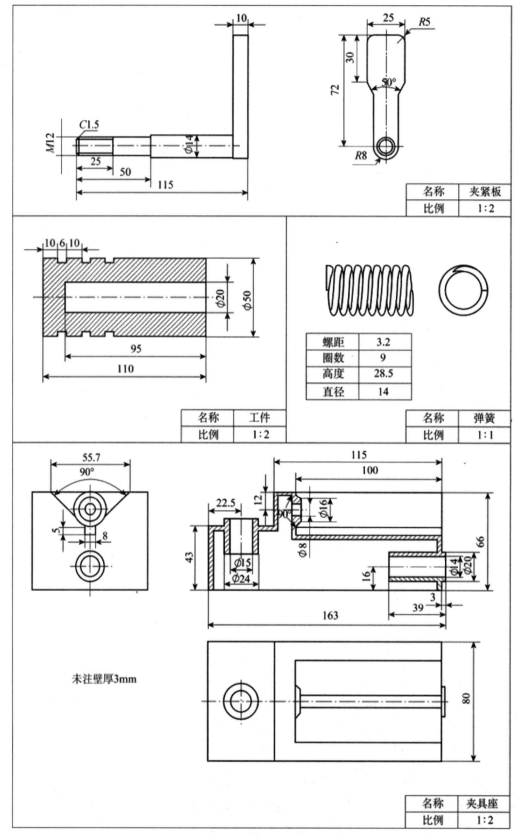

图 5-77　练习 1 图（续）

2. 根据提供的台虎钳的装配体的零件图纸（见图 5-78）进行三维建模，用自底向上的装配方法进行装配和装配检查并完成装配爆炸视图的创建。

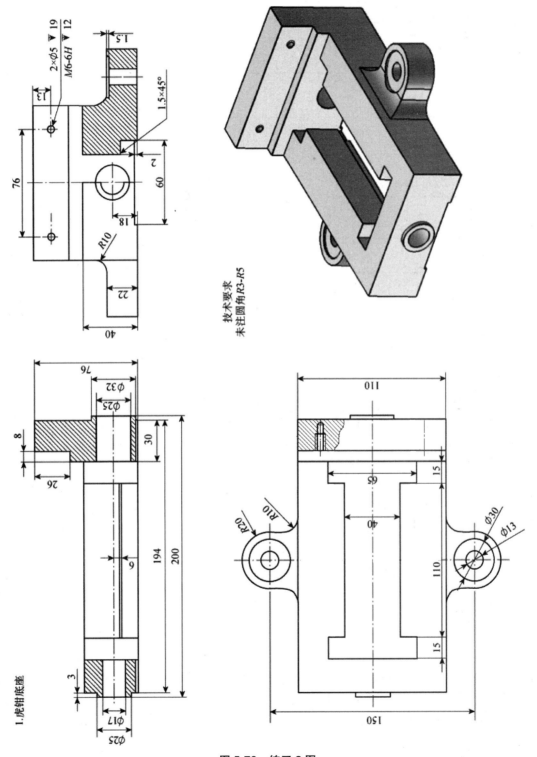

图 5-78 练习 2 图

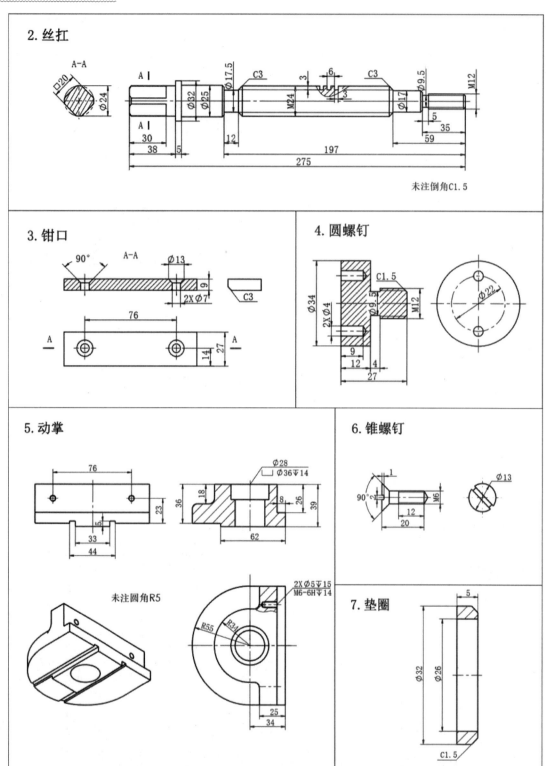

图 5-78 练习 2 图（续）

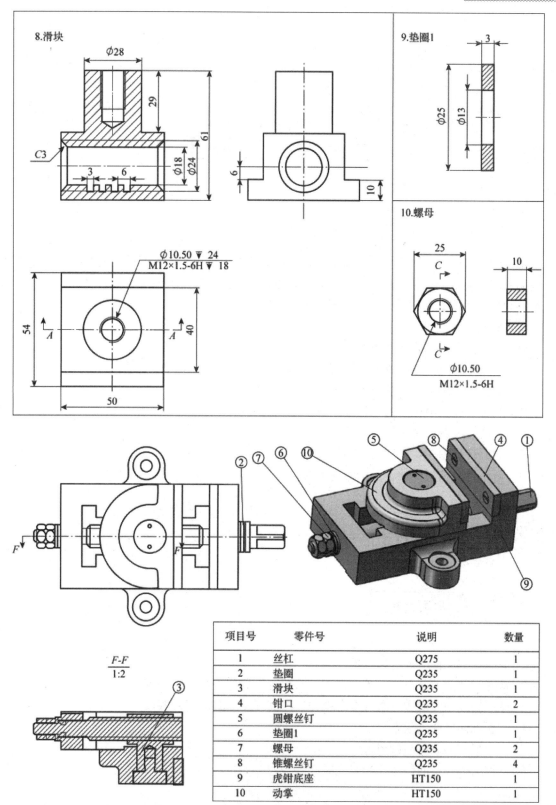

8.滑块

$\phi28$
29
61
$\phi18$
$\phi24$
C3
3　6
6
10

$\phi10.50 \,\overline{\underline{\vee}}\, 24$
M12×1.5-6H $\overline{\underline{\vee}}$ 18
54
40
50
A　A

9.垫圈1

3
$\phi25$
$\phi13$

10.螺母

25
C
C
10
$\phi10.50$
M12×1.5-6H

F-F
1:2

F

项目号	零件号	说明	数量
1	丝杠	Q275	1
2	垫圈	Q235	1
3	滑块	Q235	1
4	钳口	Q235	2
5	圆螺丝钉	Q235	1
6	垫圈1	Q235	1
7	螺母	Q235	2
8	锥螺丝钉	Q235	4
9	虎钳底座	HT150	1
10	动掌	HT150	1

图 5-78　练习 2 图（续）

项目六　工程图

　　工程图简称图样，指根据投影原理、制图标准或有关规定，表示工程对象并有必要添加技术说明的图，它是表达和交流技术思想的重要工具，也是指导生产的重要技术文件。工程技术人员必须具备使用 CAD 软件创建符合国标的工程图的能力。

　　学习目标：

- 掌握标准图幅的调用和编辑
- 掌握零件图中各种视图、剖视图的创建
- 掌握零件图中尺寸及技术要求的标注
- 掌握标题栏中相关内容与零件对应属性的关联
- 掌握装配图中特殊表达方法的应用
- 掌握装配图中明细栏的自动填写方法
- 掌握装配图中零件序号的编写

模块一　创建零件工程图

 学习目标

1. 掌握标准图幅的调用和编辑
2. 掌握视图的创建方法：基本视图、向视图、局部视图、斜视图
3. 掌握剖视图的创建方法：全剖视图、半剖视图、局部剖视图
4. 掌握剖面图的创建方法
5. 掌握局部放大图的创建方法
6. 掌握其他视图的创建：断裂视图
7. 掌握各种尺寸标注方法
8. 掌握图样上技术要求的标注：注释、尺寸公差、表面粗糙度、形位公差

根据图 6-1 所示底座图纸，在 SolidWorks 工程图模块中完成底座零件图的创建。要求：图幅采用 A3 图纸，比例 1：1，视图表达规范、合理，尺寸标注及技术要求等完整。

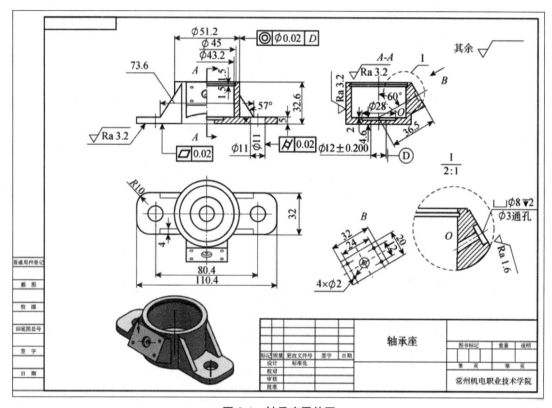

图 6-1 轴承座零件图

一、图幅调用

SolidWorks 2024 提供了 A0～A4 标准图幅工程图模板，用户使用时可以直接调用。由于系统提供的模板与我国制图标准有一些差别，需要对其进行合理的参数设置以符合制图规范。

1．模板编辑

① 启动 SolidWorks 2024 后，单击"打开"按钮，设置"打开类型"为"Template (*.prtdot；*.asmdot；*.drwdot)"，文件路径会自动切换至 SolidWorks 2024 模板文件下，选择其中一个模板

文件打开（如：gb_a3.drwdot）。

② 选择菜单"工具"→"选项"命令，在弹出的对话框中单击"文档属性"选项卡，进行如下设置。

◇ 尺寸，其参数设置如图 6-2 所示。

（a）精度　　　　　　　　　　　　　　　　　　　（b）箭头

图 6-2　"尺寸"参数设置

◇ 中心线/中心符号线，其参数设置如图 6-3 所示。

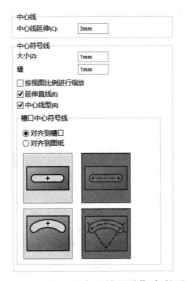

图 6-3　"中心线/中心符号线"参数设置

◇ 视图，先将字体高度改为 5mm，再分别设置各种视图其他参数如图 6-4 所示。

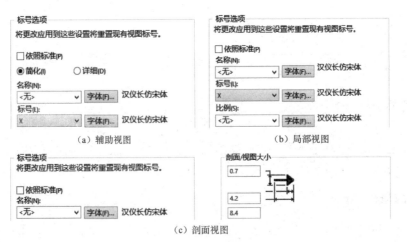

（a）辅助视图　　　　　　　　　　　　　　　（b）局部视图

（c）剖面视图

图 6-4　"视图"参数设置

◇　"出详图"参数设置如图 6-5 所示。

图 6-5　"出详图"参数设置

③ 单击"确定"按钮，退出对话框，单击"保存"按钮 <img>，保存模板文件。

其他工程图模板可以采用类似方法编辑。

2．模板调用

创建工程图时可以直接调用系统提供的工程图模板，其步骤为：

步骤 1　单击"标准工具栏"中的"新建"按钮 <img>，或选择菜单"文件"→"新建"命令。

步骤 2　在弹出的"新建 SOLIDWORKS 文件"对话框中单击 高级 按钮，对话框变成如图 6-6 所示形式。在其中选择某一模板，如 gb_a4。

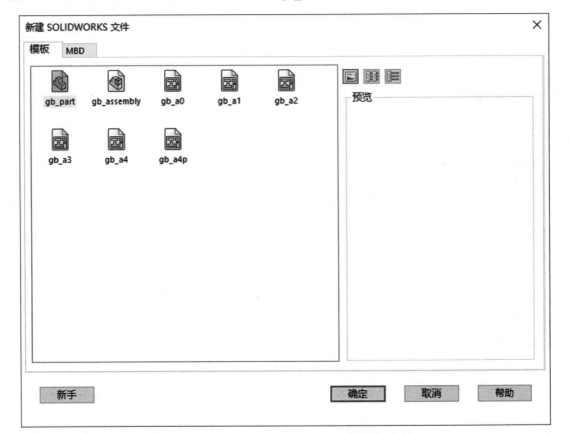

图 6-6　"新建 SOLIDWORKS 文件–模板"对话框

步骤 3 单击"确定"按钮，完成标准图幅调用，如图 6-7 所示。

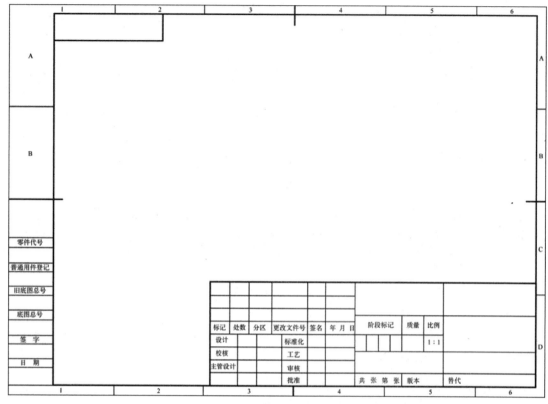

图 6-7 标准 A4 图幅

二、视图创建

1．基本视图

SolidWorks 中基本视图可以使用标准三视图、模型视图、相对视图等命令创建。

（1）标准三视图

"标准三视图"可以为模型同时生成三个默认的正交视图，即主视图、俯视图、左视图，如图 6-8 所示。所使用的视图方向基于零件或装配体中的视向，无法更改。

生成"标准三视图"的操作步骤如下：

步骤 1 在工程图文件中，单击"工程图"工具栏中的"标准三视图"按钮，或选择菜单"插入"→"工程图视图"→"标准三视图"命令，弹出"标准三视图"属性管理器，如图 6-9 所示。

步骤 2 单击 浏览(B)... 按钮，弹出"打开"对话框，找到需要打开的零件/装配体文件，单击 打开 按钮。

步骤 3 单击"确定"按钮，完成标准三视图的添加。

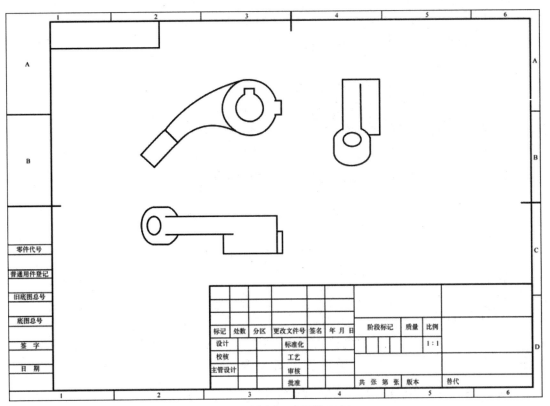

图 6-8 "标准三视图"示例

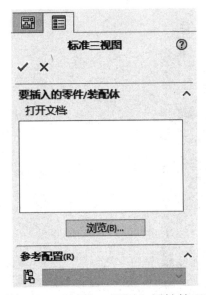

图 6-9 "标准三视图"属性管理器

（2）模型视图

"模型视图"可根据预定义的视向生成单一视图，如图 6-10 所示。

生成"模型视图"的操作步骤如下：

步骤 1 单击"模型视图"按钮 或选择菜单"插入"→"工程视图"→"模型"命令，弹出"模型视图"属性管理器。

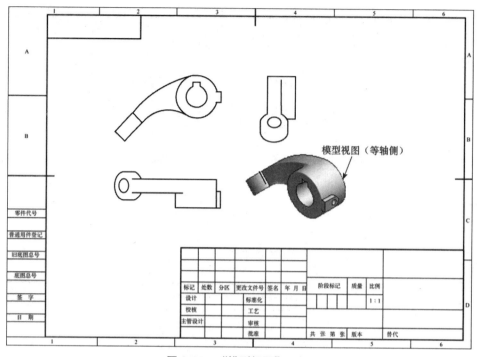

图 6-10 "模型视图"示例

步骤 2 单击 浏览(B)... 按钮，找到零件文件并打开，"模型视图"属性管理器变成如图 6-11 所示形式。

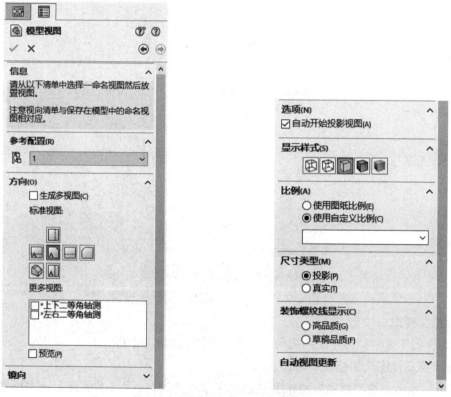

图 6-11 "模型视图"属性管理器

步骤3　在"方向"选项组下选择某一标准视图，若要生成多个标准视图，先勾选"生成多视图"复选框，再在"标准视图"下选择需要添加的标准视图。

步骤4　如要改变视图比例，在"比例"选项组下单击"使用图纸比例"单选按钮，并在下拉列表框中选择某一比例，也可以选择"使用自定义比例"单选按钮，并在文本框中输入想要的比例。

步骤5　如有必要，可以设置"显示样式"。

步骤6　在图形区单击以放置模型视图。

步骤7　单击"确定"按钮☑，完成"模型视图"的创建。

（3）相对视图

"相对视图"是一个正交视图，由模型中两个正交面或基准面及各自的具体方位定义，如图6-12所示。用户可使用该视图类型将工程图中第一个正交视图设定到与默认设置不同的视图。当默认的视图方位与想要的不一致时，使用该命令可以解决此问题。

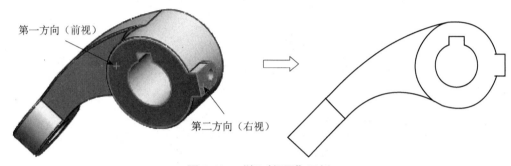

图6-12　"相对视图"示例

生成"相对视图"的操作步骤如下：

步骤1　单击"相对视图"按钮🖼️或选择菜单"插入"→"工程视图"→"相对于模型"命令，弹出"相对视图"属性管理器，如图6-13所示。

步骤2　如果零件模型已经打开，通过"窗口"菜单切换到零件文件，属性管理器就变成如图6-14所示形式。如果没有打开，则在图形区域单击鼠标右键，在如图6-15所示的快捷菜单中选择"从文件中插入"命令，找到该模型文件并打开。第一、第二方向分别选择模型表面或基准面，单击"确定"按钮☑，回到工程图环境，"工程图视图"属性管理器随即出现，当视图位于所需的位置时，单击以放置视图。

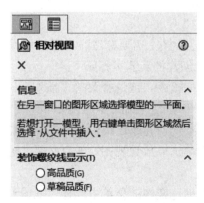

图6-13　"相对视图"属性管理器1

图6-14　"相对视图"属性管理器2

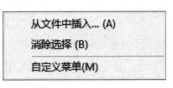

图 6-15　快捷菜单

步骤 3　如有必要，在"工程图视图"属性管理器中可以设置比例等。

步骤 4　单击"确定"按钮☑，完成"相对视图"的创建。

（4）投影视图

"投影视图"是根据已有视图通过正交投影生成的视图，如图 6-16 所示。

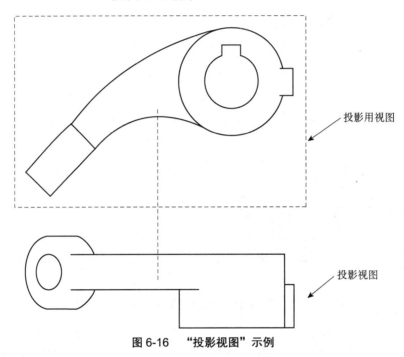

图 6-16　"投影视图"示例

生成"投影视图"的操作步骤如下：

步骤 1　单击"工程图"工具栏中的"投影视图"按钮，或选择菜单"插入"→"工程视图"→"投影视图"命令，弹出"投影视图"属性管理器。

步骤 2　在图形区域中选择一投影用的视图。

步骤 3　如要选择投影的方向，将鼠标指针移动到所选视图的相应一侧。当视图位于所需的位置时，单击以放置视图。投影视图被放置在图纸上，与用来生成它的视图对齐。

2．向视图

"向视图"是不按投影位置放置的基本视图，在对应视图上需要标注，如图 6-17 所示。

SolidWorks 中向视图的添加可以使用"辅助视图"创建，具体步骤如下：

步骤 1　单击"工程图"工具栏中的"辅助视图"按钮，或选择菜单"插入"→"工程图视图"→"辅助视图"命令，弹出"辅助视图"属性管理器，如图 6-18 所示。

步骤 2　选取参考边线，参考边线可以是零件的边线、侧影轮廓边线、轴线或所绘制的直线。

步骤 3　移动光标直到视图到达需要的位置，然后单击以放置视图。如有必要，可编辑视图标号并更改视图的方向。

步骤 4　将光标移至辅助视图的边框，单击鼠标右键，在快捷菜单中选择"视图对齐"→"解除对齐关系"命令，如图 6-19 所示。

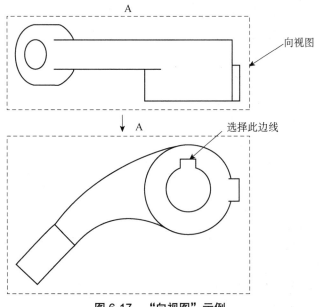

图 6-17 "向视图"示例

步骤 5 拖动辅助视图边框至合适位置。

步骤 6 单击"确定"按钮 ✓，完成辅助视图的创建。

图 6-18 "辅助视图"属性管理器

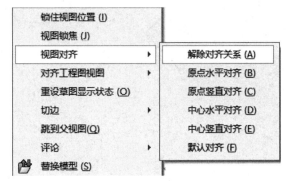

图 6-19 快捷菜单

注意：辅助视图在局部视图中不可使用。

3．局部视图

局部视图表达的是机件上的局部结构，在 SolidWorks 中可用"剪裁视图"命令创建。该命令可以剪裁现有视图以便只显示视图的一部分。

生成"局部视图"的操作步骤如下：

步骤 1　在工程图视图中，绘制一个闭合轮廓，并使之处于可编辑状态（可按〈Ctrl〉键多选）。

步骤 2　单击"工程图"工具栏中的"裁剪视图"按钮，或选择菜单"插入"→"工程视图"→"裁剪视图"命令。

步骤 3　单击"确定"按钮，完成局部视图的创建。

图 6-20 表述了局部视图的创建过程。

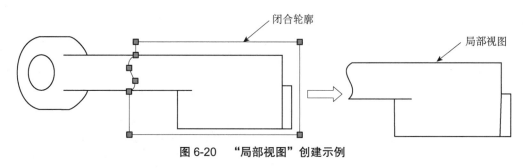

图 6-20　"局部视图"创建示例

如果想要移除剪裁视图，可在图形区域或特征管理设计树中右击工程图视图 1，然后在快捷菜单中选择"剪裁视图"→"移除剪裁视图"命令。剪裁视图被移除后，视图返回到其未剪裁的状态。

4．斜视图

斜视图用来表达机件上的倾斜结构，SolidWorks 中"辅助视图"除了可以制作向视图外，更多的是用来创建斜视图，只不过参考边线要选择斜线。要反映局部结构，其用法与局部视图类似，在此不再赘述。图 6-21 表述了斜视图的创建过程。

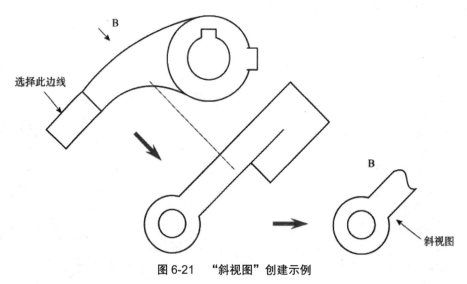

图 6-21　"斜视图"创建示例

三、剖视图创建

剖视图用来表达机件的内部结构形状，根据剖切范围的不同分为全剖视图、半剖视图、局部剖视图。剖视图按剖切面数量、位置、形状的不同，又可分为单一剖、阶梯剖、旋转剖、复合剖，应根据机件的结构特点，选择合适的剖切方式。

SolidWorks 中剖视图的创建主要采用"剖面视图""断开的剖视图"命令。其中，"剖面视图"命令用来创建全剖视图和半剖视图，"断开的剖视图"命令用来创建局部剖视图。

1. 全剖视图创建

全剖视图是指用剖切面完全剖开机件来表达的剖视图，下面按剖切方式不同分别叙述。

（1）单一剖

"单一剖"指用单一平面将机件剖开来表达。其操作方法如下：

步骤 1　在工程图视图中，单击"工程图"工具栏中的"剖面视图"按钮 ，或选择菜单"插入"→"工程视图"→"剖面"命令，弹出"剖面视图辅助"属性管理器，如图 6-22 所示。

步骤 2　在"剖面视图辅助"属性管理器中，单击 剖面视图 按钮。

图 6-22　"剖面视图辅助"属性管理器

步骤 3　在"切割线"下，勾选"自动开始剖面视图"选项，此选项为可选项，常用于单一剖。

步骤 4　在"切割线"下选择合适的剖切线类型，在视图上定义剖切位置，一般选择圆心或中心，使剖切剖面通过孔或槽的中心。

步骤 5　如果剖切到筋板，会弹出如图 6-23 所示的"剖面视图"对话框，直接在视图上选择筋特征（在筋投影区域内单击）。如果视图上看不到，也可以在特征管理设计树中展开对应的工程视图，选择筋特征。单击"确定"按钮，退出"剖面视图"对话框。

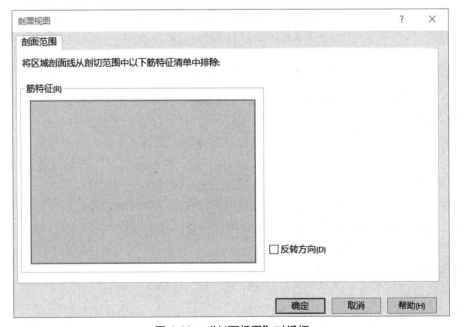

图 6-23　"剖面视图"对话框

步骤 6　将预览拖动至合适位置，然后单击以放置剖面视图。

图 6-24 为"单一剖"创建示例。

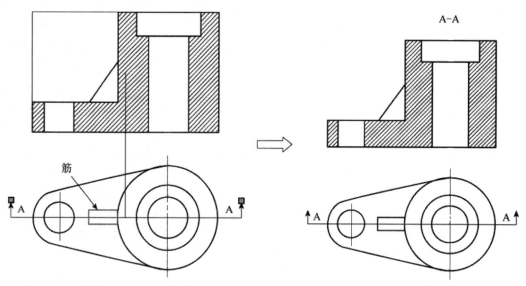

图 6-24　"单一剖"创建示例

（2）阶梯剖视图

阶梯剖视图用几个互相平行的剖切面剖开机件来表达，其操作步骤如下：

步骤 1　在工程图视图中，单击"工程图"工具栏中的"剖面视图"按钮🔁。

步骤 2　在打开的"剖面视图辅助"属性管理器中，单击 剖面视图 按钮。

步骤 3　在"切割线"下，取消勾选"自动开始剖面视图"选项。

步骤 4　在"切割线"下选择合适的剖切线类型，在视图上定义第一个剖切平面位置（从边缘开始选），弹出"切割线"关联工具条如图 6-25 所示。

图 6-25　"切割线"关联工具条

步骤 5　单击"单偏移"按钮，将指针移动至所需位置并单击以选择等距的第一个点开始偏移，相当于定义转折位置。

步骤 6　将指针移动至所需位置并单击以选择等距的第二个点以设置偏移深度，相当于定义第二个剖切平面位置。

步骤 7　如果还有其他位置需剖切，则重复上面两步骤。

步骤 8　单击"确定"按钮✓以关闭"剖面视图辅助"属性管理器。

步骤 9　将预览拖动至合适位置，然后单击以放置阶梯剖视图。

图 6-26 表述了阶梯剖的操作过程。

（3）旋转剖视图

旋转剖视图用两个相交的平面将机件剖开来表达。其操作步骤如下：

步骤 1　在工程图视图中，单击"工程图"工具栏中的"剖面视图"按钮🔁。

步骤 2　在打开的"剖面视图辅助"属性管理器中，单击 剖面视图 按钮。

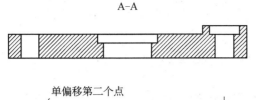

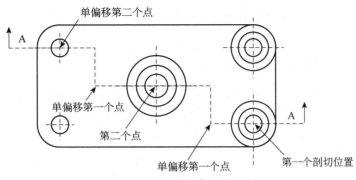

图 6-26　"阶梯剖"创建示例

步骤 3　在"切割线"下，勾选"自动开始剖面视图"复选框。

步骤 4　在"切割线"下选择"对齐" 类型。

步骤 5　先选择旋转中心，将指针 移动至水平/竖直位置单击，再选择倾斜的内部结构中心。

步骤 6　根据需要可以单击 反转方向(L) 按钮，将预览拖动至合适位置，然后单击以放置旋转剖视图。

图 6-27 为"旋转剖"示例。

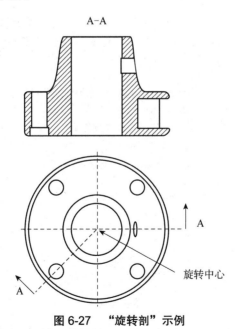

图 6-27　"旋转剖"示例

（4）复合剖

复合剖用两个以上剖切方式的组合将机件剖开来表达。其操作方法如下：

步骤 1　用草图中的直线功能绘制所有的剖切位置。

步骤 2 按住〈Ctrl〉键，选择所有剖切线，单击"工程图"工具栏中的"剖面视图"按钮 ⬚。

步骤 3 如有必要，可以单击 反转方向(L) 按钮，将预览拖动至合适位置，然后单击以放置复合剖视图。

图 6-28 表述了"复合剖"创建示例。

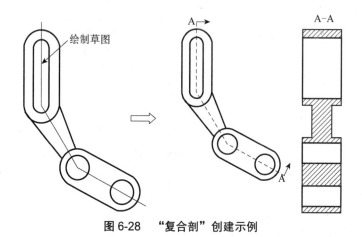

图 6-28 "复合剖"创建示例

2．半剖视图

半剖视图用于对称机件的表达，在垂直于对称平面的投影面上以对称中心线为界，一半画成剖视，另一半画成视图。

生成"半剖视图"的操作步骤如下：

步骤 1 在工程图视图中，单击"工程图"工具栏中的"剖面视图"按钮 ⬚。

步骤 2 在打开的"剖面视图辅助"属性管理器中，单击 半剖面 按钮，"剖面视图辅助"属性管理器变成如图 6-29 所示形式。

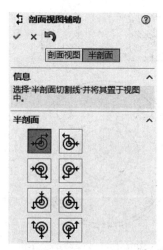

图 6-29 "剖面视图辅助-半剖面"属性管理器

步骤 3 在"半剖面"下选择合适的剖切线类型，在视图上定义剖切位置。

步骤 4 将预览拖动至合适位置，然后单击以放置半剖视图。

步骤 5 在视图上选择剖切线，单击鼠标右键，选择"隐藏切割线"命令。

图 6-30 表述了"半剖视图"创建示例。

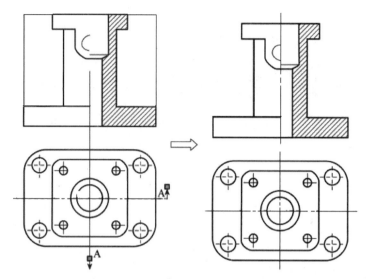

图 6-30　　"半剖视图"创建示例

3．局部剖视图

局部剖视图用于表达机件上的局部结构。SolidWorks 中用"断开的剖视图"命令来创建。断开的剖视图为现有工程视图的一部分，而不是单独的视图。

生成"局部剖视图"的操作步骤如下：

步骤 1　单击"工程图"工具栏中的"断开的剖视图"按钮，或选择菜单"插入"→"工程图视图"→"断开的剖视图"命令，此时鼠标指针变为。

步骤 2　在想要生成局部剖视图的视图上绘制一闭合轮廓，也可以用草图绘制实体命令先绘制一封闭轮廓并使其处于可编辑状态，再执行"断开的剖视图"命令。

步骤 3　在另一视图中选择剖切到的实体边线，或在"断开的剖视图"属性管理器中直接输入深度（剖切平面到物体上最靠近观察者的距离）。

步骤 4　单击"确定"按钮，完成"局部剖视图"的创建。

图 6-31 表述了"局部剖视图"创建示例。

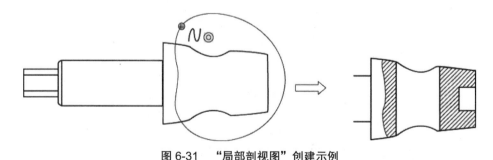

图 6-31　　"局部剖视图"创建示例

注意：不能在局部视图、剖面视图或交替位置视图上生成断开的剖视图。如果想在剖面视图上生成局部剖，则要用手动方式完成：先使剖面视图的隐藏线可见，用草图画出两个封闭区域，消除隐藏线，再用"注释"中的"区域剖面线/填充"命令给两个封闭区域添加剖面线，图6-32 为剖面视图上生成局部剖视图的生成过程说明。

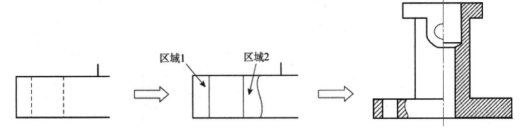

图 6-32　剖面视图上生成局部剖视图的生成过程说明

四、剖面

剖面图指将机件从某处剖开，只表达剖切截面形状的一种表达方法。剖面的创建与单一剖的操作类似，只需在如图 6-33 所示的"剖面视图"属性管理器中勾选"横截剖面"复选框即可。如果想使生成的剖面图不按投影关系配置则可以解除对齐关系，并将剖面图拖至合适位置。图 6-34 为"剖面图"示例。

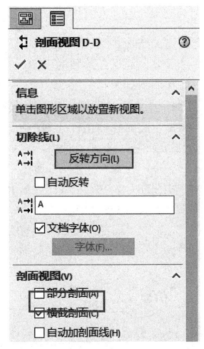

图 6-33　"剖面视图"属性管理器

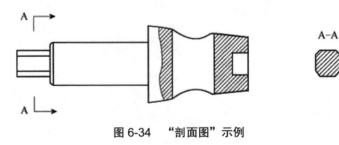

图 6-34　"剖面图"示例

五、局部放大图

局部放大图用来显示现有视图某一局部细节的形状，常用放大的比例来显示。SolidWorks 中常用"局部视图"命令来创建。局部视图可以是正交视图、空间（等轴测）视图、剖面视图、裁剪视图、爆炸装配体视图或另一局部视图。

生成"局部放大图"的操作步骤如下：

步骤 1　单击"工程图"工具栏中的"局部视图"按钮Ⓐ，或选择菜单"插入"→"工程图视图"→"局部视图"命令。弹出"局部视图"属性管理器，圆工具被激活。

步骤 2　在图形上需放大的位置绘制一个圆，"局部视图"属性管理器变成如图 6-35 所示形式。

步骤 3　在"局部视图图标"选项组下的"样式"下拉列表框中选择"带引线"，根据需要设置其他选项。

步骤 4　将预览拖动至合适位置，然后单击以放置局部放大图。

图 6-36 为"局部放大图"创建示例。

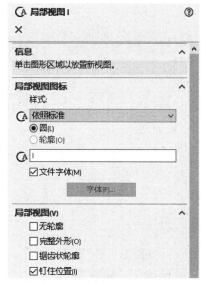

图 6-35　"局部视图"属性管理器

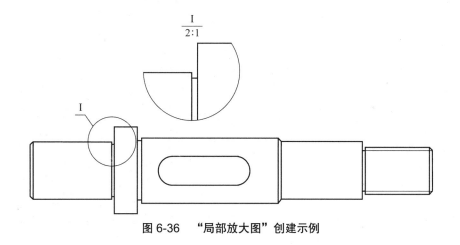

图 6-36　"局部放大图"创建示例

六、断裂视图

对于较长的工件，沿长度方向的形状一致或按一定规律变化，可用"断裂视图"命令将其断开后缩短绘制，而与断裂区域相关的参考尺寸和模型尺寸则反映实际的模型数值。

生成"断裂视图"的操作步骤如下：

步骤 1　选取一工程图视图，然后单击"工程图"工具栏中的"断裂视图"按钮，或选择菜单"插入"→"工程图视图"→"断裂视图"命令，弹出"断裂视图"属性管理器，如图 6-37 所示。

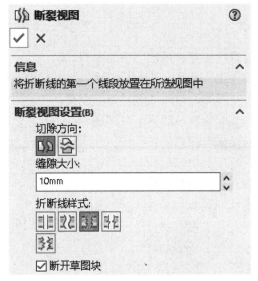

图 6-37 "断裂视图"属性管理器

步骤 2 在"断裂视图"属性管理器中选择合适的切除方向（竖直折断线或水平折断线），输入"缝隙大小"为 3，在"折断线样式"下选择"曲线切断"。

步骤 3 在视图中单击两次以放置两条折断线，从而生成折断。

步骤 4 单击"确定"按钮，完成"断裂视图"的创建。

图 6-38 表述了"断裂视图"创建示例。

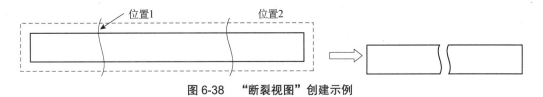

图 6-38 "断裂视图"创建示例

七、中心符号线和中心线

在工程图中标注尺寸和添加注释前，应先添加中心线或中心符号线。

1. 中心符号线

中心符号线是标记圆或圆弧中心的注解，可作为尺寸标注的参考体。手动插入中心符号线的操作步骤如下：

步骤 1 单击"注解"工具栏中的"中心符号线"按钮，或选择菜单"插入"→"注解"→"中心符号线"命令，弹出"中心符号线"属性管理器，如图 6-39 所示。

步骤 2 在"手工插入选项"下，可以选择单一中心符号线、线性中心符号线、圆形中心符号线中的一种类型。

步骤 3 根据需要设置其他选项，如：选择槽口端点、圆弧槽口端点。

步骤 4 在图形上选择圆、圆弧或槽。

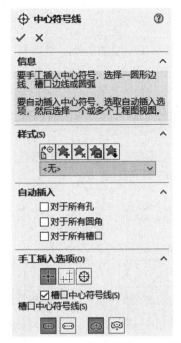

图 6-39　"中心符号线"属性管理器

步骤 5　如果用户选择了"线性中心符号线 ⊞"或"圆形中心符号线 ⊕",则选择第一个对象后可以单击"相切"按钮 ⌐,将中心符号线应用到阵列中的所有实体。

步骤 6　单击"确定"按钮 ✓,完成"中心符号线"的创建。

图 6-40 为不同类型的"中心符号线"标注示例。

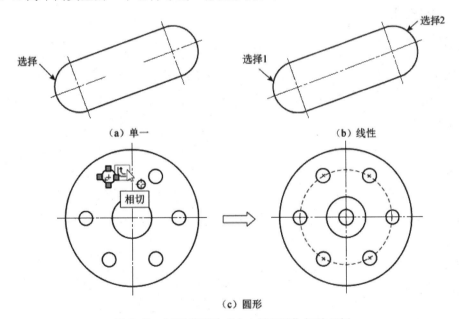

图 6-40　不同类型的"中心符号线"标注示例

注意:为了快速生成中心符号线,用户可以在"中心符号线"属性管理器中的"自动插入"选项组下勾选需要的选项,在图形窗口选择视图,单击"确定"按钮 ✓ 即可。但自动添加的中心符号线不一定符合要求,这时需要手动添加。

2．中心线

中心线一般用于对称中心线或圆孔轴线的注解。手动插入中心线的操作步骤如下：

步骤 1　在工程图文档中，单击"注解"工具栏中的"中心线"按钮，或选择菜单"插入"→"注解"→"中心线"命令，弹出"中心线"属性管理器。

步骤 2　选取两条边线，对于只显示一条边线的长圆柱体，可选取一条边线后在轴线的对称侧单击即可。

步骤 3　单击"确定"按钮，完成"中心线"的创建。

图 6-41 为"中心线"标注示例。

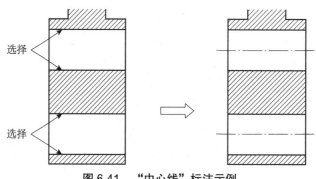

图 6-41　"中心线"标注示例

注意：中心符号线和中心线都可以调整长度，方法是：选中中心符号线或中心线，然后拖动蓝色的点至合适位置即可。

八、尺寸公差标注

零件图上尺寸的标注方法与草图标注基本相同，不同的是零件图上部分尺寸有尺寸公差要求。由于每个尺寸的尺寸公差要求不同，通常是标注好所有尺寸后，个别编辑有尺寸公差要求的尺寸。零件图上尺寸公差标注有以下三种形式。

1．双边公差

"双边公差"标注操作步骤如下：

步骤 1　选择需要添加双边公差的某一尺寸，在"尺寸"属性管理器中的"公差/精度"选项组下的"公差类型"下拉列表框中选择"双边"，"尺寸"属性管理器变成如图 6-42 所示形式。

步骤 2　根据图纸要求分别设置基本尺寸和尺寸公差精度，尺寸公差精度一般保留小数点后三位。

步骤 3　分别在上、下偏差文本框中输入偏差值。

步骤 4　单击"尺寸"属性管理器中的"其他"标签，在"文本字体"选项组中的"公差字体大小"下取消勾选"使用文档大小"和"使用尺寸大小"选项，"尺寸"属性管理器变成如图 6-43 所示形式，输入"字体比例"为 0.67。

步骤 5　单击"确定"按钮，完成"双边公差"的标注。

注意：上偏差默认取正值，下偏差默认取负值，如果想要取值相反，在偏差值前加负号即可。

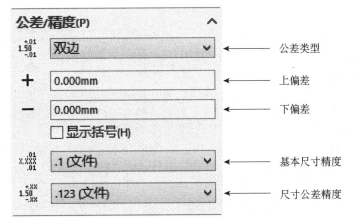

图 6-42　"尺寸-双边公差"属性管理器

图 6-44 为"双边公差"标注示例。

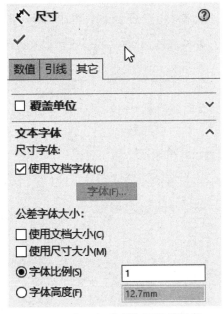

图 6-43 "尺寸-其他"属性管理器

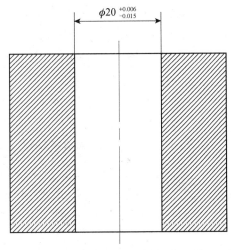

图 6-44　"双边公差"标注示例

2．对称公差

"对称公差"标注操作步骤如下：

步骤 1　选择需要添加对称公差的某一尺寸，在"公差类型"下拉列表框中选择"对称"类型，"尺寸"属性管理器变成如图 6-45 所示形式。

步骤 2　根据图纸要求分别设置基本尺寸和尺寸公差精度。

步骤 3　在上偏差文本框中输入偏差值。

步骤 4　设置公差"字体比例"为 1，或勾选"使用文档字体"复选框。

步骤 5　单击"确定"按钮☑，完成"对称公差"的标注。

图 6-46 为"对称公差"标注示例。

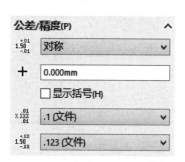

图 6-45　"尺寸-对称公差"属性管理器

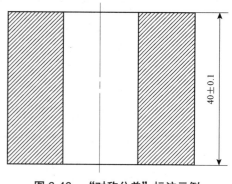

图 6-46　"对称公差"标注示例

3. 与公差套合

"与公差套合"标注操作步骤如下：

步骤 1　选择需要添加套合公差的某一尺寸，在"公差类型"下拉列表框中选择"与公差套合"类型，"尺寸"属性管理器变成如图 6-47 所示形式。

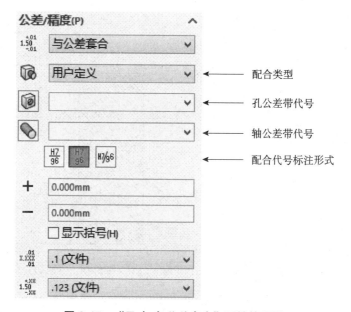

图 6-47　"尺寸-与公差套合"属性管理器

步骤 2　根据图纸要求分别设置基本尺寸和尺寸公差精度。

步骤 3　在"配合类型"下拉列表框中选择一种配合类型，零件图中标注则可省去该步骤。

步骤 4　在"孔/轴公差带代号"下拉列表框中选择一种公差带代号。

步骤 5　"配合代号标注形式"选择"线性显示 ⌗"，勾选"显示括号"复选框。

步骤 6　设置公差"字体比例"为 0.67。

步骤 7　单击"确定"按钮 ✓，完成"与公差套合"的标注。

图 6-48 为"与公差套合"标注示例。

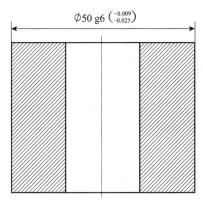

$\phi 50\, g6\, \left(^{-0.009}_{-0.025}\right)$

图 6-48 "与公差套合"标注示例

九、表面粗糙度符号

表面粗糙度表示零件加工表面的微观不平度，它是反映零件表面质量的技术指标之一，在图样上应合理标注，具体操作步骤如下：

步骤 1 单击"注解"工具栏中的"表面粗糙度"按钮√，或选择菜单"插入"→"注解"→"表面粗糙度符号"命令，弹出"表面粗糙度"属性管理器，如图 6-49 所示。

步骤 2 在"符号"选项组下选择"要求切削加工√"。

步骤 3 在如图 6-50 所示的符号布局中设置参数。

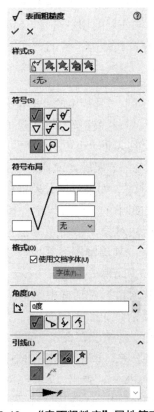

图 6-49 "表面粗糙度"属性管理器

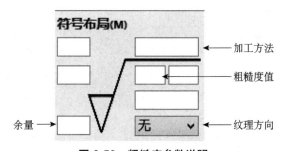

图 6-50 粗糙度参数说明

步骤4 如果需要引出标注，在"引线"选项组下先单击"引线"按钮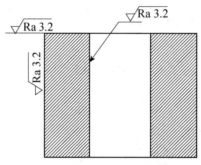，再单击"折弯引线"按钮。

步骤5 在图形区域中的某一轮廓线或尺寸线、尺寸界线上单击以放置符号（可以多次放置）。如有需要在"角度"选项组的角度文本框中输入合适的角度值调整其方向。

步骤6 单击"确定"按钮，完成"表面粗糙度"的标注。

图 6-51 为"表面粗糙度"标注示例。

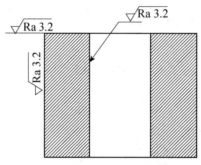

图 6-51 "表面粗糙度"标注示例

十、形位公差标注

图 6-52 "形位公差"属性管理器

对于精度要求较高的零件，要规定其表面形状和相互位置的公差即形位公差，在工程图中主要以形位公差代号（包括指引线、形位公差的项目符号、公差值、基准字母、公差原则等内容）和基准符号的形式标注。

1. 形位公差代号

步骤1 单击"注解"工具栏中的"形位公差"按钮，或选择菜单"插入"→"注解"→"形位公差"命令，同时弹出如图 6-52 所示的"形位公差"属性管理器。

步骤2 在"形位公差"属性管理器的"引线"选项组下先单击"折弯引线"，如果形位公差框格需竖直放置，单击"角度"选项组下的"竖直设定"按钮。

步骤3 选择需标注对象，移动光标至合适位置单击以放置形位公差框格，其周围围绕着控标和"公差项目"对话框，如图 6-53 所示。

步骤4 在"公差项目"对话框中选择一种项目符号，弹出"公差"对话框，如图 6-54 所示。在"公差"文本框中输入公差数值。视情况在公差值前添加 S∅、∅。

步骤5 若是形状公差，单击 完成 按钮。若是位置公差，则单击 添加基准 按钮，弹出"基准"对话框，如图 6-55 所示。输入基准字母，选择其他符号，然后单击"完成"按钮。

步骤6 如有需要可单击控标添加其他内容。比如同一对象有多个形位公差要求时，可单击下面的控标，弹出下控标关联对话框，如图6-56所示。单击"新建框架"，弹出"公差项目"对话框，后续操作同前。

图6-53 控标和"公差项目"对话框

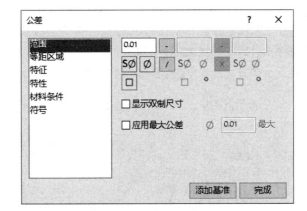

图6-54 "公差"对话框

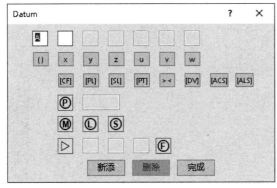

图6-55 "基准"对话框

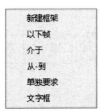

图6-56 下控标关联对话框

步骤7 单击"形位公差"属性管理器中"确定"按钮☑，完成形位公差标注。

图6-57为"形位公差代号"标注示例。

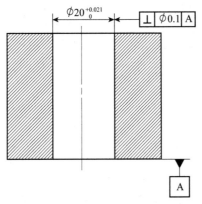

图6-57 "形位公差代号"标注示例

2. 基准符号

对于位置公差，需要标注基准符号。其操作步骤如下：

步骤1　单击"注解"工具栏中的"基准特征"按钮 🅰，或选择菜单"插入"→"注解"→"基准特征符号"命令，弹出"基准特征"属性管理器。

步骤2　在"基准特征"属性管理器中的"引线"选项组下取消选择"使用文件样式"复选框，"基准特征"属性管理器变成如图 6-58 所示形式，选择合适的样式。

步骤3　选择需添加基准符号的对象，移动光标到合适位置单击以放置符号。

步骤4　根据需要继续插入多个符号。

步骤5　单击"确定"按钮 ✓，完成基准符号的标注。

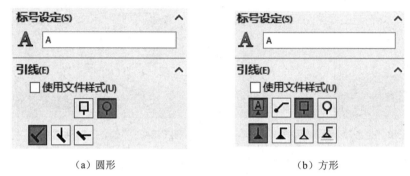

（a）圆形　　　　　　　（b）方形

图 6-58　"基准特征-引线"属性管理器

"基准符号"的标注示例见图 6-57。

操作步骤

零件工程图创建
操作视频

一、工程图分析

轴承座零件图包含 5 个图形：俯视图是一个基本视图，可以用"模型视图"命令添加，主视图采用了半剖视图，左视图是一个全剖视图，这两个图可用"剖面视图"命令生成，B 向视图是斜视图，可用"辅助视图"命令创建，另外包括一个局部放大图，可用"局部视图"命令创建。此外，零件图上还有尺寸公差、形位公差、表面粗糙度等技术要求，可以根据前面介绍的相关知识进行合理标注。

二、工程图创建步骤

图 6-59　俯视图

1．新建文档

启动 SolidWorks 2024，在"欢迎-SOLIDWORKS"对话框中单击 高级 按钮，在弹出的"新建 SOLIDWORKS 文件"对话框中选择 gb_a3 模板，单击 确定 按钮。单击"保存"按钮 💾，在弹出的对话框中，设置保存路径为"D:\solidworks\项目六"，文件名为"轴承座"，单击 保存(S) 按钮。

2．创建俯视图

单击"模型视图"按钮![icon]，通过单击"浏览"按钮找到轴承座零件文件并打开，在"方向"选项组下单击"上视"按钮![icon]，在图形区单击以放置俯视图，单击"确定"按钮![icon]，完成俯视图的创建，如图 6-59 所示。

3．创建主视图

单击"工程图"工具栏中的"剖面视图"按钮![icon]，在弹出的"剖面视图辅助"属性管理器中，单击 半剖面 按钮，选择"右侧向上![icon]"剖切线类型，在俯视图中的圆心位置单击，将预览拖动至合适位置，然后单击以放置半剖视图。在视图上选择剖切线，单击鼠标右键，选择"隐藏切割线"命令，采用同样方法隐藏半剖视图名称。完成的半剖视图如图 6-60 所示。

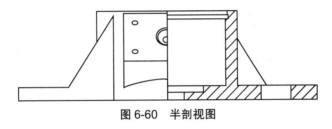

图 6-60　半剖视图

4．创建左视图

单击"工程图"工具栏中的"剖面视图"按钮![icon]，在"剖面视图辅助"属性管理器中，单击 剖面视图 按钮，在"切割线"选项组下勾选"自动开始剖面视图"复选框，选择"竖直![icon]"剖切线类型。捕捉到主视图中左右对称中心上一点单击，如有必要可单击 反转方向(L) 按钮，将预览拖动至合适位置，然后单击以放置左视图，隐藏切割线和剖视图名称，结果如图 6-61 所示。

5．创建斜视图

单击"工程图"工具栏中的"辅助视图"按钮![icon]，选择左视图中最前方的斜边线，移动鼠标单击以放置视图，解除对齐关系后拖动辅助视图边框至合适位置。

单击"草图"工具栏中的"3 点边角矩形"按钮![icon]，沿辅助视图中斜向矩形轮廓绘制一矩形草图，单击"工程图"工具栏中的"裁剪视图"按钮。选择多余线段，单击"隐藏/显示边线"按钮![icon]，结果如图 6-62 所示。

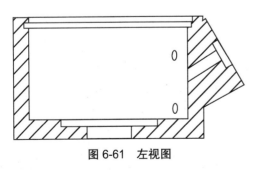

图 6-61　左视图

图 6-62　斜视图

注意： 裁剪视图边界默认线粗为 0.18mm，单击"选项"按钮![icon]，在弹出的"系统选项（S）-普通"对话框中依次单击"文档属性"→"视图"→"局部视图"，在"边界"栏中设置"边界厚度（线粗）"为 0.5mm。

6. 创建局部放大图

单击"工程图"工具栏中的"局部视图"按钮Ⓐ，在左视图中需放大的位置绘制一个圆，在"局部视图图标"选项组下的"样式"下拉列表框中选择"带引线"，将预览拖动至合适位置单击，完成局部放大图的创建，如图 6-63 所示。

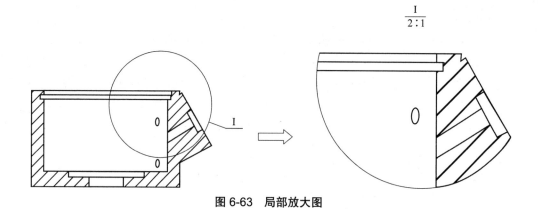

图 6-63　局部放大图

7. 添加中心线

选择不符合规范的中心线并删除，单击"注解"工具栏中的"中心线"按钮⊟，选取如图 6-64 所示的两对边线，单击"确定"按钮✓，完成对称中心线的添加。

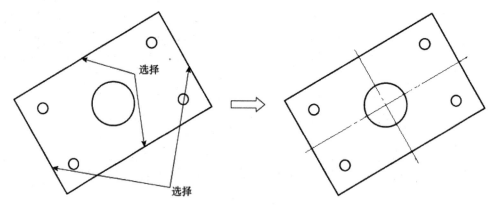

图 6-64　对称中心线

单击"注解"工具栏中的"中心符号线"按钮⊕，在"手工插入选项"选项组中选择"线性中心符号线⊞"，分别选择 4 个小圆，再取消勾选"连接线"复选框，单击"确定"按钮✓，完成圆的中心线的添加，如图 6-65 所示。

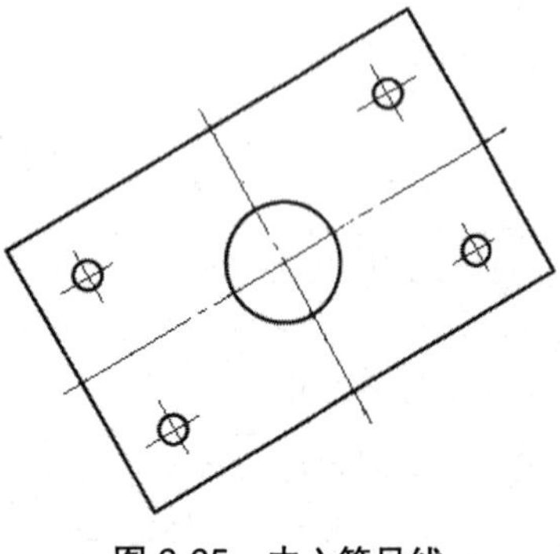

继续完成其他中心线的添加，不再赘述。

8. 标注尺寸

（1）对称尺寸标注

选择主视图，在"剖面视图"属性管理器中的"显示样式"选项组下单击"隐藏线可见⊡"，使圆孔的投影以虚线显示。

图 6-65　中心符号线

图 6-66　"尺寸"属性管理器

单击"注解"工具栏中的"智能尺寸"按钮![icon]，选择孔的轮廓素线（实线和虚线两条边线），移动光标至合适位置单击以放置尺寸，在如图 6-66 所示的"尺寸"属性管理器中设置"单位精度"为".1"，单击![icon]按钮，在尺寸数字前加上直径符号，单击"确定"按钮![icon]。

再次选择主视图，在"剖面视图"属性管理器中的"显示样式"选项组下单击"消除隐藏线![icon]"，隐藏所有不可见轮廓。

将鼠标指针移至刚标注尺寸左侧的尺寸界线处，单击鼠标右键，选择"隐藏延伸线"命令。将鼠标指针移至左侧尺寸箭头处，单击鼠标右键，选择"隐藏尺寸线"命令，结果如图 6-67 所示。

（2）孔标注

单击"注解"工具栏中的"孔标注"按钮![icon]，选择圆孔，移动鼠标至合适位置单击，完成孔标注如图 6-68 所示。"孔标注"命令只能在圆上标注，而实际应用中孔的标注通常在非圆视图上进行标注。因此，图 6-68 所示的标注不够规范，用户可以通过"注释"命令进行孔的标注。

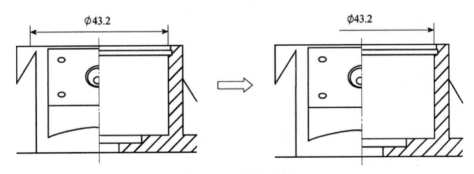

图 6-67　对称尺寸标注

单击"注解"工具栏中的"注释"按钮![A]，在"注释"属性管理器中"引线"选项组下选择"下画线引线![icon]"，在"箭头样式"下拉列表框中选择无箭头样式，在孔的中心处单击，移动鼠标至合适位置单击放置引线，图形区弹出"文本框"，如图 6-69 所示。

单击"注释"属性管理器中"文字格式"选项组下的"添加符号"按钮![icon]，弹出符号窗口如图 6-70 所示。单击![更多符号(M)...]按钮，弹出"符号图库"对话框，如图 6-71 所示。在"类别"下选择"孔符号"，单击"符号"列表框中的∅，单击![确定]按钮，退出"符号图库"对话框，输入"3贯穿"，单击"确定"按钮![icon]。

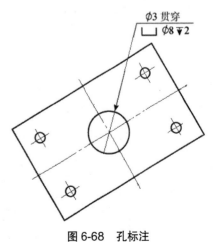

图 6-68　孔标注

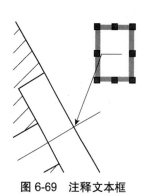

图 6-69　注释文本框

图 6-70　符号窗口

图 6-71　"符号图库"对话框

单击"注释"按钮 A，在"注释"属性管理器中的"引线"选项组下选择"无引线" ，在前面的孔标注下方单击放置注释。单击"添加符号"按钮 ，选择 ，再次单击"添加符号"按钮 ，选择 ∅，输入 8，再一次单击"添加符号"按钮 ，选择 ，输入 2，单击"确定"按钮 ，完成孔的标注，如图 6-72 所示。

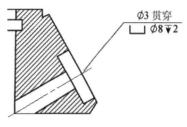

图 6-72　贯穿孔标注

继续完成其他尺寸标注。

9．标注形位公差

单击"基准特征"按钮 ，在"基准特征"属性管理器中的"标号设定"选项组下的"标号" A 文本框中输入 C，取消勾选"引线"选项组下的"使用文件样式"选项，选择"方形 "。在图形区尺寸界线处单击，移动鼠标至合适位置再次单击放置符号，单击"确定"按钮 ，完成基准符号的标注，如图 6-73 所示。

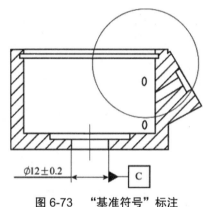

图 6-73　"基准符号"标注

单击"形位公差"按钮 ，在"形位公差"属性管理器中设置引线及箭头样式，在尺寸箭头处单击，移动鼠标至合适位置单击以放置框格。在"公差项目"对话框中选择公差项目，在弹出的"公差"对话框中设置公差值等内容。单击 添加基准 按钮，在弹出的"基准"对话框中输入基准字母。单击 完成 按钮，单击 按钮，完成形位公差标注，如图 6-74 所示。

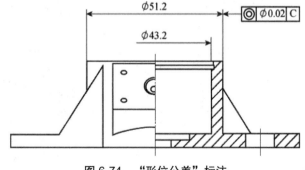

图 6-74　"形位公差"标注

根据图纸要求，合理标注其他形位公差。

10．表面粗糙度标注

根据图纸要求，运用前面介绍的知识合理标注表面粗糙度。

11．填写标题栏

运用"注释"命令，完成标题栏的填写。

12．保存文档

单击"保存"按钮◫，保存文件，完成轴承座工程图创建。

 小结

本模块主要介绍了工程图纸的创建过程，主要包括标准图幅调用、视图创建、尺寸及技术要求标注等。零件的表达是重点，应熟练掌握各种视图、剖视图、剖面以及其他表达方法的生成。图形中的标注比较琐碎，涉及各种参数的设置，需要读者对制图标准以及公差配合等方面的内容有一定了解。读者可以通过多练习逐步掌握。

 练习

1．根据图 6-75 所示的斜架支座图纸，三维建模后创建工程图。

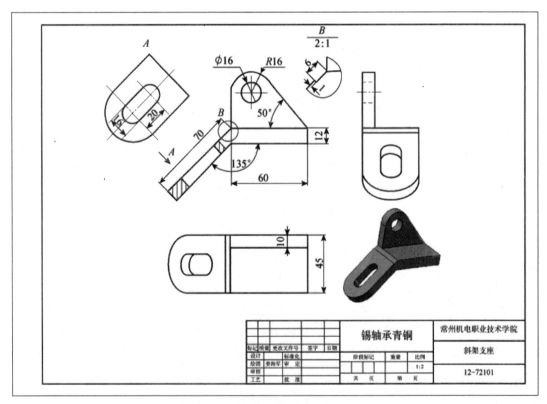

图 6-75　练习 1 图

2. 根据图 6-76 所示的轴承座图纸，三维建模后创建工程图。

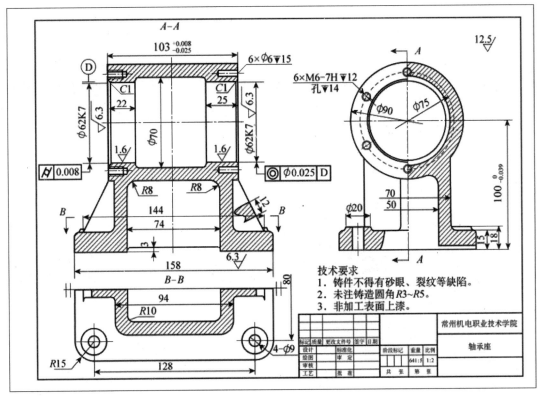

图 6-76　练习 2 图

模块二　装配工程图

装配图是用于表示产品及其组成部分的链接、装配关系的图样。它主要反映机器或部件的工作原理、各零件间装配关系、传动路线和主要零件的结构形状。零件图中的各种表达方法，装配图同样适用。此外，根据装配图特点国标规定了一些画法和特殊表达方法。由于装配图与零件图的表达侧重点不同，因此，除了视图表达外，图样上包含的内容也有所区别。

1. 掌握装配工程图中规定和特殊画法的操作方法
2. 掌握装配工程图中零件序号的标注及编辑：自动零件序号、成组的零件序号、零件序号编辑
3. 掌握装配工程图中材料明细表的创建及编辑
4. 掌握装配工程图中各种尺寸的标注方法

工作任务

根据图 6-77 所示螺纹调节支撑装配图纸，在 SolidWorks 工程图模块中完成螺纹调节支撑装配工程图的创建。要求：图幅采用 A3 图纸，比例 1：1，视图表达规范、合理，零件序号编写、材料明细栏规范，尺寸标注及技术要求等完整。

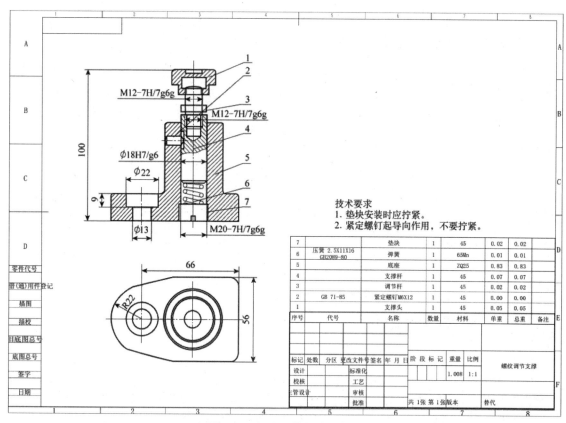

技术要求
1. 垫块安装时应拧紧。
2. 紧定螺钉起导向作用，不要拧紧。

7		垫块	1	45	0.02	0.02	
6	压簧 2.5X11X16 GB2089-80	弹簧	1	65Mn	0.01	0.01	
5		底座	1	ZQ25	0.83	0.83	
4		支撑杆	1	45	0.07	0.07	
3		调节杆	1	45	0.02	0.02	
2	GB 71-85	紧定螺钉M6X12	1	45	0.00	0.00	
1		支撑头	1	45	0.05	0.05	
序号	代号	名称	数量	材料	单重	总重	备注

标记	处数	分区	更改文件号	签名	年 月 日	阶 段 标 记	重量	比例		螺纹调节支撑
设计				标准化			1.008	1:1		
校核				工艺						
主管设计				审核						
				批准		共 1 张 第 1 张版本			替代	

图 6-77   螺纹调节支撑装配图

相关知识点链接

一、装配图表达

1. 规定画法

装配图的画法规定：相邻两零件的剖面线方向相反或方向一致、间距不等；螺纹紧固件及实心零件通过其轴线或对称平面剖切时，这些零件应按不剖绘制。因此，在使用"剖面视图"命令生成装配剖视图的过程中，需要对以上规定做一些处理，具体步骤如下：

步骤 1 单击"工程图"工具栏中的"剖面视图"按钮 ⮀。

步骤 2 在视图上定义剖切位置后弹出如图 6-78 所示"剖面视图"对话框。

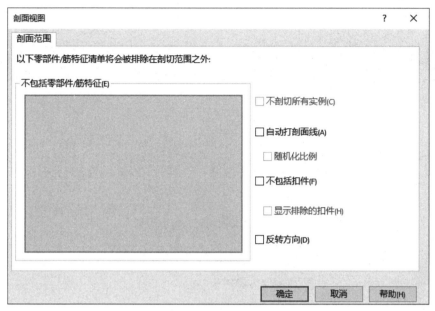

图 6-78 "剖面视图"对话框

步骤 3 在视图上选择要排除在剖切范围之外的零件轮廓（每个零件只单击一次即可）。

步骤 4 单击"剖面视图"对话框中的 确定 按钮，退出对话框。

步骤 5 移动鼠标，在合适位置单击以放置剖面视图。

步骤 6 选择需要改变方向的剖面线（可以按下〈Ctrl〉键多选），弹出"区域剖面线/填充"属性管理器如图 6-79 所示。取消勾选"材质剖面线"选项，在"剖面线图样角度"文本框中输入 90°。

步骤 7 如要改变剖面线间距，则可在"剖面线图样比例"文本框中输入不同比例因子。

步骤 8 单击"确定"按钮 ✓，完成符合规定的装配剖视图的创建。

图 6-80 表述了装配剖视图的创建过程。

图 6-79 "区域剖面线/填充"属性管理器

2．特殊画法

（1）拆卸画法

为了表达清楚被部分零件遮挡的结构形状，可以假想拆卸这些零件后绘制。在 SolidWorks 中可以通过隐藏这些零件的方法来实现。具体操作方法如下：

步骤 1 选择要拆卸零件表达的视图，"工程图视图"属性管理器随之出现。单击 更多属性... 按钮，弹出"工程视图属性"对话框，如图 6-81 所示。

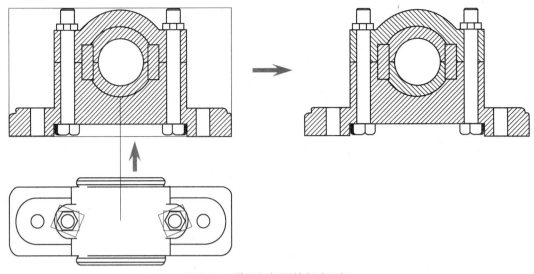

图 6-80 装配剖视图的创建示例

工程视图属性	?	×

视图属性 显示隐藏的边线 隐藏/显示零部件 隐藏/显示实体

视图信息

名称: 工程图视图4　　　　　　　类型: 命名的视图

模型信息

视图: 螺纹调节支撑

文档: E:\教材\SolidWorks2016项目教程\项目六\螺纹调节支撑.SLD

配置信息

○ 使用模型"使用中"或上次保存的配置(U)

● 使用命名的配置(N):

默认

□ 在爆炸或模型断开状态下显示(E)

显示状态

默认_显示状态-1

零件序号

□ 将零件序号文本链接到指定的表格

□ 显示封套(E)

□ 折断线与父视图对齐(B)

□ 显示钣金折弯注释(D)

□ 显示边界框(B)

☑ 显示固定面(F)

☑ 显示纹理方向(G)

□ 卡通(C)

确定　　取消　　帮助(H)

图 6-81 "工程视图属性"对话框

步骤2 单击"隐藏/显示零部件"选项卡，在视图中选择需要拆卸的零件，单击 确定 按钮。

步骤3 单击"确定"按钮☑，完成拆卸零件视图的创建。

图6-82为轴承座拆卸画法示例。

（2）假想画法

为了表示运动零件的极限位置或本部件与相邻零部件的相互关系，可用细双点划线画出该零部件的外形轮廓。

① 运动件极限位置表达。SolidWorks中运动件极限位置的表达可采用"交替位置视图"命令实现，具体步骤如下：

步骤1 插入装配体的模型视图，将装配体定位在其开始位置。

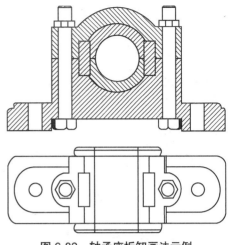

图6-82 轴承座拆卸画法示例

步骤2 单击"工程图"工具栏中的"交替位置视图"按钮，或选择菜单"插入"→"工程图视图"→"交替位置视图"命令，弹出"交替位置视图"属性管理器。

步骤3 选择想要生成交替位置视图的工程视图，"交替位置视图"属性管理器变成如图6-83所示形式。

步骤4 在"配置"选项组下，选择"新配置"选项，下方的文本框中会显示默认名称。用户可接受默认名称或输入新名称。

步骤5 单击"确定"按钮☑，装配体文件会自动打开，弹出"移动零部件"属性管理器，如图6-84所示。

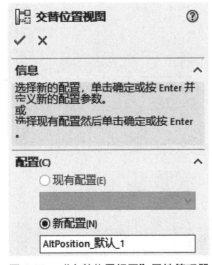

图6-83 "交替位置视图"属性管理器

图6-84 "移动零部件"属性管理器

步骤6 在"选项"选项组下选择"碰撞检查"选项，使用任何移动零部件工具将装配体中运动零部件移动到所需位置。

步骤7 单击"确定"按钮☑，关闭"移动零部件"属性管理器并返回工程图。

步骤8 使用同样步骤根据需要生成众多交替位置视图。

图 6-85 为夹具交替位置视图示例。

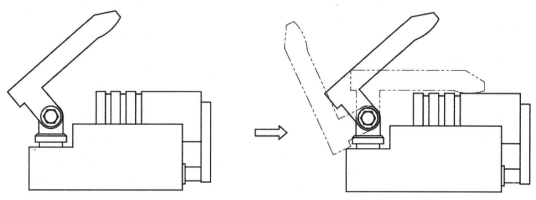

图 6-85　夹具交替位置视图示例

注意： 不能在断开、剖面、裁剪或局部视图中创建交替位置视图。

② 相邻零部件的表达。SolidWorks 中相邻零部件的表达可以采用改变零部件线型的方法实现，具体步骤如下：

步骤 1　将鼠标指针移至相邻零部件处，单击鼠标右键，在弹出的快捷菜单中选择"零部件线型"命令，弹出"零部件线型"对话框，如图 6-86 所示。

图 6-86　"零部件线型"对话框

步骤 2　取消勾选"使用文档默认值"选项，修改"可见边线"的线条样式为双点画线，"线粗"设为 0.25mm。

步骤 3　单击 确定 按钮，完成相邻零部件线型的修改。

图 6-87 为夹具中相邻零部件的表达示例。

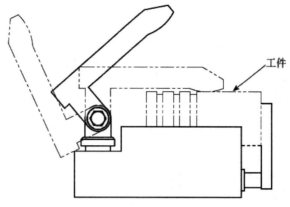

图 6-87　相邻零部件的表达示例

二、零件序号

零件序号用于标记装配体中的零件，并将零件与材料明细表（BOM）中的序号相关联。零件序号的编写有手动和自动两种方式，通常用自动方式即可满足要求，个别不合适的可以删除后用手动方式标注。

1．自动零件序号

使用自动零件序号自动在一个或多个工程图视图中生成所有零件序号。在有零件明细表的前提下，可以对序号按装配顺序或材料明细表中排列顺序进行排序。

（1）"自动零件序号"操作步骤

步骤 1　单击"注解"工具栏中的"自动零件序号"按钮，或选择菜单"插入"→"注解"→"自动零件序号"命令，弹出"自动零件序号"属性管理器，如图 6-88 所示。

步骤 2　选择一个或多个装配体工程图视图。

步骤 3　根据需要选择布局类型，"引线附加点"设置为"面"，零件序号样式设置为"下画线"或"圆形"。

步骤 4　单击"确定"按钮，完成自动零件序号标注。

（2）选项说明

① 项目号。当工程图中包含材料明细表时，"自动零件序号"属性管理器中会增加如图 6-89 所示的"项目号"选项组，用户可以使用项目号设定零件序号。项目号指材料明细表中的序号，调整排序就会使零件项目号发生变更，它包含以下选项。

◇　起始于：默认 1，无须更改。

◇　增量：默认 1，无须更改。

◇　依照装配体顺序：按照特征管理设计树中的装配体顺序来设定零件序号和材料明细表项目号。

◇　按序排列：按数字顺序排列零件序号和材料明细表项目，从"起始于"开始，按增量递增，通常选用该排序方式。

◇　选取第一项 选取第一项(S)：在选择"按序排列"时，在零件序号中选择一项作为第一项。

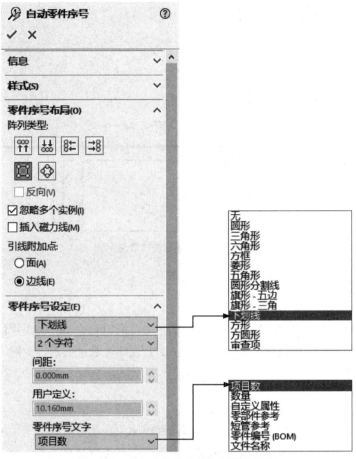

图 6-88　"自动零件序号"属性管理器

图 6-89　"项目号"选项组

② 零件序号布局。

✧　阵列类型：零件序号排列方式，常用的有以下三种。

布置零件序号到上🔲：所有零件序号排布在装配视图上方，如图 6-90 所示。

布置零件序号到右🔲：所有零件序号排布在装配视图右方，如图 6-91 所示。

布置零件序号到方形🔲：所有零件序号排布在装配视图四周，该排布方式通常用于零件类别较多的场合。

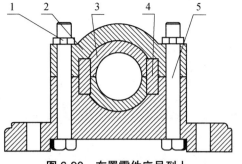

图 6-90 布置零件序号到上

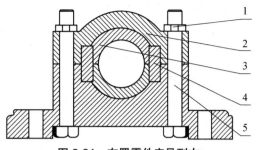

图 6-91 布置零件序号到右

❖ 忽略多个实例：对带有多个实例的零部件仅将零件序号应用到一个实例，此项需勾选。

❖ 插入磁力线：在零件序号中插入磁力线，零件序号被磁力线吸引，对零件序号的对齐更容易。此项无须勾选。

❖ 引线附加点：指引线引出端的型式，可选择以下两种。

面：指引线从零件表面或截面引出，引出端为实心点，如图 6-92 所示。

边线：指引线从零件边线引出，引出端为箭头，如图 6-93 所示。

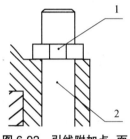

图 6-92 引线附加点–面

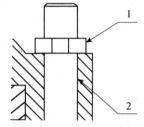

图 6-93 引线附加点–边线

③ 零件序号设定。

❖ 样式：零件序号形状和边界的样式，可选择以下三种。

无：仅显示不带边界的零件序号文字。

圆形：显示带圆圈的零件序号文字，如图 6-94 所示。

下画线：显示带下画线的零件序号文字。

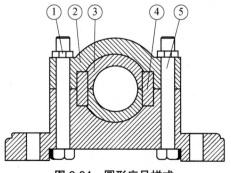

图 6-94 圆形序号样式

❖ 零件序号文字：零件序号文字的显示类型，通常选用默认的"项目数（号）"类型。

2．成组的零件序号

成组的零件序号可将多个零件序号组合在单一引线上。零件序号在每次选取一零部件时会层叠，可水平或竖直层叠零件序号，常用于螺纹紧固件的序号标注。

"成组的零件序号"操作步骤如下：

步骤 1　单击"注解"工具栏中的"成组的零件序号"按钮，或选择菜单"插入"→"注解"→"成组的零件序号"命令，弹出"成组的零件序号"属性管理器。

步骤 2　在"成组的零件序号"属性管理器中设置零件序号样式、层叠方向（向右层叠、向左层叠、向下层叠、向上层叠）。图 6-95（a）和（b）分别为向右层叠和向下层叠示例。

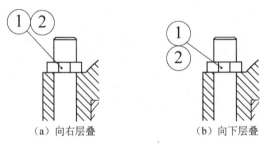

图 6-95　"层叠方向"示例

步骤 3　在装配视图中的零部件上选择零件序号引线被附加的点，移动光标至合适位置再次单击以放置第一个零件序号。

步骤 4　继续选择其他零部件，零件序号将被自动添加到每个选定零部件的堆栈中。

步骤 5　如有必要，调整零件序号。

步骤 6　单击"确定"按钮，完成成组的零件序号标注。

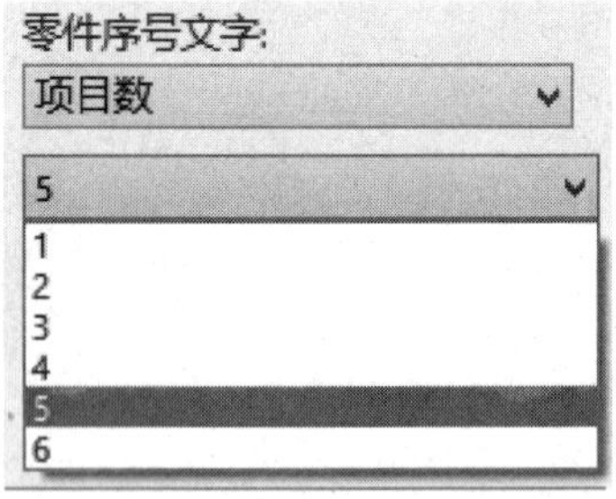

3．零件序号调整

在使用"自动零件序号"或"成组的零件序号"标注时，个别零件的序号可能需要调整，使之按顺序排序，方法是：选择需要修改的序号文字，"零件序号文字"选项下会增加一个如图 6-96 所示的下拉列表框，在其中选择一个新序号，单击"确定"按钮。

图 6-96　"项目数"下拉列表框

图 6-97 为修改零件序号示例。

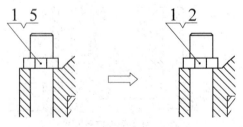

图 6-97　修改零件序号示例

三、材料明细表

"材料明细表"可对装配体中每种零件的名称、数量、材料、质量等信息自动统计，以表格的形式插入装配工程图中。

1."材料明细表"操作步骤

步骤 1 单击"表格"工具栏中的"材料明细表"按钮▤，或选择菜单"插入"→"表格"→"材料明细表"命令。

步骤 2 选择一工程图视图来指定模型。"材料明细表"属性管理器变成如图 6-98 所示形式。

步骤 3 在"材料明细表"属性管理器中设置表格模板、表格位置、材料明细表类型等属性。

步骤 4 单击"确定"按钮☑，完成"材料明细表"的创建。

图 6-98 "材料明细表"属性管理器

使用项目一所定制的零件模板，在各零件文档中定义了代号、材料等后，在装配工程图的材料明细表中会自动出现相关内容，如图 6-99 所示。"名称"栏可以关联到文件名称，方法是：单击"名称"框格，弹出如图 6-100 所示关联工具条，在"名称"栏单击鼠标右键，在快捷菜单中选择"选择"→"列"命令，再单击"列属性"按钮▤，弹出"列属性"对话框如图 6-101 所示，在"属性名称"下拉列表框中选择"SW-文件名称（File Name）"，各零件的文档名称会自动关联到明细栏的名称列中，如图 6-102 所示。双击明细栏中"SW-文件名称（File Name）"文字，将其改为"名称"。

6	GB6170-86		2	Q235A	4.73	9.48	
5	GB37-88		2	Q235A	101.00	202.00	
4	11.02.04		1	HT150	855.19	855.19	
3	11.02.03		2	ZQAI09-4	508.57	1017.14	
2	11.02.02		2	45	84.88	129.32	
1	11.02.01		1	HT150	2499.73	2499.73	
序号	代号	名称	数量	材料	单重	总重	备注

图 6-99　"材料明细表"示例

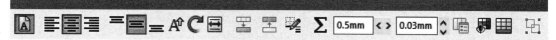

图 6-100　关联工具条

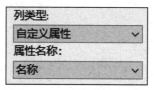

图 6-101　"列属性"对话框

	A	B	C	D	E	F	G	H
	6	GB6170-86	螺母M12	2	Q255A	4.75	9.46	
	5	GB37-88	螺栓M12×100	2	Q255A	101.00	202.00	
	4	11.02.04	轴承盖	1	HT150	855.19	855.19	
	3	11.02.05	轴衬	2	ZQA109-4	508.57	1017.14	
	2	11.02.02	垫块	2	45	64.66	129.52	
	1	11.02.01	轴承座	1	HT150	2499.75	2499.75	
	序号	代号	SW-文件名称（File Name）	数量	材料	单重	总重	备注

图 6-102　材料明细表属性链接示例

2．"材料明细表"选项说明

（1）表格模板

为"材料明细表"选择模板，单击"为材料明细表打开表格模板"按钮，在"打开"对话框中选择"gb-bom-material.sldbomtbt"并打开。

（2）表格位置

◇ 恒定边角：用于控制在添加新列或行时表格扩展的方向，首次生成表格时不可用。恒定边角包含左上、右上、左下、右下4种，一般选择"右下"，刚好能准确定位在标题栏正上方。

◇ 附加到定位点：将指定的边角附加到表格定位点。此选项需勾选，以使材料明细表自动准确定位。

（3）材料明细表类型

◇ 仅限顶层：列举零件和子装配体，但是不列举子装配体零部件。

◇　仅限零件：不列举子装配体，列举子装配体零部件为单独项目。一般选择该选项，符合国标要求。

◇　缩进：列出子装配体。将子装配体零部件缩进在其子装配体下。

（4）边界

◇　框边界⊞：用于设定表格外边界的线粗。

◇　网格边界╋：用于设定表格内部网格线的线粗。

装配工程图创建
操作视频

一、装配工程图分析

螺纹调节支撑装配图中包含一组视图、必要的尺寸、技术要求、零件序号和明细栏以及标题栏。各种视图可以采用零件图中介绍的方法创建。装配尺寸可采用公差标注方法实现。为提高装配工程图的出图效率，各零件的创建可在自定义的零件模板中完成，并定义好材料、代号等属性，这样在生成材料明细表时会自动关联，无须手工输入。零件序号可以采用"自动零件序号"方法编写。

二、装配工程图创建步骤

1. 新建文档

启动 SolidWorks 2024，在"欢迎-SOLIDWORKS"对话框中单击 高级… 按钮，在弹出的"新建 SOLIDWORKS 文件"对话框中选择"gb_a3"模板，单击 确定 按钮。单击"保存"按钮▣，在弹出的对话框中，设置保存路径为"D:\solidworks\项目六"，文件名为"螺纹调节支撑"，单击 保存(S) 按钮。

2. 创建俯视图

单击"模型视图"按钮◙，在"模型视图"属性管理器中单击"浏览"按钮 浏览(B)… ，找到螺纹调节支撑装配体文件并打开，在"方向"选项组下单击"上视▥"，在图形区单击以放置俯视图，再单击"确定"按钮☑，完成俯视图的创建，如图 6-103 所示。

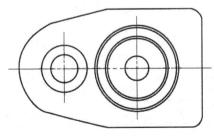

图 6-103　俯视图

3. 创建主视图

单击"剖面视图"按钮 ⮂，在弹出的"剖面视图辅助"属性管理器中，单击 剖面视图 按钮，选择"水平 ⊡"剖切线类型。在俯视图中圆心位置单击，继续单击弹出的"剖面视图"对话框中的 确定 按钮，将预览拖动至合适位置，然后单击以放置全剖的主视图。

选择主视图，在"剖面视图"属性管理器中单击 更多属性... 按钮，弹出"工程视图属性"对话框。单击"剖面范围"选项卡，在主视图中选择不需要剖切的零件，单击 确定 按钮，完成主视图的编辑，如图 6-104 所示。

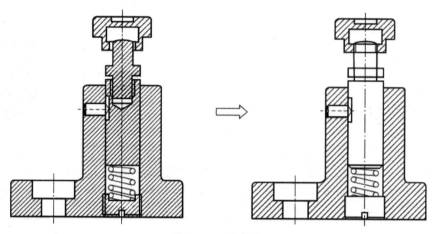

图 6-104　主视图

4. 主视图编辑

为了表达清楚螺纹链接等情况，主视图需用局部剖来表达。由于 SolidWorks 不能在剖视图的基础上继续使用"断开的剖视图"命令，所以需要手工方式创建局部剖。其方法是先将主视图显示样式改为"隐藏线可见"，用草图绘制需要的轮廓，最后用"区域剖面线/填充"命令，打上剖面线，完成主视图编辑，如图 6-105 所示。

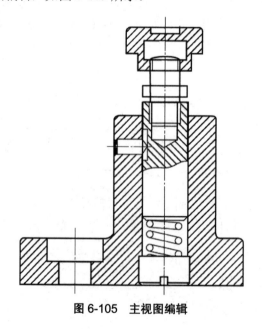

图 6-105　主视图编辑

5．生成材料明细表

单击"材料明细表"按钮，选择主视图在"材料明细表"属性管理器中设置"表格模板"为"gb-bom-material"，"明细表类型"为"仅限零件"，勾选"附加到定位点"选项，单击"确定"按钮。

单击"名称"框格，右击，在快捷菜单中选择"选择"→"列"命令，单击"列属性"按钮，在"属性名称"下拉列表框中选择"SW-文件名称(File Name)"，各零件的文档名称会自动关联到"名称"列。双击明细栏中的"SW-文件名称(File Name)"文字，将其改为"名称"，完成"材料明细表"创建，如图6-106所示。

7		支撑头	1	45	0.05	0.05	
6		调节杆	1	45	0.02	0.02	
5	GB 71-85	紧定螺钉 M6×12	1	45	0.00	0.00	
4		支撑杆	1	45	0.07	0.07	
3	压簧 2.5×11×16　GB2089-80	弹簧	1	65Mn	0.01	0.01	
2		垫块	1	45	0.02	0.02	
1		底座	1	ZQ25	0.83	0.83	
序号	代号	名称	数量	材料	单重	总重	备注

图 6-106　材料明细表

6．零件序号编写

单击"注解"工具栏中的"自动零件序号"按钮，选择主视图，在"自动零件序号"属性管理器中设置"引线附加点"为"面"，"零件序号布局类型"为"布置零件序号到右"，"零件序号样式"设置为"下画线"。单击"按序排列"按钮，再单击"确定"按钮，完成自动零件序号标注，如图6-107所示。

从图6-107中可以看出装配图中支撑头没有编号。单击"零件序号"按钮，在主视图支撑头内部单击，移动鼠标指针至合适位置单击，单击"确定"按钮。此时支撑头的序号为7，选择序号文字7，在"零件序号"属性管理器的"零件序号文字"下，将"项目数"改为1，其他零件序号自动做相应修改，零件明细表也自动关联修改，单击"确定"按钮，完成零件序号编辑，如图6-108所示。

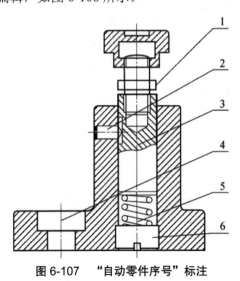

图 6-107　"自动零件序号"标注

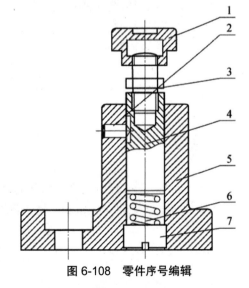

图 6-108　零件序号编辑

7．尺寸标注

利用尺寸标注功能给装配图标注性能规格尺寸、装配尺寸、安装尺寸、外形尺寸以及其他重要尺寸。其中装配尺寸的标注可以参考零件工程图模块中尺寸公差标注的方法进行标注。螺纹链接的标注可在"尺寸"属性管理器的"标注尺寸文字"文本框中输入标注，如图6-109所示。

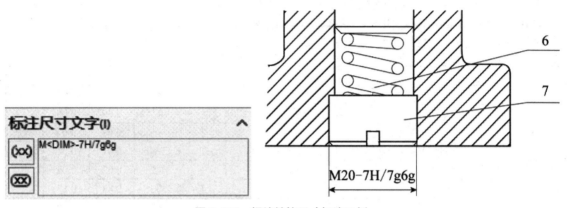

图 6-109　螺纹链接尺寸标注示例

8．技术要求

用"注释"命令注写技术要求。

9．保存文件

单击"保存"按钮，保存文件，完成螺纹调节支撑装配工程图创建。

本模块主要介绍了装配工程图的表达方法、零件序号及材料明细表的创建等内容。根据装配图的特点，装配工程图有自己的一些特殊表达方法，如拆卸画法、假想画法等，读者应熟练掌握。为了便于看图和管理图样，装配图中必须对每种零件编写序号并绘制材料明细表，SolidWorks系统虽然提供了自动创建功能，但仍要学会对它们的编辑以符合国标规范。装配工程图中的尺寸标注可在前一模块的基础上进一步熟悉和拓展。

 练习

1. 将项目五练习中的夹具装配体生成标准装配工程图。
2. 将项目五练习中的台虎钳装配体生成标准装配工程图。

附录 A SolidWorks 认证助理工程师考试 (CSWA)简介

一、什么是 CSWA

SolidWorks 认证助理工程师考试，简称 CSWA（Certificate SolidWorks Associate）是美国 SolidWorks 公司面向学生推出的官方论证考试。该认证可有效证明学生掌握三维建模技术，参与产品开发的专业能力，其资格全球通用。取得 CSWA 认证的学生不仅可获得 SolidWorks 颁发的原厂证书，还可通过 SolidWorks 官方人才资源网发布和更新简历，从而在获取设计岗位方面拥有更多的机会。

二、CSWA 考试方式

CSWA 认证采取线上考试形式，共 14 道选择题，采取随机抽取的方式组题，时间为 180 分钟，学员必须在 180 分钟内完成测验，测验结束后即可得知成绩。满分为 240 分，至少要 165 分才算通过考试。

三、CSWA 考试内容

1. 考试内容范围

CSWA 考试包括以下几个方面的实践内容：
- ✦ 草图实体——直线、矩形、圆、圆弧、椭圆、中心线；
- ✦ 草图工具——等距、转换、剪裁；
- ✦ 草图几何关系；
- ✦ 凸台和切除特征——拉伸、旋转、扫描、放样；
- ✦ 圆角和倒角；
- ✦ 拔模和抽壳；
- ✦ 线性、圆形和填充阵列；
- ✦ 尺寸；
- ✦ 特征条件——起始处和结束处；
- ✦ 质量属性；
- ✦ 材料；
- ✦ 测量工具；

◇ 插入零部件；

◇ 标准配合—重合、平行、垂直、相切、同心、距离、角度；

◇ 参考几何体—基准面、基准轴、配合参考；

◇ 工程图纸与视图；

◇ 注解。

2．CSWA 考试题目及问题分解

CSWA 考试分为制图能力、基础零件的创建和修改、中级零件的创建和修改、高级零件的创建和修改、装配体创建 5 个主要类别。以下信息就考试中可能包括的内容提供了一般性指导。但是，每次考试中也可能会出现其他相关主题。

（1）制图能力（3 个问题，每个 5 分）

包括各种关于制图功能的问题，重点考查如何基于零件或装配体生成工程图、确定插入某一工程视图类型和生成方法（步骤）等运用。

（2）基础零件的创建和修改（2 个问题，每个 15 分）

根据标有尺寸的详细图创建一般零件，并计算所生成模型的质量属性。重点考查草图、拉伸凸台、拉伸切除、关键尺寸的修改等运用。

（3）中级零件的创建和修改（2 个问题，每个 15 分）

根据标有尺寸的详细图创建中等复杂零件，并计算所生成模型的质量属性。重点考查草图、旋转凸台、拉伸切除、圆形阵列等运用。

（4）高级零件的创建和修改（3 个问题，每个 15 分）

根据标有尺寸的详细图创建零件，在此基础上按照修改要求创建较复杂零件并计算所生成模型的质量属性。重点考查复杂草图、草图偏置、拉伸凸台、拉伸切除、关键尺寸的修改、复杂几何形状的更改等运用。

（5）装配体创建（4 个问题，每个 30 分）

根据装配图和提供的零部件文件，利用基本装配功能创建一个自下而上的装配体，计算组件间距离、装配体的重心位置等。重点考查基本零件放置、配对约束、装配中关键参数更改等运用。

四、CSWA 考试样题

1. 要生成视图 B 必须在视图 A 上绘制一条样条曲线（如图 A-1 所示）并插入 SolidWorks 的哪种视图类型？

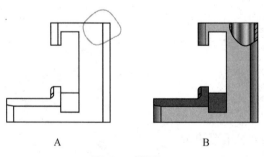

A

B

图 A-1　样题 1

A. 旋转剖视图　　　　B. 局部视图　　　　C. 断开的剖视图　　　　D. 剖面视图

2. 在 SolidWorks 中设计如图 A-2 所示零件。

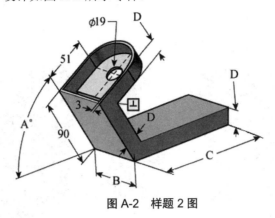

图 A-2　样题 2 图

单位系统：MMGS（毫米，克，秒）

小数位数：2

零件原点：任意

零件材料：黄铜材料密度：0.0085 g/mm³

注意事项：此零件包含一抽壳特征（如图 A-2 所示去掉单独一个面）。

问题：

$A=60$，$B=64$，$C=135$，$D=20$，此零件的质量是多少（克）？

使用以下变量值修改零件：$A=45$，$B=60$，$C=125$，$D=15$，此时零件的质量是多少（克）？

3. 在 SolidWorks 中创建如图 A-3 所示零件。

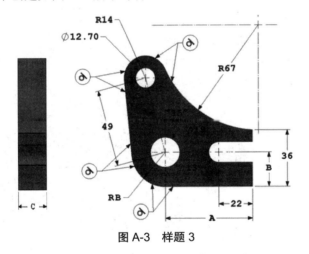

图 A-3　样题 3

单位系统：MMGS (毫米，克，秒)

小数位数：2

零件原点：任意

除非有特别指示，否则所有孔均为贯穿

零件材料：AISI 1020 铜

材料密度：0.0079 g/mm^3

问题：

$A=65$，$B=22$，$C=28.5$，此零件的质量是多少(克)?

4. 使用前一问题所创建的零件，然后移除如图 A-4 所示显示区域内的材料以对其进行修改，零件的质量是多少（克）？

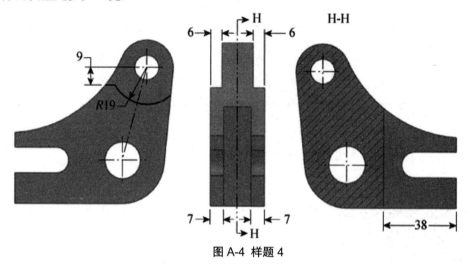

图 A-4 样题 4

5. 在 SolidWorks 中构建如图 A-5 所示装配件。

它包含三个支架和两个销钉。支架 2mm 厚度，尺寸相同（孔为通孔）。材料：6061 合金，密度＝0.0027g/mm³。

销钉 5mm 长，直径相等。材料：钛，密度＝0.0046g/mm³。销钉与支架孔同轴配对（无缝隙）；销钉断面与支架侧面平齐；两支架间有 1mm 间隙；相邻两支架间成 45°角。

单位系统：MMGS（毫米，克，秒），小数位数：2，装配原点：如图 A-5 所示，此装配体的重心位置在哪？

A. $X=-11.05$ $Y=24.08$ $Z=-40.19$
B. $X=-11.05$ $Y=-24.08$ $Z=40.19$
C. $X=40.24$ $Y=24.33$ $Z=20.75$
D. $X=20.75$ $Y=24.33$ $Z=40.24$

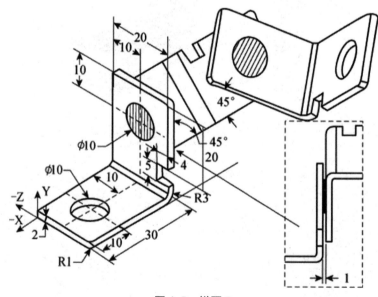

图 A-5 样题 5

五、CSWA 考题分析与指导

制图能力部分重点考察学生对基本概念的掌握,考试时如果不确定,可以借助 SolidWorks 的帮助文档寻求帮助。

建模前要看清题目采用的单位,如果是英制单位,在建模前要预先设定好单位制再入手建立模型。

CSWA 考察的重点是学生建模的精确性。因此,所有草图均应完全定义,当草图中欠缺尺寸时,应仔细分析草图轮廓形状,添加隐含的几何约束以完全定义草图。切不可自行加标尺寸。

CSWA 经常采用考察模型重心和质量的方式考察学生建模的正确性,因此在入手建模时,一定要按照题图要求保证原点位置和坐标朝向,此外,学生还应该掌握设定模型材料和密度的方法。